新物理学選書

電子相関の物理

新物理学選書

電子相関の物理

Physics of Correlated Electrons

斯波弘行 著

Hiroyuki Shiba

岩波書店

まえがき

　本書は，題名が示すとおり，固体電子の中で電子相関が重要な役割を果たしているさまざまな問題についての理論を解説することを目的とした教科書である．

　固体物理学で1体近似(Hartree-Fock近似，平均場近似，分子場近似)の果たしてきた役割は大きい．固体のような多粒子系でも，簡単な物理的描像を与える1体近似はきわめて有用である．しかし，1体近似を超える電子相関効果が重要となる問題があることも古くから認識されている．原子核の周りに電子を2つもつHe原子やH_2分子という最も簡単な系においてすら，その電子状態には電子相関が効いていることは知られている．原子，分子においては原子数，電子数は有限で，電子の準位は離散的であるが，物性物理の主要な対象である固体では原子数は事実上無限であり，そこでの電子のエネルギー準位は一般に連続的に分布している．この違いを反映して，多電子系の電子相関には，少数電子系とは質的に違った問題が生ずる．本書では，主として固体中の多電子系を対象とし，電子相関が重要な役割を演じているさまざまな問題を取り上げる．

　電子相関の重要性は物質の磁性と関係して古くから議論されてきたが，20世紀後半に物性物理の表舞台に登場した問題は電子相関と関連したものが多く，電子相関の物理が再認識されている．近藤効果とその発展(1964年～)，金属強磁性の問題(1963年～)，有機導体の合成と物性の研究(1970年～)，金属・絶縁体転移(1970年～)，希土類化合物の物性，とくに，重い電子系とよばれる遍歴するf電子系の問題(1970年～)，銅酸化物高温超伝導とそれに関連する問題(1986年～)，分数量子ホール効果(1980年～)などがそれである．長い研究の歴史と急速な発展のために，研究を始めようとする若い研究者にとっては，最新の論文だけでは基礎の部分を十分理解するのが困難になっている．このことを考慮して，本書では，結果をただ示すのではなく，そこに到る考え方や根拠も書くよう努めた．場合によっては発表論文には書かれていない計算の詳細も記した．なお，分数量子ホール効果の問題は，詳しい解説が本シリーズにあるので触れ

ていない．

　電子相関の理論の問題点について少し触れておきたい．1体近似の範囲をいったん出ると，理論を制御して信頼できる理論を展開するのは容易ではない．一般に，信頼できる理論を構成するには（小さい）展開パラメータを見出し，それを用いるのが望ましい．展開パラメータへの配慮なしの理論は舵の無い船で太平洋を横断するに等しく，とうてい目的地に着ける見込みはない．展開パラメータは問題に応じて選ばねばならないが，次のようなものがある．(1)相互作用の強さ：弱結合から理論を展開するか，それとも強結合から（相互作用の強さの逆数などをパラメータとして）理論を展開するか．しかし，強結合（強相関）であっても，低エネルギーの現象については弱結合と定性的に変わらないということは十分ありえる．これは'断熱接続'あるいは'繰り込み'といわれる問題である．繰り込み群理論はこの意味で重要な方法であり，本書の中にしばしば登場する．(2)系の次元：一般に，次元が高くなると平均場近似が正確になり，低次元では平均場近似からのずれが予想される．とくに，1次元系は特殊であり，同時に，正確な理論が展開可能である．

　これらの点に留意して，本書では，長期的に見て重要で，基本的と思える問題や成果を中心に，ページ数の範囲内でテーマを選ぶようにした．重い電子系と金属磁性の問題は，その重要性は認識しているが，ページ数の関係から割愛せざるをえなかった．章間に関係はあるが，だいたいにおいて，各章は独立した構成になっている．したがって，必ずしも最初から順に読む必要はなく，選択して読んで頂くことを期待している．本書の内容や参考文献には偏りがあり，記述が十分でないところが多いが，これはすべて著者の力不足，勉強不足によるものである．巻末や各章に挙げた参考書や論文，解説で補って頂きたい．

　本書を完成するまでに多くの方々からご援助いただいた．長岡洋介先生，吉川圭二先生には本書の執筆を薦めて頂き，稲垣睿，岡部拓也，古賀幹人，酒井治，椎名亮輔，松本正茂，山地邦彦の各氏には内容の一部についてご教示頂いた．岩波書店の片山宏海氏，吉田宇一氏，川原徹氏には出版にあたって多大のご苦労をおかけした．これらの方々のご助力に心よりお礼申し上げる．

2001年6月

斯 波 弘 行

目 次

まえがき

1 はじめに *1*
  1.1 電子の運動と Coulomb 相互作用との競合 *1*
  1.2 1体近似とその問題点 *7*
  1.3 簡単な例題：2電子系における電子相関 *9*

2 Mott 絶縁体における電荷，スピン，軌道 ... *15*
  2.1 バンド絶縁体と Mott 絶縁体 *15*
  2.2 Mott 絶縁体の2つのタイプ：Mott-Hubbard 型と
     電荷移動型 *16*
  2.3 Mott 絶縁体における交換相互作用 *21*
    2.3.1 軌道縮退のない場合 *21*
    2.3.2 軌道縮退のある場合 *24*
  2.4 Drude の重みと Kohn の判定条件 *30*
  2.5 Mott 絶縁体へのキャリヤーの注入
     ——Zhang-Rice 1重項 *35*

3 Fermi 流体としての遍歴電子 *45*
  3.1 相互作用のない Fermi 粒子系の基本的性質のまとめ ... *45*
  3.2 Fermi 粒子間の非弾性散乱による寿命 *47*
  3.3 異方的 Fermi 流体の現象論 *50*
    3.3.1 準粒子，Luttinger の定理，準粒子間の相互作用 ... *50*
    3.3.2 異方的 Fermi 流体の準粒子 *52*
  3.4 繰り込み群から見た Fermi 流体 *59*

4 金属中の局所的電子相関 *71*

- 4.1 基本的なモデル ... 71
- 4.2 強結合からのアプローチ ... 74
- 4.3 スケーリング理論 ... 75
- 4.4 Anderson モデルの摂動論 ... 79
  - 4.4.1 Green 関数 ... 80
  - 4.4.2 Hartree-Fock 近似解 ... 81
  - 4.4.3 U についての摂動計算 ... 84
- 4.5 近藤効果の局所 Fermi 流体論 ... 89
  - 4.5.1 Friedel の総和則 ... 89
  - 4.5.2 絶対零度における不純物スピン帯磁率，電荷感受率 ... 92
  - 4.5.3 不純物による低温比熱 ... 93
  - 4.5.4 Ward-高橋の恒等式と物理量の間の関係 ... 94
- 4.6 近藤効果とエネルギーギャップとの競合 ... 96

5 電子相関の動的平均場理論 ... 103
- 5.1 遍歴電子系に対する Hartree-Fock 近似と動的平均場近似 ... 103
- 5.2 ∞ 次元 Hubbard モデル ... 104
- 5.3 多体効果 ... 107
- 5.4 1 電子 Green 関数の性質 ... 108
- 5.5 2 電子 Green 関数の性質 ... 111
- 5.6 具体的な問題への応用 ... 113
  - 5.6.1 常磁性状態での金属・絶縁体転移 ... 113
  - 5.6.2 常磁性状態から反強磁性状態への転移 ... 115
  - 5.6.3 一般の電子密度のときの金属状態 ... 116
  - 5.6.4 金属強磁性問題への応用 ... 117
  - 5.6.5 発展の可能性 ... 118

6 1 次元系における電子相関 ... 121
- 6.1 弱相関極限から見た 1 次元電子系——ボソン化法 ... 121
  - 6.1.1 密度演算子 ... 124
  - 6.1.2 朝永–Luttinger モデル ... 126

  6.1.3 フェルミオンの場の演算子のボソン演算子による表示 *129*
  6.1.4 後方散乱項，ウムクラップ散乱項 ・・・・・・・・ *130*
  6.1.5 1次元量子 sine-Gordon モデルへの繰り込み群の応用・ *131*
  6.1.6 朝永–Luttinger 流体と相関指数 ・・・・・・・・・ *137*
  6.1.7 朝永–Luttinger 流体の帯磁率，圧縮率，Drude の重み・ *140*
 6.2 強相関極限から見た1次元電子系 ・・・・・・・・・・・ *140*

7 相関のある電子系における超伝導 ・・・・・・・ *147*
 7.1 酸化物高温超伝導，重い電子系における磁性と超伝導・ *147*
 7.2 スピン，電荷，超伝導の揺らぎと感受率 ・・・・・・ *151*
 7.3 弱相関領域 ・・・・・・・・・・・・・・・・・・・・・ *155*
  7.3.1 乱雑位相近似 ・・・・・・・・・・・・・・・・・ *155*
  7.3.2 揺らぎ交換近似 ・・・・・・・・・・・・・・・・ *161*
 7.4 繰り込み群から見た弱相関電子系の超伝導 ・・・・・ *164*
 7.5 強相関領域からのアプローチ ・・・・・・・・・・・・ *174*

付録 A Green 関数と経路積分 ・・・・・・・・・ *179*
 A.1 温度 Green 関数 ・・・・・・・・・・・・・・・・・・ *179*
  A.1.1 定義 ・・・・・・・・・・・・・・・・・・・・・ *179*
  A.1.2 周期性 ・・・・・・・・・・・・・・・・・・・・ *180*
  A.1.3 Fourier 分解 ・・・・・・・・・・・・・・・・・ *181*
  A.1.4 スペクトル分解 ・・・・・・・・・・・・・・・・ *181*
  A.1.5 遅延 Green 関数との関係 ・・・・・・・・・・・ *182*
  A.1.6 Green 関数の簡単な例 ・・・・・・・・・・・・・ *183*
  A.1.7 摂動展開 ・・・・・・・・・・・・・・・・・・・ *183*
  A.1.8 自己エネルギー部分と Dyson 方程式 ・・・・・・ *185*
  A.1.9 自己エネルギー部分の例——2次摂動 ・・・・・・ *186*
 A.2 Fermi 粒子系の経路積分法 ・・・・・・・・・・・・・ *187*
  A.2.1 Grassmann 数とフェルミオンのコヒーレント表示・ *187*
  A.2.2 経路積分表示 ・・・・・・・・・・・・・・・・・ *189*
  A.2.3 摂動展開 ・・・・・・・・・・・・・・・・・・・ *191*

参考文献 ・・・・・・・・・・・・・・・・・・・・・・・ *193*

はじめに

電子相関の問題を議論する準備として，基本的なモデルである Hubbard モデルを導き，最も簡単な例として 2 電子問題を考える．

1.1　電子の運動と Coulomb 相互作用との競合

固体中の電子は原子核からの引力と電子どうしの Coulomb 斥力の影響下にある量子力学的多電子系である．原子核は電子に比べはるかに重いから，電子の状態を考える際には，まずは，原子核を平衡位置(結晶状態)に止めて扱ってよい．これを**断熱近似**という．固体電子は，この近似の下で，周期的に並んだ原子核の作るポテンシャル $V(\bm{r}) = -\sum_{\nu}(Z_{\nu}e^2/\,|\bm{r}-\bm{R}_{\nu}|)$ ($\bm{R}_{\nu}$ は ν 番目の原子核の位置，Z_{ν} はその原子番号)の中の相互作用する電子系，すなわち，**非一様な場の中の相互作用する多電子系**と見ることができる．そのハミルトニアンは

$$\mathcal{H} = \sum_i \left[-\frac{\hbar^2}{2m}\Delta_i + V(\bm{r}_i) \right] + \frac{1}{2}\sum_{i\neq j} \frac{e^2}{|\bm{r}_i - \bm{r}_j|} \tag{1.1.1}$$

で与えられる．m は電子の質量，Δ はラプラシアン，i,j は電子の番号である．(1.1.1) の基底状態，励起状態などを知りたい．このハミルトニアンは簡単そうに見えるが，その性質を調べるとなると容易でない．さらにそれより深刻なことは，このハミルトニアンから現実の多様で複雑な物質が出てくる仕組みがすぐにはわからないことである．

$V(\bm{r})$ を一様とみなせる場合は**電子ガス**と呼ばれ，事情はやや簡単になる．アルカリ金属の伝導電子に対してよい近似と考えられ，古くから研究されてい

る*1.しかし,$V(\boldsymbol{r})$の非一様性が本質的に重要な場合には,解析的に扱うことはほとんど不可能で,必然的にコンピュータの力に頼らねばならない.物性物理学で有用な方法として知られる**バンド計算**はまさにそのようなものである.しかし,たとえコンピュータをフルに活用しても,電子間の相互作用については適当な近似を導入することが不可欠であり,通常は何らかの1体近似が用いられる.現在,電子間相互作用を1体近似を越えてよりよく扱う方法を見出すことがバンド計算での重要な課題になっている*2.

電子相関が定性的にも重要になるのは,問題となる電子の軌道が原子(あるいは分子)に強く束縛されている場合である.原子の場合には,3d軌道,4f軌道がそれである.この場合は,3d軌道あるいは4f軌道に着目して近似的な描像を作り上げるのが実際的である.このようなアプローチは固体物理学で**強く束縛された電子の近似**と呼ばれるもので,電子状態の記述はモデル的になる.このモデル的記述では(1.1.1)のエッセンスである電子の運動とCoulomb相互作用を抽出できる.また,解析的な取扱いがある程度可能になり,われわれに物理的な描像を与えてくれる,という優れた特色がある.この理由から本書ではモデル的記述の立場をとる.

強く束縛された電子の近似とは次のようなものである.簡単のため,1種類の原子が周期的に並んでいるとし,$\boldsymbol{R}_j$に位置する原子の原子軌道を$\varphi_\alpha(\boldsymbol{r}-\boldsymbol{R}_j)$とする.$\alpha$は原子軌道の種類,すなわちその量子数$n\ell m$を示す.この原子軌道の1次結合

$$\varphi_{k\alpha}(\boldsymbol{r}) = \frac{1}{\sqrt{N}} \sum_j e^{i\boldsymbol{k}\cdot\boldsymbol{R}_j} \varphi_\alpha(\boldsymbol{r}-\boldsymbol{R}_j) \qquad (1.1.2)$$

は,波数$\boldsymbol{k}$で固体中を伝播する状態を表している.Nは原子総数である.簡単のため,異なる原子の原子軌道は互いに直交し,

$$\int d\boldsymbol{r}\, \varphi_\alpha^*(\boldsymbol{r}-\boldsymbol{R}_j) \varphi_\beta(\boldsymbol{r}-\boldsymbol{R}_\ell) = \delta_{j\ell}\delta_{\alpha\beta} \qquad (1.1.3)$$

---

*1 D. Pines and P. Nozières: *The Theory of Quantum Liquids I—Normal Fermi Liquids* (Benjamin, 1966); D. Pines: *Elementary Excitations in Solids* (Benjamin, 1963); 最近の本としては,高田康民:多体問題(朝倉書店,1999)がある.

*2 金森順次郎ほか:固体——構造と物性(岩波書店,2001);藤原毅夫:固体電子構造——物質設計の基礎(朝倉書店,1999)

を満たすとしよう.

最初に,軌道縮退のない場合を考える.添え字 α は簡単のため落とす.このときには,$\varphi(\boldsymbol{r}-\boldsymbol{R})$ は Wannier 関数である,といってもよい.$\boldsymbol{R}_\ell$ から $\boldsymbol{R}_j$ への電子の飛び移り積分(hopping integral あるいは transfer integral)を $t_{j\ell}$ とすると,電子の原子間の運動は,第2量子化の表示で

$$\mathcal{H}_0 = \sum_{j\ell}\sum_\sigma t_{j\ell} c_{j\sigma}^\dagger c_{\ell\sigma} \tag{1.1.4}$$

と表せる.ここで,$c_{j\sigma}^\dagger$ は $\boldsymbol{R}_j$ の原子軌道 $\varphi(\boldsymbol{r}-\boldsymbol{R}_j)$ にスピン σ の電子を作る生成演算子,$c_{j\sigma}$ は消滅演算子である.それらは,直交関係 (1.1.3) によって,Fermi 粒子の反交換関係

$$[c_{j\alpha\sigma}, c_{\ell\beta\sigma'}^\dagger]_+ = \delta_{j\ell}\delta_{\alpha\beta}\delta_{\sigma\sigma'} \tag{1.1.5}$$

$$[c_{j\alpha\sigma}, c_{\ell\beta\sigma'}]_+ = 0 \tag{1.1.6}$$

$$[c_{j\alpha\sigma}^\dagger, c_{\ell\beta\sigma'}^\dagger]_+ = 0 \tag{1.1.7}$$

を満たす.$[A,B]_+ \equiv AB+BA$ は反交換子である.なお,後のために,軌道の指数 α,β を含めておいた.$c_{j\sigma}$ の Fourier 表示

$$c_{j\sigma} = \frac{1}{\sqrt{N}}\sum_{\boldsymbol{k}} e^{i\boldsymbol{k}\cdot\boldsymbol{R}_j} c_{\boldsymbol{k}\sigma} \tag{1.1.8}$$

を (1.1.4) に代入すると,

$$\mathcal{H}_0 = \sum_{\boldsymbol{k}\sigma} \varepsilon_{\boldsymbol{k}} c_{\boldsymbol{k}\sigma}^\dagger c_{\boldsymbol{k}\sigma} \tag{1.1.9}$$

が得られる.反交換関係 (1.1.5) より,Fourier 変換後には,

$$[c_{\boldsymbol{k}\alpha\sigma}, c_{\boldsymbol{k}'\beta\sigma'}^\dagger]_+ = \delta_{\boldsymbol{k}\boldsymbol{k}'}\delta_{\alpha\beta}\delta_{\sigma\sigma'} \tag{1.1.10}$$

を満たす.バンドエネルギー $\varepsilon_{\boldsymbol{k}}$ は $t_{j\ell}$ の Fourier 変換

$$\varepsilon_{\boldsymbol{k}} = \frac{1}{N}\sum_{j\ell} e^{-i\boldsymbol{k}\cdot(\boldsymbol{R}_j-\boldsymbol{R}_\ell)} t_{j\ell} \tag{1.1.11}$$

で与えられ,その $\boldsymbol{k}$ 依存性は飛び移り積分によって決まる.

次に,上の議論を軌道縮退のある場合へ拡張しよう.一般に,飛び移り積分の大きさと符号は飛び移りの前の原子と後の原子を結ぶベクトルと軌道の形状

とに依存する．これは軌道縮退のある場合に重要になる点である[*3]．$\boldsymbol{R}_\ell$ にある原子の軌道 β から $\boldsymbol{R}_j$ にある原子の軌道 α への飛び移り積分を $t_{j\ell}^{\alpha\beta}$ とすると，電子の飛び移りのエネルギーは

$$\mathcal{H}_0 = \sum_{j\ell\alpha\beta\sigma} t_{j\ell}^{\alpha\beta} c_{j\alpha\sigma}^\dagger c_{\ell\beta\sigma} \tag{1.1.12}$$

と表せる．縮退のない場合と同様に，Fourier 変換

$$c_{j\alpha\sigma} = \frac{1}{\sqrt{N}} \sum_k e^{i\boldsymbol{k}\cdot\boldsymbol{R}_j} c_{k\alpha\sigma} \tag{1.1.13}$$

$$\varepsilon_k^{\alpha\beta} = \frac{1}{N} \sum_{j\ell} e^{-i\boldsymbol{k}\cdot(\boldsymbol{R}_j-\boldsymbol{R}_\ell)} t_{j\ell}^{\alpha\beta} \tag{1.1.14}$$

によって，(1.1.12) は

$$\mathcal{H}_0 = \sum_{k\alpha\beta\sigma} \varepsilon_k^{\alpha\beta} c_{k\alpha\sigma}^\dagger c_{k\beta\sigma} \tag{1.1.15}$$

となる．$\varepsilon_k^{\alpha\beta}$ を変換

$$\sum_\beta \varepsilon_k^{\alpha\beta} u_{n\beta} = \varepsilon_{nk} u_{n\alpha} \tag{1.1.16}$$

によって対角化すると，固有値として，エネルギーバンド ε_{nk} が得られる．3d 軌道の場合には5つ軌道があるから，バンド指数 n は 1〜5 で，5枚のバンドからなり，ε_{nk} の $\boldsymbol{k}$ 依存性は結晶の対称性を反映する．

バンド ε_{nk} の電子の消滅演算子は，$\boldsymbol{k}$ に依存する変換係数 $u_{n\alpha}$ によって，

$$c_{nk\sigma} = \sum_\alpha u_{n\alpha} c_{k\alpha\sigma} \tag{1.1.17}$$

と表すことができ，(1.1.15) は

$$\mathcal{H}_0 = \sum_{nk\sigma} \varepsilon_{nk} c_{nk\sigma}^\dagger c_{nk\sigma} \tag{1.1.18}$$

となる．1電子波動関数は (1.1.2) より

[*3] 飛び移り積分の性質については W. A. Harrison: *Electronic Structure and the Properties of Solids — The Physics of the Chemical Bonds* (W. H. Freeman and Co., 1980) を参照．和訳は，固体の電子構造と物性 — 化学結合の物理 (上，下) (小島忠宣，小島和子，山田栄三郎訳，現代工学社，1983)

$$\psi_{n\bm{k}}(\bm{r}) = \sum_\alpha u_{n\alpha} \varphi_{\bm{k}\alpha}(\bm{r})$$
$$= \frac{1}{\sqrt{N}} \sum_{j\alpha} e^{i\bm{k}\cdot\bm{R}_j} u_{n\alpha} \varphi_\alpha(\bm{r} - \bm{R}_j) \tag{1.1.19}$$

で与えられる．これは強く束縛された電子の近似での Bloch 関数である．

電子間相互作用が無視できるときにはハミルトニアンは $\mathcal{H}_0$ だけであるから，電子系の最もエネルギーの低い状態は，バンド $\varepsilon_{n\bm{k}}$ に下から電子を詰めることによって得られる．一般に，Brillouin ゾーン内の取りうる $\bm{k}$ 点の総数は結晶の単位胞(unit cell)の総数に等しい．したがって，"単位胞あたりの電子数が奇数であれば，バンドがどのようなものであっても↑電子，↓電子で部分的に詰まるだけであるから，系の基底状態は必ず金属的である" と結論される．また，"単位胞あたりの電子数が偶数であれば，基底状態では絶縁体になる可能性がある" と言える．この結論はバンドの詳細によらないきわめて一般的なものである．この結論に反する絶縁体が後に述べる Mott 絶縁体である．

次にこれまでの考察で抜けている Coulomb 相互作用を考えよう．原子軌道での Coulomb 相互作用の行列要素は

$$\langle i\alpha j\beta | \frac{e^2}{r_{12}} | i'\alpha' j'\beta' \rangle = \iint d\bm{r}_1 d\bm{r}_2 \varphi_\alpha^*(\bm{r}_1 - \bm{R}_i) \varphi_\beta^*(\bm{r}_2 - \bm{R}_j)$$
$$\times \frac{e^2}{r_{12}} \varphi_{\alpha'}(\bm{r}_1 - \bm{R}_{i'}) \varphi_{\beta'}(\bm{r}_2 - \bm{R}_{j'}) \tag{1.1.20}$$

である．ここで $r_{12} = |\bm{r}_1 - \bm{r}_2|$ である．強く束縛された電子の近似が使えるような原子軌道が強く局在している場合には，Coulomb 相互作用としては同一原子内のそれが最も重要で，異なる原子間の Coulomb 相互作用は相対的には小さいと期待される．そこで，原子内の Coulomb 相互作用のみを残すと，

$$\langle i\alpha i\beta | \frac{e^2}{r_{12}} | i\alpha' i\beta' \rangle = \iint d\bm{r}_1 d\bm{r}_2 \varphi_\alpha^*(\bm{r}_1) \varphi_\beta^*(\bm{r}_2) \frac{e^2}{r_{12}} \varphi_{\alpha'}(\bm{r}_1) \varphi_{\beta'}(\bm{r}_2)$$
$$\equiv U_{\alpha\beta,\alpha'\beta'} \tag{1.1.21}$$

が，われわれが考慮すべき Coulomb 相互作用である．$U_{\alpha\beta,\alpha'\beta'}$ は原子におけ

るCoulomb積分で,原子の量子力学で登場する量である[*4].

以上の簡単化をすると,第2量子化表示での全ハミルトニアンは,

$$\mathcal{H} = \sum_{j\ell\alpha\beta\sigma} t_{j\ell}^{\alpha\beta} c_{j\alpha\sigma}^\dagger c_{\ell\beta\sigma} + \frac{1}{2}\sum_j \sum_{\alpha\beta\alpha'\beta'} \sum_{\sigma\sigma'} U_{\alpha\beta,\alpha'\beta'} c_{j\alpha\sigma}^\dagger c_{j\beta\sigma}^\dagger c_{j\beta'\sigma'} c_{j\alpha'\sigma} \quad (1.1.22)$$

となる.遷移金属酸化物の場合のように単位胞に遷移金属原子と酸素原子の複数の原子を含む場合への拡張,また,隣り合う原子上の電子どうしのCoulomb相互作用が重要になる場合への拡張は可能であるが,ここでは詳しく立ち入らない.

前に考えた軌道縮退がない場合には,(1.1.22)はさらに簡単になって,

$$\mathcal{H} = \sum_{j\ell\sigma} t_{j\ell} c_{j\sigma}^\dagger c_{\ell\sigma} + \frac{1}{2}\sum_{j\sigma\sigma'} U c_{j\sigma}^\dagger c_{j\sigma'}^\dagger c_{j\sigma'} c_{j\sigma} \quad (1.1.23)$$

となる.(1.1.23)の第2項で$\sigma' = \sigma$の項は消える.よって,(1.1.23)は

$$\begin{aligned}
\mathcal{H} &= \sum_{j\ell\sigma} t_{j\ell} c_{j\sigma}^\dagger c_{\ell\sigma} + U\sum_j n_{j\uparrow} n_{j\downarrow} \\
&= \underbrace{\sum_{\substack{j\ell\sigma \\ j\neq\ell}} t_{j\ell} c_{j\sigma}^\dagger c_{\ell\sigma}}_{\mathcal{H}_t} + \underbrace{\sum_{j\sigma} t_{jj} c_{j\sigma}^\dagger c_{j\sigma} + U\sum_j n_{j\uparrow} n_{j\downarrow}}_{\mathcal{H}_U}
\end{aligned} \quad (1.1.24)$$

と書ける.$\mathcal{H}_U$における対角項t_{jj}はjにはよらないので,この項がゼロになるようエネルギーの原点を選べる.$n_{j\sigma} = c_{j\sigma}^\dagger c_{j\sigma}$である.(1.1.24)を**Hubbardモデル**という.(1.1.22)は拡張されたHubbardモデルである.(1.1.24)ではz軸が特別な方向のように見えるが,このハミルトニアンがスピン空間において等方的であることは容易に確かめることができる.

このHubbardモデル(あるいは,それを少し拡張したモデル)は電子相関を考えるための最も基本的モデルになっている.その本質は,第1項$\mathcal{H}_t$が表す電子の運動と第2項$\mathcal{H}_U$が表す電子間相互作用との競合関係にある.電子の運動を

[*4] J. C. Slater: *Quantum Theory of Atomic Structure* Vol. 1, 2 (McGraw-Hill, 1960); H. A. Bethe and R. W. Jackiw: *Intermediate Quantum Mechanics, 3rd Edition* (Benjamin-Cummings, 1986)

表す第1項は (1.1.9) に示されているように波数表示で対角的であるのに対し，第2項は実空間表示で対角的であり，一方に便利な表示は他方に不便という事情にも競合関係が反映している．この競合関係は電子相関の取扱いを困難にしているが，同時に，豊富な物理を生み出している．

これまではよく局在した原子軌道間の電子の飛び移りを考えてきたが，局在性のよい 3d あるいは 4f 軌道と広がった伝導電子の波動関数との混成による電子の飛び移りが重要な場合も関連した問題である．そこでも，混成による電子の飛び移りと Coulomb 相互作用とは競合関係にあり，それは Anderson モデルで記述される．Anderson モデルについては第 4 章で詳しく述べる．

1.2　1体近似とその問題点

1体近似というのは Hartree-Fock 近似，平均場近似，分子場近似などいろいろの名前で呼ばれる近似法の総称で，物理学で広く使われている．ここでは単一バンドの Hubbard モデル (1.1.24) に即して議論を進めよう．

$\mathcal{H}_t$ と $\mathcal{H}_U$ の競合において，$\mathcal{H}_U$ を通して相互作用している相手は時々刻々量子力学に従って運動していることが問題を難しくしている原因であるが，1つの粒子に着目して，相互作用している相手の粒子を時々刻々の状態ではなくその統計平均で近似するのが1体近似である．式で言えば，(1.1.24) の相互作用項を

$$Un_{j\uparrow}n_{j\downarrow} = U\Big(\langle n_{j\uparrow}\rangle n_{j\downarrow} + \langle n_{j\downarrow}\rangle n_{j\uparrow} - \langle n_{j\uparrow}\rangle\langle n_{j\downarrow}\rangle\Big)$$
$$+ U\Big(n_{j\uparrow} - \langle n_{j\uparrow}\rangle\Big)\Big(n_{j\downarrow} - \langle n_{j\downarrow}\rangle\Big) \qquad (1.2.1)$$

と書き直し，右辺第2項を無視するのが1体近似である．右辺第1項では↑スピンの電子に対しては↓スピンの電子の数 $n_{j\downarrow}$ は平均値で置き換えている[*5]．右辺第2項は平均値からの揺らぎである．1体近似ではこの揺らぎを無視する．平均値 $\langle n_{j\sigma}\rangle$ は自己無撞着に決められる．とくに，（強磁性状態とか反強磁性状態のような）対称性の破れた自己無撞着解がないときには，1原子あたりの平均

[*5] (1.1.24) はスピン空間で等方的なので，z 方向をスピンの量子化軸に選んでいる．

電子数 n を用いて

$$\langle n_{j\sigma} \rangle = \frac{1}{2}n \tag{1.2.2}$$

と表せるから，U 項は単純なエネルギーシフトに過ぎず，この項を $\mathcal{H}_t$ につけ加えても $\mathcal{H}_t$ と本質的に変わるわけではない．したがって波動関数は U によって変更を受けない．

上に述べた 1 体近似の意味を別の角度から考えてみよう．1 体近似では

$$\langle n_{i\uparrow} n_{j\downarrow} \rangle \to \langle n_{i\uparrow} \rangle \langle n_{j\downarrow} \rangle = \frac{1}{4}n^2 \tag{1.2.3}$$

と置き換えられる．最後の等式は対称性の破れのないときにのみ成り立つ関係である．(1.2.3) では i と j の位置関係の如何にかかわらず一定値 $n^2/4$ になっている．物理的に考えると，(1.2.3) は i と j が十分離れていれば一般的に成り立つべき関係であるが，i と j が近くなると，斥力 U によって $\langle n_{i\uparrow} n_{j\downarrow} \rangle$ の値は小さくなるはずである（図 1.1）．とくに，$i = j$ の場合には同じ原子軌道上に $\uparrow, \downarrow$ の電子が同時にいることは $U (> 0)$ によって不利であるので，その確率は U が大きいときには小さいはずである．1 体近似ではこの点がまったく考慮されていない．

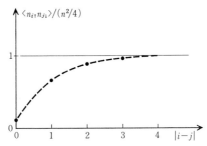

図 1.1 相関関数 $\langle n_{i\uparrow} n_{j\downarrow} \rangle / (n^2/4)$ の振る舞い．実線は 1 体近似での値，破線は U が正で大きい場合に期待される振る舞いである．

以上をまとめると，1 体近似には次のような問題点がある．

（1）1 体近似では，対称性の破れの効果を除き，Coulomb 相互作用による波動関数の変化が取り入れられていない．したがって，1 体近似のエネルギーは U^2 のオーダーですでに不正確である．

(2) 1体近似では，U の 2 次以上で存在する揺らぎの効果が無視されている．

(3) 1体近似の範囲では，U が大きくなると何らかの対称性を破る状態のエネルギーが低くなることがある．このとき基底状態のエネルギーとしてはそれほど悪くない値となる可能性がある．しかし，対称性が破れていない状態においては，1体近似では相互作用の効果は何も考慮されていない．

(4) 局在スピンの Heisenberg モデルの場合には 1 体近似である分子場近似は相互作用する相手の数が十分多ければよい近似になることはよく知られている．しかし，遍歴電子においては (1.2.1) で第 2 項を無視する根拠がない．この問題については第 5 章で再び考察する．

1.3　簡単な例題：2 電子系における電子相関

電子の運動と電子間相互作用の競合の最も簡単な例題を考えよう．R_1, R_2 に位置する原子があり，それぞれただ 1 つの原子軌道 $\varphi_1 \equiv \varphi(r - R_1)$，$\varphi_2 \equiv \varphi(r - R_2)$ を持つとする．これは Hubbard モデル (1.1.24) で原子を 2 つとした場合に相当し，2 原子分子の最も簡単なモデルであり，電子相関の一面を知るのによい例題である．電子の飛び移り積分 t_{12} は $-t$ $(t > 0)$ とする．

2 原子分子の分子軌道としては，結合軌道(bonding orbital)

$$\frac{1}{\sqrt{2}}(\varphi_1 + \varphi_2) \tag{1.3.1}$$

と反結合軌道(antibonding orbital)

$$\frac{1}{\sqrt{2}}(\varphi_1 - \varphi_2) \tag{1.3.2}$$

がある．スピン σ の電子を結合軌道，反結合軌道に生成する演算子は $b_\sigma^\dagger = \left(c_{1\sigma}^\dagger + c_{2\sigma}^\dagger\right)/\sqrt{2}$，$a_\sigma^\dagger = \left(c_{1\sigma}^\dagger - c_{2\sigma}^\dagger\right)/\sqrt{2}$ である．

分子軌道理論(molecular orbital theory)では，2 電子の基底状態は結合軌道に ↑, ↓ の電子が入ったスピン 1 重項状態，

$$\phi_{\mathrm{MO}} = b_{\uparrow}^{\dagger} b_{\downarrow}^{\dagger} |0\rangle \tag{1.3.3}$$

$$= \frac{1}{2}\left[\left(c_{1\uparrow}^{\dagger}c_{2\downarrow}^{\dagger} + c_{2\uparrow}^{\dagger}c_{1\downarrow}^{\dagger}\right) + \left(c_{1\uparrow}^{\dagger}c_{1\downarrow}^{\dagger} + c_{2\uparrow}^{\dagger}c_{2\downarrow}^{\dagger}\right)\right]|0\rangle$$

$$\equiv \frac{1}{\sqrt{2}}(\phi_{\mathrm{neutral}} + \phi_{\mathrm{ionic}}) \tag{1.3.4}$$

である．$|0\rangle$ は真空である．この状態では各原子に電子が1つずつ入った中性状態 ϕ_{neutral} と電子が一方に片寄って，原子が正，負のイオンになっているイオン的状態 ϕ_{ionic} が等しい重みで存在する．(1.3.3) は1体近似での基底状態の波動関数である．

Hubbard モデル (1.1.24) で U が無視できるときは (1.3.4) は正確な基底状態であるが，U が無視できないときには，物理的に考えて，イオン的状態の比率は減少するはずである．(1.1.24) の U 項はイオン的な状態のエネルギーを高くし，その結果，イオン的な状態の重みは減少し，中性的状態の重みを増すはずである．このことを具体的に調べてみよう．

U 項を考慮すると ϕ_{MO} は修正を受けるが，そのときの固有状態は ϕ_{neutral} と ϕ_{ionic} の1次結合によって与えられる．簡単な計算から，その1次結合のエネルギーは

$$\varepsilon = \frac{U}{2} \pm \sqrt{\left(\frac{U}{2}\right)^2 + 4t^2} \tag{1.3.5}$$

であることがわかる．$\pm$ のうち $-$ の方がエネルギーが低く，以下でわかるようにこれが基底状態である．基底状態の波動関数は

$$\phi = \frac{1}{\sqrt{1+g^2}}(\phi_{\mathrm{neutral}} + g\phi_{\mathrm{ionic}}) \tag{1.3.6}$$

で与えられる．イオン的状態の係数 g の U 依存性は

$$g = -\frac{U}{4t} + \sqrt{\left(\frac{U}{4t}\right)^2 + 1} \tag{1.3.7}$$

である．

$U/t \ll 1$，$U/t \gg 1$ の2つの極限を調べてみよう．基底状態のエネルギーは

$$\varepsilon \to -2t \quad (U/t \ll 1 \text{ のとき}) \tag{1.3.8}$$

$$\to -\frac{4t^2}{U} \quad (U/t \gg 1 \text{ のとき}) \tag{1.3.9}$$

このとき g は

$$g \to 1 - \frac{U}{4t} \quad (U/t \ll 1 \text{ のとき}) \tag{1.3.10}$$

$$\to \frac{2t}{U} \quad (U/t \gg 1 \text{ のとき}) \tag{1.3.11}$$

である．すなわち，U/t が増大するにつれてイオン的状態の係数 g は 1 から 0 へ向けて減少する．

スピン 1 重項としては，もう 1 つ，$\left(c_{1\uparrow}^\dagger c_{1\downarrow}^\dagger - c_{2\uparrow}^\dagger c_{2\downarrow}^\dagger\right)|0\rangle/\sqrt{2}$ があり，そのエネルギーは U である．一方，スピン 3 重項状態の場合は，スピンの z 成分が 0 の波動関数は

$$\phi_t = \frac{1}{\sqrt{2}} \left(c_{1\uparrow}^\dagger c_{2\downarrow}^\dagger + c_{1\downarrow}^\dagger c_{2\uparrow}^\dagger \right) |0\rangle \tag{1.3.12}$$

である．この状態では，電子はそれぞれの原子に局在していて移動できない．したがって，そのエネルギーは 0 である．こうして (1.3.6) のスピン 1 重項が基底状態であることがわかる．図 1.2 にすべてのエネルギー準位の U 依存性を示す．

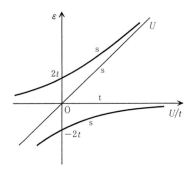

図 **1.2** 2 電子系のエネルギー準位の U/t 依存性．s, t はスピン 1 重項，3 重項を表す．

こうして，この簡単なモデルから次のことがわかる．

（1）この 2 電子系では常にスピン 1 重項の方がエネルギーが低い．3 重項との差 ΔE は，$U/t \gg 1$ では

$$\Delta E \simeq \frac{4t^2}{U} \tag{1.3.13}$$

である.このエネルギー差は後に述べる Mott 絶縁体における交換相互作用と密接な関係がある.

(2) 基底状態の波動関数におけるイオン的状態の割合は $g^2/(1+g^2)$ で与えられ,(1.3.10),(1.3.11) より,Coulomb 相互作用は電子数の揺らぎを抑える傾向があることがわかる.基底状態では $\langle n_{i\uparrow}n_{i\downarrow}\rangle$ は

$$\langle n_{i\uparrow}n_{i\downarrow}\rangle = \frac{1}{2}\frac{g^2}{1+g^2} \tag{1.3.14}$$

である.(1.3.7) より,

$$\langle n_{i\uparrow}n_{i\downarrow}\rangle \to \frac{1}{4} - \frac{U}{16t} \quad (U/t \ll 1 \text{ のとき}) \tag{1.3.15}$$

$$\to 2\left(\frac{t}{U}\right)^2 \quad (U/t \gg 1 \text{ のとき}) \tag{1.3.16}$$

である.図 1.3 に $\langle n_{i\uparrow}n_{i\downarrow}\rangle$ の U/t 依存性を示す.$g \to 0$ では基底状態の波動関数 (1.3.6) からイオン的状態はなくなる.そのような波動関数を仮定する理論を Heitler-London 理論という.

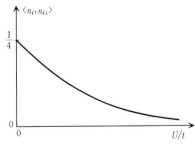

図 **1.3** $\langle n_{i\uparrow}n_{i\downarrow}\rangle$ の U/t 依存性の概略図

(3) ついでながら,(1.3.6) は次のようにも表せる.

$$\phi \propto \prod_{j=1,2}\left[1+(g-1)n_{j\uparrow}n_{j\downarrow}\right]\phi_{\mathrm{MO}} \tag{1.3.17}$$

右辺の ϕ_{MO} にかかる因子は 2 重占有状態の重みを g にするためにある.(1.3.17)

は Gutzwiller の変分波動関数と呼ばれるものである[*6]．2 電子系の場合には Gutzwiller の変分波動関数は g をエネルギーが最も低くなるように選べば正確な基底状態を与えるが，多数の電子がある場合は近似的基底状態である．

[*6] M. C. Gutzwiller: Phys. Rev. **137**, A1726 (1965)

Mott 絶縁体における電荷,スピン,軌道

　電子相関によって起こる絶縁体を Mott 絶縁体という. Coulomb 相互作用が十分大きく, 単位胞あたりの電子数が特別な値をとる場合に実現する. Mott 絶縁体では電荷の励起に要するエネルギーは大きいので, 低エネルギーの現象はスピンの自由度(複数の軌道が縮退しているときは軌道の自由度も入る)のみによって記述されることになる.

　Mott 絶縁体の中には, ある種の酸化物のように, 適当な方法でキャリヤーを注入できるものがある. キャリヤーの注入によって実現した金属の中には高温超伝導を示すもの, 強磁性になるものがあり, 物性物理の重要な物質群となっている.

2.1 バンド絶縁体と Mott 絶縁体

　Bloch 状態を用いて電子状態を記述する通常のバンド理論は第 1 章で述べた 1 体近似理論である. それによれば, 固体が金属になるか, 絶縁体(半導体も含まれる)になるかは次のように分類できる. $T=0$ の化学ポテンシャルがバンドのどれかを横切るときは, 電子を付け加えたり, 取り除いたりするのに無限小のエネルギーしか要しないから, 金属である. 他方, 化学ポテンシャルがバンドギャップの中にあるときには系は絶縁体になる. バンド理論から説明できるこのような絶縁体をバンド絶縁体という.

　一般に, Brillouin ゾーン内で取りうる波数ベクトル k の総数は結晶の単位胞総数に等しい. したがって, スピンの向きの 2 つの可能性を考慮すると, 1 つのバンドに収容しうる電子総数は単位胞総数の 2 倍に等しい. よって, バンド

理論からは"バンド絶縁体は単位胞内の電子総数が偶数の場合にのみ可能であり，奇数の場合には必ず金属になる"と結論される．これは第1章でもすでに述べたことである．

しかし，Coulomb 相互作用が大きい場合には(正確に言えば，電子の飛び移り積分の大きさと比べて十分大きい場合である．定量的議論は後に行う)，適当な条件が満たされるとき，バンド理論で金属と結論される場合でも，Coulomb 相互作用のため電子は動けず，絶縁体になりうる．Coulomb 相互作用の大きいときに実現するこのような絶縁体は **Mott 絶縁体**と呼ばれる．ここで "Mott 絶縁体とバンド絶縁体の区別はつねに明確であろうか？" という疑問が起こるかもしれない．単位胞内の電子総数が**奇数**の場合には区別は明確である．しかし，**偶数**の場合には，バンド理論からも絶縁体が説明できるから，両者の区別は量的なものにすぎない．

バンド絶縁体では，バンドにスピンが上向き，下向きの電子が完全に詰まっているから，磁気モーメントを持たない．磁気的には不活性な絶縁体である．これに対して，Mott 絶縁体では Coulomb 相互作用のため電子が局在しているので，一般に，磁気モーメントを持つ．すなわち，磁気的に活性な系である．

Mott 絶縁体の例はたくさんある．3d 遷移金属の酸化物(MnO, FeO, CoO, NiO, CuO, $LaMnO_3$, La_2CuO_4 など)，その他絶縁物の磁性体はたいてい Mott 絶縁体である[*1].

2.2 Mott 絶縁体の2つのタイプ：Mott-Hubbard 型と電荷移動型

バンド理論と逆の極限，すなわち，電子間 Coulomb 相互作用が十分大きく，電子が局在している状態から出発して，電子の飛び移りの効果を考慮してみよう．遷移金属酸化物 MO(M=Mn, Fe, Co, Ni, Cu)を例にとる．酸素は O^{2-} が閉殻をつくるので，$M^{2+}O^{2-}$ の状態を議論の出発点に取るのが自然であろう．M^{2+} は n 個の 3d 電子を持つとする．図 2.1 に示すように，この状態から電子

[*1] Mott 絶縁体についての最近の実験データは M. Imada, A. Fujimori and Y. Tokura: Rev. Mod. Phys. **70**, 1039 (1998) に豊富に紹介されている．

2.2 Mott 絶縁体の2つのタイプ：Mott-Hubbard 型と電荷移動型

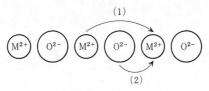

図 2.1 遷移金属酸化物における励起の2通りの可能性：(1) 1つの M^{2+} から 3d 電子を別の M^{2+} へ移す．(2) O^{2-} から電子を M^{2+} へ移す．

を移動させるには次の2つの可能性がある．

(1) M^{2+} の 3d 電子を別の M^{2+} へ移す．

$$(M^{2+}O^{2-})_2 \to M^{3+}O^{2-} + M^{1+}O^{2-}$$

(2) O^{2-} から電子を取って M^{2+} へ移す．

$$M^{2+}O^{2-} \to M^{+}O^{-}$$

この2つのプロセスでの必要な励起エネルギーを考えてみよう．

(1)の場合には

$$d^n + d^n \to d^{n+1} + d^{n-1}$$

とも表せる．n 個の 3d 電子があるときの Coulomb エネルギーを $Un(n-1)/2$ とすると，上の励起に伴う電子間の Coulomb 相互作用の増加は U である．一方，3d 軌道間には飛び移り積分があるから，右辺の M^{3+} へまわりの M^{2+} から 3d 電子が飛び移ることができる．M^{1+} についても同様で，まわりの M^{2+} へ M^{1+} の 3d 電子が飛び移ることが可能である．このように，M^{2+} を基準に選んだときの余分の電子，あるいは，ホールが動き回ることができるので，その運動によるエネルギーの低下がある．M^{3+} と M^{1+} の飛び移り積分の大きさを t とすると，最近接格子点数 z をかけて，エネルギーの低下は $2zt (= w)$ 程度と見積もられるので，電子の励起に要する最小のエネルギーは

$$E_{\text{gap}} = U - w + O\left(\frac{w^2}{U}\right) \tag{2.2.1}$$

と評価できる[*2]．w は 3d 電子の飛び移りによるバンド幅とほぼ同じである．U

[*2] M^{3+} あるいは M^{1+} が動くときバックグランドの M^{2+} のスピンが移動することになるので，正確にはそれを考慮しなければならない．この問題については W. F. Brinkman and T. M. Rice: Phys. Rev. B**2**, 1324 (1970) を参照されたい．(2.2.1) は正確な数値ではなく，定性的な議論である．

が十分大きいときは $E_{\text{gap}} > 0$ となり絶縁体である．U の値を固定して t を増大すると，t が小さい間は絶縁体であるが，w が U を越えると (2.2.1) の E_{gap} は負となり，自発的に M^{3+} と M^{1+} が生じて金属になる．このような簡単な議論では金属になる境界を正確に決めることはできないが，境界が $w \sim U$ であることは間違いないであろう．

(2) の励起は

$$d^n + d^n \to d^{n+1} + d^n \underline{L}$$

と表せる．ここで $\underline{L}$ は配位子 (ligand) である酸素の p 軌道に 1 個ホールのある状態を意味する．この電荷移動に要するエネルギーを Δ とする．そのほかに，こうして作られた励起状態が動き回ることによるエネルギーの低下を考えねばならない．電荷移動によって作られた M^+ から，さらに，まわりの M^{2+} へ 3d 電子が飛び移ることができる．また，O^- へまわりの O^{2-} から電子が飛び移ることが可能である．これらによるエネルギーの下がりは，M^+ の 3d 電子の飛び移りによるバンド幅 w と O^- への 2p 電子の飛び移りによるバンド幅 W を用いると，$(w+W)/2$ 程度と見積もられる．よって，電荷移動励起に要する最小のエネルギーは

$$E_{\text{gap}} = \Delta - \frac{w+W}{2} + O\left(\frac{w^2}{\Delta}, \frac{W^2}{\Delta}\right) \qquad (2.2.2)$$

となるであろう．前と同様，$E_{\text{gap}} < 0$ となると系は金属になるが，その境界はほぼ $\Delta \sim (w+W)/2$ にあるはずである．(2.2.1) と (2.2.2) のうち，小さい方が絶縁体としてのエネルギーギャップを決めることになる．どちらが小さいかは磁性イオンの 3d 準位と酸素の 2p 準位の相対的位置関係による．

(2.2.1) と (2.2.2) の励起エネルギーがゼロになるところによって金属と絶縁体の境界を定義すると，図 2.2 のような相図が得られる．この図は **Zaanen-Sawatzky-Allen の相図**と呼ばれる[*3]．この相図は物質を 4 つのグループに分類する．ただし，Mott-Hubbard 型と電荷移動型の境界は目安であって，2 つは違う相ではない．

図 2.2 には代表的な化合物がどのあたりに位置するかを示してある．3d 軌道が

[*3] J. Zaanen, G. A. Sawatzky and J. W. Allen: Phys. Rev. Lett. **55**, 418 (1985)

2.2 Mott 絶縁体の 2 つのタイプ：Mott-Hubbard 型と電荷移動型

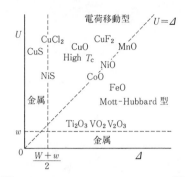

図 **2.2** Zaanen-Sawatzky-Allen の相図

ほとんど詰まっている Ni や Cu の酸化物では酸素から鉄属元素への電子の移動がエネルギーギャップを与える(**電荷移動型絶縁体**)のに対し，3d 電子数が少なくなると磁性イオン間の電子移動がエネルギーギャップを与える(**Mott-Hubbard 型絶縁体**)．酸化物高温超伝導体の関連物質 La_2CuO_4 などは CuO や NiO と同様に電荷移動型絶縁体であると考えられている．

この相図を決めるパラメータ U, Δ, W, w の物質依存性には一定の規則がある[*4]．とくに，Δ は(1)遷移金属イオンの原子番号の増加とともに減少する．(2)遷移金属イオンの価数が増えると減少する．(3)非金属イオンの電気陰性度が増えると増加する．U もゆるやかであるが物質に依存する．さらに，上の議論では d 電子間の Coulomb 相互作用は U のみで近似しているが，物質依存性をより正確に記述するには，Coulomb 相互作用のうち原子の多重項を記述する部分も考慮しなければならないし，W, w にも d 軌道が複数あることを考慮する必要がある．

ここで，Mott-Hubbard 型絶縁体と電荷移動型絶縁体の違いについて少し別の視点から述べよう．N 個の電子をもつ系の基底状態に波数 $\boldsymbol{k}$，スピン σ の電子を 1 個付け加えると電子数の $N+1$ の基底状態や励起状態ができるが，そのエネルギー分布と，系から波数 $\boldsymbol{k}$，スピン σ の電子を 1 個取り除き電子数が $N-1$ の系を作るときのエネルギーの分布を考える．それはスペクトル密度

[*4] M. Imada, A. Fujimori and Y. Tokura: Rev. Mod. Phys. **70**, 1039 (1998) の p.1123 以下を見よ．

$$A_{k\sigma}(\omega) = \sum_m \Big(|\langle m|c_{k\sigma}^\dagger|0\rangle|^2 \delta(\omega - E_m + E_0)$$
$$+ |\langle m|c_{k\sigma}|0\rangle|^2 \delta(\omega - E_0 + E_m)\Big) \quad (2.2.3)$$

によって与えられる.第1項は $\omega>0$ で有限で,波数 k, スピン σ の電子を付け加えるときのスペクトル,第2項は $\omega<0$ で値を持ち,波数 k, スピン σ の電子を取り去るときのスペクトルである.このスペクトル密度は,付録に記してあるように,1電子 Green 関数の虚数部分に等しい. $A_{k\sigma}(\omega)$ は,原理的には,角度分解逆光電子分光($\omega>0$),角度分解光電子分光($\omega<0$)で測定されうる量である.また, $A_{k\sigma}(\omega)$ を電子の波数について平均した量 $A_\sigma(\omega)$ は,それぞれ,逆光電子分光,光電子分光で測定される.

遷移金属元素 M の 3d 準位を ε_d, 酸素の 2p 準位を ε_p, 化学ポテンシャルを μ とすると,電子の原子間の飛び移りを無視したとき(すなわち,原子極限)のスペクトル $A_\sigma(\omega)$ は容易に求まる.Hubbard モデルの場合の表式は付録に示してある.その結果から,電子を付け加えるとき $\varepsilon_\mathrm{d} + U - \mu$ だけエネルギーを必要とし,電子を取り去るときは,3d 電子を取り去るか,それとも,2p 電子を取り去るかに応じて $\varepsilon_\mathrm{d} - \mu$ あるいは $\varepsilon_\mathrm{p} - \mu$ となることがわかる.以上は電子の原子間の飛び移りがまったくないときの話である.原子間での電子の飛び移りがあるときには,スペクトル $A_\sigma(\omega)$ にバンド幅程度の幅がつくはずである.したがって,スペクトルは図 2.3 のようになると期待される[*5].磁性イオン M の 3d 電子数を 1 つ増す($\mathrm{d}^n \to \mathrm{d}^{n+1}$)ときの $\omega>0$ に出現する状態を**上部 Hubbard** バンド,3d 電子を減らす($\mathrm{d}^n \to \mathrm{d}^{n-1}$)ときの $\omega<0$ に出現する状態を**下部 Hubbard** バンドという.電荷移動型絶縁体では 2p バンド($\mathrm{d}^n \to \mathrm{d}^n\underline{\mathrm{L}}$ ここで $\underline{\mathrm{L}}$ は配位子の酸素にホールが 1 つある状態を示す)の方が下部 Hubbard バンドより Fermi エネルギーに近い.Mott-Hubbard 型では両者の関係は逆転する.Fermi エネルギーをはさんで $\omega<0$ の側から $\omega>0$ への最小の励起エネルギーは (2.2.1), (2.2.2) に対応している.Coulomb 相互作用 U および電荷移動励起 Δ が十分大きいときにのみ 2 つのバンドは μ をはさんで上下に分裂

[*5] 藤森淳:固体物理 **25**, 941 (1990); 津田惟雄,那須奎一郎,藤森淳,白鳥紀一:電気伝導性酸化物(改訂版)(裳華房,1993)第 4 章

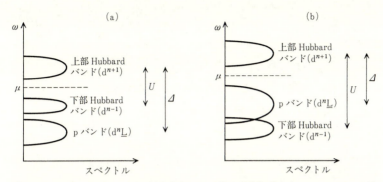

図 2.3 Mott-Hubbard 型絶縁体(a)と電荷移動型絶縁体(b)のスペクトルの模式図. 電子を取り出し, 電子数を $N-1$ にするときのスペクトルは光電子分光実験に, 電子を付け加え, 電子数を $N+1$ にするときのスペクトルは逆光電子分光実験に対応している.

し, 絶縁体となる. U あるいは Δ が小さければ図 2.3 のさまざまなバンドが重なりあい, $\omega=0$ におけるスペクトルの値は有限になる. それは金属にほかならない.

2.3 Mott 絶縁体における交換相互作用

Mott 絶縁体では電荷励起にエネルギーギャップがある. したがって, それよりも十分低いエネルギー領域では電荷の自由度は凍結し, 残りの自由度だけを考えればよい.

2.3.1 軌道縮退のない場合

まず, 磁性原子の縮退のない軌道に電子が 1 つあるとしよう. それ以外の軌道は無視できるとする. 隣り合う磁性原子間の飛び移り積分を t, 磁性原子内の Coulomb 相互作用を U とすると, 単一軌道の Hubbard モデル (1.1.24) に帰着する. $U \gg t$ とすると, 第 0 近似 ($t=0$) では電子は各磁性原子に局在していて, そのスピンの向きは不定である. すなわち, スピンについて 2^N 重の縮退(N は磁性原子総数)があり, その縮退は原子間の電子の飛び移り積分 t によってはじめて解ける.

t についての摂動論の最低次である 2 次の範囲では，縮退のある場合の摂動論の一般論に従って，$\mathcal{H}^{(2)} \equiv \mathcal{H}_t (E_0 - \mathcal{H}_U)^{-1} \mathcal{H}_t$ (E_0 は無摂動の基底エネルギー)を各磁性原子が電子 1 個で占められている部分空間に作用すればよい．隣り合う 2 つの磁性原子の波動関数がスピン 3 重項状態 $c_{1\uparrow}^\dagger c_{2\uparrow}^\dagger |0\rangle$ ($|0\rangle$ は真空)にあるときには，Pauli の原理から電子の移動は不可能である．したがって，電子の移動による 2 次のエネルギーの低下はない．他方，$c_{1\uparrow}^\dagger c_{2\downarrow}^\dagger |0\rangle$ に $\mathcal{H}^{(2)}$ を作用すると，

$$\mathcal{H}_t \frac{1}{E_0 - \mathcal{H}_U} \mathcal{H}_t c_{1\uparrow}^\dagger c_{2\downarrow}^\dagger |0\rangle = -\frac{2t^2}{U}\left(c_{1\uparrow}^\dagger c_{2\downarrow}^\dagger - c_{1\downarrow}^\dagger c_{2\uparrow}^\dagger\right)|0\rangle \qquad (2.3.1)$$

となる．右辺第 1 項は 2 次摂動で元へもどった項，第 2 項は電子が入れ替わって，結果として，スピンの反転が起こったことに対応する項である．各原子に電子が 1 個だけいる状態空間の中では，大きさ 1/2 のスピン演算子 $\boldsymbol{S}_i$ との間に

$$\frac{1}{2}\left(c_{i\uparrow}^\dagger c_{i\uparrow} - c_{i\downarrow}^\dagger c_{i\downarrow}\right) = S_i^z, \qquad c_{i\uparrow}^\dagger c_{i\downarrow} = S_i^+ = S_i^x + iS_i^y,$$
$$c_{i\downarrow}^\dagger c_{i\uparrow} = S_i^- = S_i^x - iS_i^y$$

という関係があるので，(2.3.1) は

$$= \frac{2t^2}{U}\left(2\boldsymbol{S}_1 \cdot \boldsymbol{S}_2 - \frac{1}{2}\right)c_{1\uparrow}^\dagger c_{2\downarrow}^\dagger |0\rangle \qquad (2.3.2)$$

と表せる．結局，2 次摂動は有効ハミルトニアン

$$\mathcal{H}_{\text{eff}} = 2J\left(\boldsymbol{S}_1 \cdot \boldsymbol{S}_2 - \frac{1}{4}\right), \qquad J = \frac{2t^2}{U} \qquad (2.3.3)$$

で記述できる．$\boldsymbol{S}_i$ は磁性原子 i のスピン(大きさ 1/2)で，$(-\boldsymbol{S}_1 \cdot \boldsymbol{S}_2 + 1/4)$ はスピン 1 重項状態への射影演算子である．(2.3.3) の反強磁性的相互作用の物理的意味は，隣り合う電子のスピンが反平行 (↑,↓) のときには，電子の飛び移りの 2 次摂動によるエネルギーの低下があるが，平行 (↑,↑) の場合は，Pauli の原理により，電子の移動のプロセスが禁じられている，ということである．こうして，原子間の電子の飛び移りと Pauli の原理の結果として，絶縁体では反強磁性的交換相互作用が普遍的に導かれる．(2.3.3) は第 1 章の 2 電子問題でのスピン 3 重項と 1 重項のエネルギー差と同一である．

前節で述べたように，Mott 絶縁体には Mott-Hubbard 型と電荷移動型があ

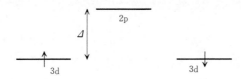

図 2.4 磁性イオンの 3d 準位と酸素の 2p 準位．ここでは銅酸化物を念頭において，電子の準位でなく，ホールの準位を記していることに注意．

り，両者では最も低い電荷励起の性格が異なる．2 つをあわせて考えるには磁性イオンの中間に位置する酸素のような陰イオンの軌道を陽に考えねばならない．3d 軌道や酸素の p 軌道が方向に依存するので，磁性イオンと陰イオンの位置関係とそれぞれの軌道の形が重要になる[*6]．いま，磁性イオン–陰イオン–磁性イオンが直線的に並んでいるとしよう．銅酸化物を念頭におき，Cu^{2+} は 3d 軌道にホールが 1 つ，O^- は 2p 軌道にホールが 1 つある状態なので，電子ではなく，ホールを用いることにしよう．図 2.4 のように陰イオンの p 軌道（磁性イオンの方に伸びた p_σ 軌道だけを考える）が 3d 軌道よりもエネルギーが Δ だけ高く，陰イオン上での Coulomb 相互作用を U_p，3d 軌道上の Coulomb 相互作用を U とし，磁性イオンと陰イオンの間の飛び移り積分を V とし，磁性イオン間の直接的飛び移りはないとしよう．これまでと同じような簡単な計算により，スピン 3 重項と 1 重項のエネルギー差から，磁性イオンのスピンに依存する低エネルギーの有効ハミルトニアン

$$\mathcal{H}_{\mathrm{eff}} = 2J \boldsymbol{S}_1 \cdot \boldsymbol{S}_2 \tag{2.3.4}$$

$$J = 2\Big(\frac{V^2}{\Delta}\Big)^2 \Big(\frac{2}{2\Delta + U_p} + \frac{1}{U}\Big) \tag{2.3.5}$$

が得られる．このような陰イオンを経由する交換相互作用を**超交換相互作用**と呼ぶ．(2.3.5) においては，電荷移動型の場合は右辺の第 1 項が，Mott-Hubbard 型の場合は第 2 項が支配的である[*7]．

これまでは磁性イオンにおいて 1 つの軌道だけが寄与する場合を考えてきた．複数の軌道が Hund 結合によってスピンをそろえてすべて占有されて軌道の自

[*6] J. Kanamori: J. Phys. Chem. Solids **10**, 87 (1959)
[*7] J. Zaanen and G. A. Sawatzky: Can. J. Phys. **65**, 1265 (1987)

由度が残っていない場合，例えば e_g 軌道に 2 つの電子が Hund の規則に従ってスピンを揃えて入り，合成スピンの大きさが 1 のとき，磁性イオン間のスピンは互いに反平行であるのが電子の飛び移りにとって具合がよい．よって (2.3.4) のタイプの反強磁性的な交換相互作用が働く．

2.3.2 軌道縮退のある場合

次に，複数の軌道があり，それが縮退あるいはほとんど縮退している場合にどうなるかを考えよう．軌道縮退のあるときは，Hund の規則に代表される原子内の Coulomb 相互作用が重要になり，強磁性的相互作用が出やすいことが以下の議論で示される[*8]．

一般論は避けて，2 重縮退の e_g 軌道($d\gamma$ 軌道ともいう)の電子の問題に限り，詳しく考えることにしよう[*9]．具体的には，磁性イオンとして，$Cu^{2+}((3d)^9$ で e_g 軌道にホールが 1 つある)，Mn^{3+} と $Cr^{2+}((3d)^4$ で $(t_{2g})^3 e_g$ という配位をとり，e_g 軌道に電子が 1 つある)がその例である．正確に言えば，Cu^{2+} では電子とホールを入れ換えねばならない．また，Mn^{3+} を正しく扱うには t_{2g} 電子との Coulomb 相互作用(Hund 結合)を取り入れる必要がある．ハミルトニアンは，(1.1.22) より，

$$\mathcal{H} = \mathcal{H}_t + \mathcal{H}_U \tag{2.3.6}$$

$$\mathcal{H}_t = \sum_{ij}^{i \neq j} \sum_{mm'\sigma} t_{ij}^{mm'} c_{im\sigma}^\dagger c_{jm'\sigma} \tag{2.3.7}$$

$$\mathcal{H}_U = \frac{1}{2} \sum_i \sum_{m_1 m_2 m_1' m_2'} \sum_{\sigma \sigma'} \langle m_1 m_2 | \frac{e^2}{r_{12}} | m_1' m_2' \rangle \\ \times c_{im_1\sigma}^\dagger c_{im_2\sigma'}^\dagger c_{im_2'\sigma'} c_{im_1'\sigma} \tag{2.3.8}$$

と表せる．$\mathcal{H}_t$ は隣り合う原子間の電子の飛び移りを記述する項で，$t_{ij}^{mm'}$ は原子 j の軌道 m' から原子 i の軌道 m への飛び移り積分である．対角項 t_{ii} はエネル

[*8] ここでは飛び移り積分の軌道依存性を考えるが，軌道依存性がない場合の議論は S. Inagaki: J. Phys. Soc. Jpn. **39**, 596 (1975); M. Cyrot and C. Lyon-Caen: J. Phys. (Paris) **36**, 253 (1975).

[*9] 原子内の 3d 軌道に関係した Coulomb 積分については上村洸，菅野暁，田辺行人：配位子場理論とその応用(裳華房，1969)が参考になる．

ギーの原点をずらすだけなので落としている.また,$\mathcal{H}_U$は原子内のCoulomb相互作用である.簡単のため弱いスピン軌道相互作用は無視している[*10].Coulomb相互作用の行列要素は

$$\langle m_1 m_2 | \frac{e^2}{r_{12}} | m_1' m_2' \rangle$$
$$\equiv \int d\boldsymbol{r}_1 \int d\boldsymbol{r}_2 \phi_{m_1}(\boldsymbol{r}_1)^* \phi_{m_2}(\boldsymbol{r}_2)^* \frac{e^2}{r_{12}} \phi_{m_1'}(\boldsymbol{r}_1) \phi_{m_2'}(\boldsymbol{r}_2) \quad (2.3.9)$$

である.e_g軌道の2つの波動関数は,方向に依存する部分だけ取り出すと,

$$\phi_u(\boldsymbol{r}) \propto \frac{1}{2}\frac{3z^2-r^2}{r^2}, \quad \phi_v(\boldsymbol{r}) \propto \frac{\sqrt{3}}{2}\frac{x^2-y^2}{r^2} \quad (2.3.10)$$

で与えられる.このとき,(2.3.9) の行列要素でゼロでないのは,

$$U \equiv \langle uu | \frac{e^2}{r_{12}} | uu \rangle = \langle vv | \frac{e^2}{r_{12}} | vv \rangle \quad (2.3.11)$$

$$K \equiv \langle uv | \frac{e^2}{r_{12}} | uv \rangle \quad (2.3.12)$$

$$J \equiv \langle uv | \frac{e^2}{r_{12}} | vu \rangle = \langle uu | \frac{e^2}{r_{12}} | vv \rangle \quad (2.3.13)$$

のみである.UとKはCoulomb積分,Jは交換積分であり,U, K, Jはすべて正である.(2.3.13) では$\phi_u(\boldsymbol{r})$と$\phi_v(\boldsymbol{r})$が実数であることを利用している.こうして,e_g軌道の場合,$\mathcal{H}_U$は

$$\mathcal{H}_U = \sum_i \sum_\sigma (K-J) n_{u\sigma} n_{v\sigma}$$
$$+ \sum_i U(n_{u\uparrow}n_{u\downarrow} + n_{v\uparrow}n_{v\downarrow}) + \sum_i K(n_{u\uparrow}n_{v\downarrow} + n_{v\uparrow}n_{u\downarrow})$$
$$+ \sum_i J\left(c_{u\uparrow}^\dagger c_{v\uparrow} c_{v\downarrow}^\dagger c_{u\downarrow} + c_{u\uparrow}^\dagger c_{v\uparrow} c_{u\downarrow}^\dagger c_{v\downarrow} + \text{H.c.}\right) \quad (2.3.14)$$

と書ける.ここでは,繁雑さを避けるため,演算子に付けるべき原子の番号iを落としている.例えば,$n_{iu\sigma}$は$n_{u\sigma}$としている.$n_{m\sigma} = c_{m\sigma}^\dagger c_{m\sigma}$である.実は,$U$, K, Jは互いに独立ではなく,

$$U = K + 2J \quad (2.3.15)$$

[*10] e_g軌道内では軌道角運動量の行列要素はゼロである.このためスピン軌道相互作用の効果は小さい.

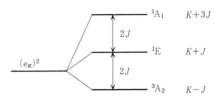

図 **2.5** e_g 軌道に 2 電子の入った状態のエネルギー準位

という関係がある．この関係は，ϕ_u と ϕ_v の代わりに，$(-1/2)\phi_u \pm (\sqrt{3}/2)\phi_v$ と $\mp(\sqrt{3}/2)\phi_u - (1/2)\phi_v$（複号同順）を選ぶことができることに注意すると証明できる．

e_g 軌道に電子が 2 つ入った状態のエネルギーは，(2.3.14) と (2.3.15) から，スピン 3 重項が $K-J$ で最も低く，その波動関数は $c_{u\uparrow}^\dagger c_{v\uparrow}^\dagger |0\rangle$, $2^{-1/2}\left(c_{u\downarrow}^\dagger c_{v\uparrow}^\dagger + c_{u\uparrow}^\dagger c_{v\downarrow}^\dagger\right)|0\rangle$, $c_{u\downarrow}^\dagger c_{v\downarrow}^\dagger |0\rangle$ である．スピン 1 重項は 2 つあって，$K+J$（2 重縮退）に属する波動関数は $2^{-1/2}\left(c_{u\downarrow}^\dagger c_{v\uparrow}^\dagger - c_{u\uparrow}^\dagger c_{v\downarrow}^\dagger\right)|0\rangle$ と $2^{-1/2}\left(c_{u\uparrow}^\dagger c_{u\downarrow}^\dagger - c_{v\uparrow}^\dagger c_{v\downarrow}^\dagger\right)|0\rangle$ である．もう 1 つのスピン 1 重項は $K+3J$ で，その波動関数は $2^{-1/2}\left(c_{u\uparrow}^\dagger c_{u\downarrow}^\dagger + c_{v\uparrow}^\dagger c_{v\downarrow}^\dagger\right)|0\rangle$ である．図 2.5 にこれらの準位を示す．スピン 3 重項が最も低いのは交換相互作用による．Coulomb エネルギーを低くするにはスピンをそろえた方がよい，という **Hund** の規則の一例である．

次に，e_g 軌道に 1 つ電子がある磁性イオンの間の相互作用を考える．軌道縮退のない場合の議論と同じようにして，$c_{1m\sigma}^\dagger c_{2m'\sigma'}^\dagger |0\rangle$ に $\mathcal{H}_t$ の 2 次摂動である $\mathcal{H}^{(2)} = \mathcal{H}_t(E_0 - \mathcal{H}_U)^{-1}\mathcal{H}_t$ を作用して，有効ハミルトニアンを求めることができる．電子の飛び移り積分 $t_{ij}^{mm'}$ は，一般に，軌道 m, m' と原子 i, j を結ぶベクトルに依存する．(2.3.10) においては z 軸を基準にして軌道の基底が選ばれているが，このときは，2 つの磁性イオンを結ぶベクトルが z 方向を向いているならば，$t^{mm'}$ の中で異なる軌道間の飛び移り積分 t_{uv} はゼロとなり，一般に t_{uu} と t_{vv} とは値が異なる．このことを考慮に入れて，2 つの磁性イオンが z 方向に並んでいるときの有効ハミルトニアンを求める．可能なプロセスは図 2.6 に示してある．

まず，原子 1 と 2 の電子が全体としてスピン 3 重項状態のときを考える．

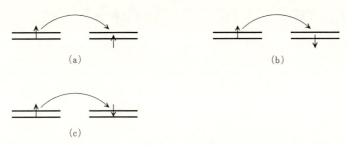

図 2.6 e_g 軌道に電子が 1 つ占めているときの交換相互作用に寄与する 3 つのプロセス．このうち(a)が強磁性的交換相互作用をもたらす．

$c_{1u\uparrow}^\dagger c_{2v\uparrow}^\dagger|0\rangle$ から出発して 2 次摂動を計算すると，

$$\mathcal{H}_t(E_0-\mathcal{H}_U)^{-1}\mathcal{H}_t c_{1u\uparrow}^\dagger c_{2v\uparrow}^\dagger|0\rangle = -\frac{1}{K-J}\Big[(t_{uu}^2+t_{vv}^2)c_{1u\uparrow}^\dagger c_{2v\uparrow}^\dagger|0\rangle \\ -2t_{uu}t_{vv}c_{1v\uparrow}^\dagger c_{2u\uparrow}^\dagger|0\rangle\Big] \quad (2.3.16)$$

である．したがって，有効ハミルトニアンとして，

$$\mathcal{H}_{\mathrm{eff}} = -\Big[\Big(\frac{t_{uu}^2}{K-J}+\frac{t_{vv}^2}{K-J}\Big)\Big(\frac{1}{2}-2\tau_1^z\tau_2^z\Big) \\ -4\frac{t_{uu}t_{vv}}{K-J}(\tau_1^x\tau_2^x+\tau_1^y\tau_2^y)\Big]\Big(\boldsymbol{S}_1\cdot\boldsymbol{S}_2+\frac{3}{4}\Big) \quad (2.3.17)$$

が得られる．ここで τ^α $(\alpha=x,y,z)$ は ϕ_u,ϕ_v の空間での自由度を記述する大きさ $1/2$ の擬スピンで

$$\tau^z\phi_u = \frac{1}{2}\phi_u, \quad \tau^z\phi_v = -\frac{1}{2}\phi_v$$
$$\tau^x\phi_u = \frac{1}{2}\phi_v, \quad \tau^x\phi_v = \frac{1}{2}\phi_u$$
$$\tau^y\phi_u = \frac{i}{2}\phi_v, \quad \tau^y\phi_v = -\frac{i}{2}\phi_u$$

で定義される．3d 軌道の大きさ 2 の軌道角運動量演算子 $\boldsymbol{\ell}$ を用いると，τ^α は $\tau^z = (2\ell_z^2-\ell_x^2-\ell_y^2)/12$, $\tau^x = \sqrt{3}(\ell_x^2-\ell_y^2)/12$, $\tau^y = -\sqrt{3}\{\ell_x\ell_y\ell_z\}/6$ である．$\{\cdots\}$ は演算子を対称化することを示す．$\boldsymbol{\ell}$ によるこの表式からわかるように，τ^z,τ^x は 4 重極演算子，τ^y は 8 重極演算子である．

スピン 1 重項の場合の計算も同じようにできる．すべてをまとめると，結果は，

$$\begin{aligned}\mathcal{H}_{\text{eff}} = -\Big[&\Big(\frac{t_{uu}^2}{K-J} + \frac{t_{vv}^2}{K-J}\Big)\Big(\frac{1}{2} - 2\tau_1^z\tau_2^z\Big) \\
&- 4\frac{t_{uu}t_{vv}}{K-J}(\tau_1^x\tau_2^x + \tau_1^y\tau_2^y)\Big]\Big(\boldsymbol{S}_1\cdot\boldsymbol{S}_2 + \frac{3}{4}\Big) \\
-\Big[&\Big(\frac{t_{uu}^2}{K+J} + \frac{t_{vv}^2}{K+J}\Big)\Big(\frac{1}{2} - 2\tau_1^z\tau_2^z\Big) \\
&+ 4\frac{t_{uu}t_{vv}}{K+J}(\tau_1^x\tau_2^x + \tau_1^y\tau_2^y)\Big]\Big(\frac{1}{4} - \boldsymbol{S}_1\cdot\boldsymbol{S}_2\Big) \\
-\Big[&2\Big(\frac{t_{uu}^2}{K+3J} + \frac{t_{uu}^2}{K+J}\Big)\Big(\frac{1}{2} + \tau_1^z\Big)\Big(\frac{1}{2} + \tau_2^z\Big) \\
&+ 2\Big(\frac{t_{vv}^2}{K+3J} + \frac{t_{vv}^2}{K+J}\Big)\Big(\frac{1}{2} - \tau_1^z\Big)\Big(\frac{1}{2} - \tau_2^z\Big) \\
&+ 4\Big(\frac{t_{uu}t_{vv}}{K+3J} - \frac{t_{uu}t_{vv}}{K+J}\Big)(\tau_1^x\tau_2^x - \tau_1^y\tau_2^y)\Big]\Big(\frac{1}{4} - \boldsymbol{S}_1\cdot\boldsymbol{S}_2\Big)\end{aligned}$$

(2.3.18)

となる．第1項は2つの磁気イオンがスピン3重項のときの寄与で，エネルギー分母に $K-J$ が登場している．第2, 3項はスピン1重項の寄与で，エネルギー分母には $K+J$ あるいは $K+3J$ が現れる．これらはそれぞれ図2.5の2電子のエネルギー準位に対応している．なお，磁性原子-酸素原子-磁性原子が直線状に並んでいるときには，中間に位置する酸素の2pあるいは2s軌道と磁性原子の3d軌道の対称性から，$t_{vv} = 0$ である．

(2.3.18)では2つの磁気イオンは z 方向に並んでいるとしている．x あるいは y 方向に並んでいるときには，e_g 軌道の波動関数として (ϕ_u, ϕ_v) の代りに，x 軸，y 軸に合った1次結合を選ぶとよい．その結果は，τ^z-τ^x 面内で $2\pi/3, 4\pi/3$ だけ回転することに対応する．x 方向の対の場合は

$$\tau^z \to -\frac{1}{2}\tau^z - \frac{\sqrt{3}}{2}\tau^x, \quad \tau^x \to -\frac{\sqrt{3}}{2}\tau^z + \frac{1}{2}\tau^x$$

と置き換え，y 方向の対の場合は

$$\tau^z \to -\frac{1}{2}\tau^z + \frac{\sqrt{3}}{2}\tau^x, \quad \tau^x \to -\frac{\sqrt{3}}{2}\tau^z - \frac{1}{2}\tau^x$$

と置き換えればよい．

Hund結合のためにスピン3重項の分母が $K-J$ で一番小さいから，この項が支配的な場合には，隣り合う原子の $\boldsymbol{\tau}$ が逆を向くように，軌道が交替的に配

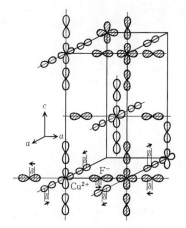

図 2.7 K_2CuF_4 における軌道の配列の模式図. 軌道の配列は伊藤と秋光により偏極中性子散乱によって決められた. δ は F の変位である. [Y. Ito and J. Akimitsu: J. Phys. Soc. Jpn. **40**, 1333 (1976)]

列しているときは,スピンは平行に(強磁性的に)なる傾向がある.それに相当すると思われるケースが確かにある.$KCuF_3$ と K_2CuF_4[*11] は x-y 面ではスピン配列は強磁性的である.K_2CuF_4 の場合の軌道は図 2.7 のように交替的に並んでいる.別の例としては $LaMnO_3$ がある.Mn^{3+} の場合には e_g 軌道の電子と t_{2g} 軌道の電子の Hund 結合を考慮しなければならないが,ここでも x-y 面内ではスピンは強磁性的に配列していて,交替的な軌道秩序の存在と関連している.軌道の整列を同定する実験法としては,偏極中性子散乱があるが,最近,共鳴 X 線散乱がきわめて有力な方法であることを村上らが実証し,急速に応用が広がっている[*12].

一般に,e_g 軌道はまわりの陰イオンの方向に伸びているので,陰イオンの変位との結合が無視できない.図 2.7 の K_2CuF_4 の例ではフッ素イオンが矢印のように変位している.陰イオンの変位と e_g 軌道上の電子との結合が強い場合には,立方対称性を崩す陰イオンの変位が e_g 軌道の 2 重縮退を解き,それによっ

[*11] $KCuF_3$ については K. Hirakawa and Y. Kurogi: Prog. Theor. Phys. **46**, 147 (1970), K_2CuF_4 については Y. Ito and J. Akimitsu: J. Phys. Soc. Jpn. **40**, 1333 (1976), 理論的解釈は D. I. Khomskii and K. I. Kugel: Solid State Comm. **13**, 763 (1973).

[*12] Y. Murakami et al.: Phys. Rev. Lett. **81**, 582 (1998)

て軌道が整列し（協力的 Jahn-Teller 効果），その上でスピンの秩序化が生じると見ることができる[*13].

2.4　Drude の重みと Kohn の判定条件

ここで絶縁体と金属を区別する，モデルによらない一般的条件を考えてみる．これからは温度 $T = 0$ を仮定する．

絶縁体の場合には電子の移動に有限のエネルギーを要するのに対し，金属の場合には無限小のエネルギーしか要らない．そこで，系に1個電子をつけ加えるときに要するエネルギー，すなわち，そのときの化学ポテンシャルの変化分 $\Delta\mu$ が有限値か，ゼロか，を絶縁体と金属の判定条件とすることができる．すなわち，化学ポテンシャル μ は，電子密度の関数として，絶縁体に対応する密度で不連続になり，金属に対応する密度では連続的に変化すると期待される（図2.8）．金属と絶縁体の区別は，電気伝導度から見ることもできる．金属の場合無限小のエネルギーで電荷を移動できるから，交流電場をかけた場合に振動数ゼロの近くで Drude 部分というものを持つ．他方，絶縁体では電荷の低エネルギー励起はないから，Drude 部分はない．よって，Drude 部分を金属と絶縁体

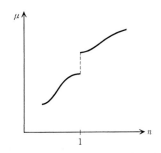

図 **2.8**　化学ポテンシャル μ の粒子密度依存性の例．n は単位胞あたりの電子数．

[*13] 協力的 Jahn-Teller 効果については J. Kanamori: *Physics and Chemistry of Transition-Metal Oxides*, ed. by H. Fukuyama and N. Nagaosa (Springer, 1999), p. 19; K. I. Kugel and D. I. Khomskii: Sov. Phys. Usp. **25**, 231 (1982) を参照．

の判定条件に使える．この考えは Kohn によるものである．以下にそれを説明しよう．

振動数 ω の μ 方向の交流電場によって引き起こされた μ 方向の電流を記述する電気伝導度 $\sigma_{\mu\mu}$ は，密度 n, 有効質量 m^* の散乱のない自由電子系の場合

$$\sigma_{\mu\mu} = \frac{i}{\omega + i\delta} \frac{ne^2}{m^*} \tag{2.4.1}$$

で与えられる．$\sigma(\omega)$ の虚部は $\omega \to 0$ で $1/\omega$ で発散し，その発散の係数に π をかけた量

$$D = \pi \frac{ne^2}{m^*} \tag{2.4.2}$$

は自由電子の密度と有効質量にのみ依存し，**Drude の重み**と呼ばれる．

金属性の程度を表すこの Drude の重みの一般的表式を久保公式から導こう[*14]．電気伝導度の久保公式は

$$\sigma_{\mu\mu} = \int_0^\infty dt \phi_{\mu\mu}(t) e^{i(\omega+i\delta)t} \tag{2.4.3}$$

$$\phi_{\mu\mu}(t) = \int_0^\beta d\lambda \langle J_\mu(-i\hbar\lambda) J_\mu(t) \rangle \tag{2.4.4}$$

である[*15]．ここで

$$J_\mu(t) = e^{i\mathcal{H}t/\hbar} J_\mu e^{-i\mathcal{H}t/\hbar} \tag{2.4.5}$$

であり，$\langle \cdots \rangle = \mathrm{Tr}(e^{-\beta\mathcal{H}} \cdots)/\mathrm{Tr}(e^{-\beta\mathcal{H}})$ である．$\mathcal{H}$ は電場のないときの系のハミルトニアンである．(2.4.3) は，部分積分すると，

$$\sigma_{\mu\mu}(\omega) = \frac{i}{\omega + i\delta}\left[\phi_{\mu\mu}(0) + \int_0^\infty dt \dot{\phi}_{\mu\mu}(t) e^{i(\omega+i\delta)t}\right] \tag{2.4.6}$$

となる．括弧内第 2 項は時間について積分すると，

[*14] W. Kohn: Phys. Rev. **133**, A171 (1964); B. S. Shastry and B. Sutherland: Phys. Rev. Lett. **65**, 243 (1990)

[*15] R. Kubo: J. Phys. Soc. Jpn. **12**, 570 (1957)

$$\int_0^\infty dt \dot\phi_{\mu\mu}(t) e^{i(\omega+i\delta)t}$$
$$= \sum_{nm} |\langle n|J_\mu|m\rangle|^2 \frac{1}{2Z} \left(e^{-\beta E_m} - e^{-\beta E_n}\right)$$
$$\times \left(\frac{1}{E_m - E_n + \hbar\omega + i\delta} - \frac{1}{E_n - E_m + \hbar\omega + i\delta}\right) \quad (2.4.7)$$

となる．Z は分配関数である．

$T=0$ での電気伝導度を考える．$\sigma(\omega)$ を実部と虚部に分けて，
$$\sigma(\omega) = \sigma'(\omega) + i\sigma''(\omega) \quad (2.4.8)$$
と書くと，虚部の $\omega \to 0$ で $1/\omega$ で発散する部分は
$$\lim_{\omega \to 0} \omega \sigma''(\omega) = \phi_{\mu\mu}(0) + \lim_{\omega \to 0} \mathrm{Re} \int_0^\infty dt \dot\phi_{\mu\mu}(t) e^{i(\omega+i\delta)t}$$
$$= \phi_{\mu\mu}(0) - 2 \sum_{m(\neq 0)} \frac{|\langle 0|J_\mu|m\rangle|^2}{E_m - E_0} \quad (2.4.9)$$
である．よって，Drude の重みは
$$D = \pi \left[\phi_{\mu\mu}(0) - 2 \sum_{m(\neq 0)} \frac{|\langle 0|J_\mu|m\rangle|^2}{E_m - E_0} \right] \quad (2.4.10)$$
と表される．一般に，不純物のない，並進対称性のある電子系の電気伝導度は，デルタ関数に比例する部分(Drude 部分)と ω の関数として広がる'インコヒーレントな部分'からなり，図 2.9 のような振動数依存性を持つと想像される[*16]．(2.4.10) の D は $\omega=0$ のデルタ関数の重みに対応する．

次に，この Drude の重み D に別の表式を与えよう．系にベクトルポテンシャルを加えたと想像してみよう．このときハミルトニアンは
$$\mathcal{H} = \sum_{i,j,\xi\eta\sigma} t_{ij}^{\xi\eta} e^{i(-e)\boldsymbol{A}\cdot(\boldsymbol{R}_i-\boldsymbol{R}_j)/c\hbar} c_{i\xi\sigma}^\dagger c_{j\eta\sigma} + \mathcal{H}_\mathrm{int} \quad (2.4.11)$$
で与えられる．ここでベクトルポテンシャルはきわめて緩やかに空間変化することを想定し，'Peierls 位相因子'と呼ばれる形で入れた．ベクトルポテンシャルは $\boldsymbol{A} = A\hat\mu$ とする．$\hat\mu$ は μ 方向の単位ベクトルである．(2.4.11) を A につい

[*16] 系のハミルトニアン $\mathcal{H}$ が電流演算子 J_μ と可換の場合には'インコヒーレントな部分'はない．しかし，固体電子の場合には $\mathcal{H}$ と J_μ は，一般に，非可換である．複数のバンドが関与するとき，この非可換性に起因する効果の 1 つとしてバンド間遷移がある．

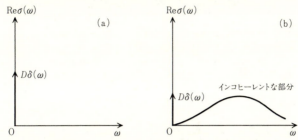

図 2.9 電気伝導度 $\sigma(\omega)$ の実部：(a) 相互作用のない自由電子系，(b) 相互作用のある電子系．相互作用がなくても，一般の固体電子の場合には，バンド間遷移のため $\omega \neq 0$ に有限の寄与がありうる．

て 2 次まで展開すると，

$$\mathcal{H} = \sum_{i,j,\xi\eta\sigma} t_{ij}^{\xi\eta}\Big[1 + i\Big(-\frac{e}{c\hbar}\Big)\boldsymbol{A}\cdot(\boldsymbol{R}_i - \boldsymbol{R}_j) \\ -\frac{1}{2}\Big(\frac{e}{c\hbar}\Big)^2(\boldsymbol{A}\cdot(\boldsymbol{R}_i - \boldsymbol{R}_j))^2\Big]c_{i\xi\sigma}^\dagger c_{j\eta\sigma} + \mathcal{H}_{\text{int}} \quad (2.4.12)$$

である．したがって，基底エネルギーの A 依存性は

$$\langle\mathcal{H}\rangle = -\frac{1}{2}\Big(\frac{e}{c\hbar}\Big)^2 A_\mu^2 \sum_{i,j,\xi\eta\sigma} t_{ij}^{\xi\eta}(R_i^\mu - R_j^\mu)^2 \langle c_{i\xi\sigma}^\dagger c_{j\eta\sigma}\rangle + (2\text{次摂動}) \quad (2.4.13)$$

である．第 1 項は (2.4.12) の A^2 項の 1 次摂動，第 2 項は A の 1 次の項

$$\mathcal{H}_A = -\frac{1}{c}J_\mu A_\mu \quad (2.4.14)$$

の 2 次摂動の寄与である．電流の演算子は

$$J_\mu = (-e)\dot{R}_\mu = (-e)\frac{i}{\hbar}\sum_{i,j,\xi\eta\sigma} t_{ij}^{\xi\eta}(R_j^\mu - R_i^\mu)c_{i\xi\sigma}^\dagger c_{j\eta\sigma} \quad (2.4.15)$$

で与えられる．A の 1 次の項の 1 次摂動の寄与は当然ながらゼロであり，2 次摂動項は

$$\frac{1}{c^2}A_\mu^2 \sum_{n\neq 0} \frac{\langle 0|J_\mu|n\rangle\langle n|J_\mu|0\rangle}{E_0 - E_n} \quad (2.4.16)$$

である．一方，$\phi_{\mu\mu}(0)$ は

であるが，任意の演算子 A, B について成り立つ一般的関係

$$\int_0^\beta d\lambda \langle \dot{A}(-i\hbar\lambda) B(0) \rangle = \frac{1}{i\hbar} \langle [A, B] \rangle \tag{2.4.18}$$

$$\phi_{\mu\mu}(0) = \int_0^\beta d\lambda \langle J_\mu(-i\hbar\lambda) J_\mu(0) \rangle \tag{2.4.17}$$

を用いると，

$$\phi_{\mu\mu}(0) = -\left(\frac{e}{\hbar}\right)^2 \sum_{i,j,\xi\eta\sigma} t_{ij}^{\xi\eta} (R_i^\mu - R_j^\mu)^2 \langle c_{i\xi\sigma}^\dagger c_{j\eta\sigma} \rangle \tag{2.4.19}$$

が得られる．以上をまとめて次の関係が得られる．

$$D = \pi c^2 \left. \frac{d^2 E(A_\mu)}{dA_\mu^2} \right|_{A=0} \tag{2.4.20}$$

この式は Drude の重み D が基底エネルギーのベクトルポテンシャル依存性と関連していることを示している．この結果は次のように解釈できる．ベクトルポテンシャルは電子の境界条件に'ひねり'を与えるものである．金属の場合には，電子は系の端から端まで動けるからこの境界条件の変化を感ずる．これに対し絶縁体では電子は局在しているから，境界条件の変化を感じない．D が $\pi c^2 d^2 E(A_\mu)/dA_\mu^2$ に等しいという (2.4.20) はこのことを表している．

理論的なモデルが与えられれば (2.4.20) から D を計算できる．図 2.10 に単純立方格子上の単一バンド Hubbard モデルについて計算された Drude の重みを示す．$n=1$(ハーフ・フィリング)の場合には U の値によらず絶縁体になっているが，これは単純立方格子が bipartite lattice であるためである．2.2 節で述べたように，一般には U がある程度大きくなってはじめて絶縁体となるはずである．

最後に，補足として，Drude の重み D と超伝導電子密度(Meissner の重み)との関連について触れておく[*17]．これまでの議論を少し一般化して，波数 q，振動数 ω で空間的，時間的に振動するベクトルポテンシャルに対する電子系の応答を考えることができる．q と ω のどちらを先に 0 にするかで 2 通りの可能性がある．$q \to 0$ の極限を先に取り，その後で $\omega = 0$ の成分を取り出したものが

[*17] D. J. Scalapino, S. R. White and S. C. Zhang: Phys. Rev. Lett. **68**, 2830 (1992)

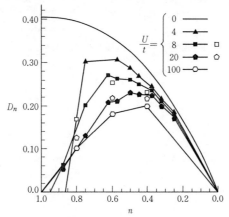

図 2.10 単純正方格子上の Hubbard モデルにおける Drude の重み $D_n = D/(2\pi e^2)$. 系は 4×4 あるいは $\sqrt{10}\times\sqrt{10}$ の有限サイズのクラスターを用いている. 実線は $U/t = 0$ のケースで,その他の記号は三角,四角,五角,六角が $U/t = 4, 8, 20, 100$ の場合を示している. 黒塗りの記号は 4×4,白抜きの記号は $\sqrt{10}\times\sqrt{10}$ に対する結果である. [E. Dagotto et al.: Phys. Rev. B **45**, 10741 (1998)]

Drude の重みである. 逆に,ベクトルポテンシャルを $\boldsymbol{A} = A\hat{x}$ とし,$\omega \to 0$ を先に取り,その後にベクトルポテンシャルと垂直な波数 $q_y \to 0$ の極限を取ると 'Meissner の重み' という量になる. Meissner の重みは超伝導状態を特徴づける量で,超伝導状態で有限の値を持つ.

2.5 Mott 絶縁体へのキャリヤーの注入 ——Zhang-Rice 1 重項

Mott 絶縁体にキャリヤーを注入して得られる金属の中に銅酸化物高温超伝導体という注目すべき物質群がある. 高温超伝導体となる銅酸化物はキャリヤーが注入されていない Mott 絶縁体状態では低温で磁気秩序を示す. キャリヤーが注入されると,磁気秩序が壊され,高い転移温度を持つ超伝導状態が実現する. この磁性と超伝導の関係が注目される点である. Mott 絶縁体は電子間の

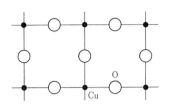

図 2.11 銅酸化物の CuO_2 面. 黒丸が Cu 原子, 白丸が酸素原子を表す.

Coulomb 相互作用が強いとき実現するから, キャリヤーをドープした金属状態でも電子間相互作用の効果が顕著であり, このことが重要な役割を果たしているものと想像される.

銅酸化物高温超伝導体のうちで主要なもの($La_{2-x}Sr_xCuO_4$, $YBa_2Cu_3O_7$ など)では, 電荷移動型絶縁体にホールが注入されている. そこで, この注入されたホールの状態について考えよう[*18]. 層状銅酸化物ではその電子状態の基本的な部分は CuO_2 面にあることが実験により確立している. CuO_2 面の O にホールが入るので, CuO_2 を記述する最も簡単なモデルを用いる. それは, 図 2.11 に示す CuO_2 の 2 次元面で, Cu についてはその $d_{x^2-y^2}$ 軌道, O についてはその 2p の σ 軌道のみ考慮し, それ以外を簡単のため無視するモデルである.

こうして得られるハミルトニアンは

$$\mathcal{H} = \mathcal{H}_0 + \mathcal{H}' \tag{2.5.1}$$

$$\mathcal{H}_0 = \sum_{j\sigma} \varepsilon_d d_{j\sigma}^\dagger d_{j\sigma} + \sum_{\ell\sigma} \varepsilon_p p_{\ell\sigma}^\dagger p_{\ell\sigma} + U \sum_j d_{j\uparrow}^\dagger d_{j\uparrow} d_{j\downarrow}^\dagger d_{j\downarrow} \tag{2.5.2}$$

$$\mathcal{H}' = \sum_{j\sigma} \sum_\ell V_{j\ell} d_{j\sigma}^\dagger p_{\ell\sigma} + \text{H.c.} \tag{2.5.3}$$

と表せる. ここでは銅酸化物を対象としているので, Cu については $(3d)^{10}$ の状態を, O については $(2p)^6$ の状態を '真空' として選んでいる. したがって, (2.5.2) と (2.5.3) において, 生成, 消滅演算子は 'ホール' の生成, 消滅演算子を意味している. $d_{j\sigma}$ は Cu の $d_{x^2-y^2}$ 軌道の 'ホール' の消滅演算子, $p_{\ell\sigma}$ は O

[*18] F. C. Zhang and T. M. Rice: Phys. Rev. **37**, 3759 (1988); T. M. Rice: *Strongly Interacting Fermions and High T_c Superconductivity* ed. by B. Doucot and J. Zinn-Justin (North-Holland, 1995), p. 19. ここでは Zhang-Rice 1 重項の導出を原論文よりも詳しく記す.

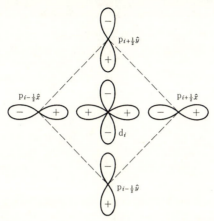

図 **2.12** Cu の $d_{x^2-y^2}$ 軌道と O の p_σ 軌道の符号
[F. C. Zhang and T. M. Rice: Phys. Rev. B**37**, 3759 (1988)]

の p_σ 軌道の'ホール'の消滅演算子である．$\varepsilon_d, \varepsilon_p$ は Cu と O の'ホール'の準位で，図 2.4 のように，$\Delta = \varepsilon_p - \varepsilon_d > 0$ を仮定している．U は Cu の $d_{x^2-y^2}$ 軌道上の Coulomb 相互作用である．$V_{j\ell}$ は隣り合う Cu 原子の $d_{x^2-y^2}$ と酸素原子の p_σ の波動関数の混成を表している．Cu の $d_{x^2-y^2}$ 軌道，O の p_σ 軌道の符号は図 2.12 のように定義しておく．絶縁体状態では，Cu は $Cu^{2+}(3d)^9$ になり，Cu 原子の上に d ホールが 1 つ存在し，O にはホールはない．この状態にホールが注入されると，そのホールは，主として，O の p_σ 軌道上に入り，このホールは (2.5.3) の混成項によって Cu の d 軌道と混じる．

(2.5.2) と (2.5.3) に登場するパラメータの大きさは $U \sim 10\,\mathrm{eV}$, $\Delta \sim 3.6\,\mathrm{eV}$, $V_{j\ell} \sim 1.3\,\mathrm{eV}$ と評価されている[*19]．(2.5.1) をそのまま扱ってもよいが，$V_{j\ell}$ は $\Delta = \varepsilon_p - \varepsilon_d$ や U に比べ小さいことを考慮して，われわれが興味を持っている低エネルギー領域で (2.5.1) と本質的に同等となる有効ハミルトニアンを導こう．そのために，まず最初に，$V_{j\ell}$ の項 $\mathcal{H}'$ をカノニカル変換によって消去しよう．カノニカル変換を用いる以下の方法は本質的に $V_{j\ell}$ についての摂動論と同じで

[*19] M. S. Hybertsen et al.: Phys. Rev. B**39**, 9028 (1989)

ある．

カノニカル変換の方法では，Schrödinger 方程式

$$\mathcal{H}\psi = E\psi \tag{2.5.4}$$

にカノニカル変換 e^{iS} を施すとき

$$\underbrace{e^{iS}\mathcal{H}e^{-iS}}_{\tilde{\mathcal{H}}}\underbrace{e^{iS}\psi}_{\tilde{\psi}} = E\underbrace{e^{iS}\psi}_{\tilde{\psi}} \tag{2.5.5}$$

$$\tilde{\mathcal{H}}\tilde{\psi} = E\tilde{\psi} \tag{2.5.6}$$

となり，$\tilde{\mathcal{H}}$ は $\mathcal{H}$ と同じ固有値を持つ，という事実を利用して有効ハミルトニアン $\tilde{\mathcal{H}}$ を導く．変換されたハミルトニアンは

$$\begin{aligned}\tilde{\mathcal{H}} &= e^{iS}\mathcal{H}e^{-iS} \\ &= \mathcal{H} + i[S,\mathcal{H}] + \frac{i^2}{2}[S,[S,\mathcal{H}]] + \frac{i^3}{3!}[S,[S,[S,\mathcal{H}]]]\cdots\end{aligned} \tag{2.5.7}$$

となる．いま，S として，

$$\mathcal{H}' + i[S,\mathcal{H}_0] = 0 \tag{2.5.8}$$

を満たすように選ぶことにしよう．このとき，有効ハミルトニアン $\tilde{\mathcal{H}}$ は

$$\tilde{\mathcal{H}} = \mathcal{H}_0 + \frac{i}{2}[S,\mathcal{H}'] + \frac{i^2}{3}[S,[S,\mathcal{H}']] + \cdots \tag{2.5.9}$$

となる．有効ハミルトニアン (2.5.9) は $V_{j\ell}$ についての展開になっているが，展開の最初の項は第 2 項

$$\tilde{\mathcal{H}}^{(2)}_{\text{eff}} = \frac{i}{2}[S,\mathcal{H}'] \tag{2.5.10}$$

である．そこで (2.5.10) の表式を具体的に求めよう．

(2.5.8) を満たすように S を決めると

$$\begin{aligned}S = \frac{1}{i}\sum_{j\sigma}\sum_{\ell}\Bigg[&\frac{V_{j\ell}}{U-\Delta}d^{\dagger}_{j\sigma}n_{j-\sigma}p_{\ell\sigma} - \frac{V_{j\ell}}{\Delta}d^{\dagger}_{j\sigma}(1-n_{j-\sigma})p_{\ell\sigma} \\ &- \frac{V^*_{j\ell}}{U-\Delta}p^{\dagger}_{\ell\sigma}d_{j\sigma}n_{j-\sigma} + \frac{V^*_{j\ell}}{\Delta}p^{\dagger}_{\ell\sigma}d_{j\sigma}(1-n_{j-\sigma})\Bigg]\end{aligned} \tag{2.5.11}$$

となる．U は大きいので，簡単のため，(2.5.11) で $U \to \infty$ として整理すると，

$$\mathcal{H}^{(2)}_{\text{eff}} = \frac{1}{\Delta}\sum_{j\ell\ell'}V_{j\ell}V^*_{j\ell'}\left[\frac{1}{2}(p^{\dagger}_{\ell'}p_{\ell}) + 2\boldsymbol{S}_j\cdot(p^{\dagger}_{\ell'}\boldsymbol{s}p_{\ell})\right] \tag{2.5.12}$$

が得られる．ここで，
$$(p^\dagger_{\ell'} p_\ell) \equiv \sum_\sigma p^\dagger_{\ell'\sigma} p_{\ell\sigma} , \quad (p^\dagger_{\ell'} \boldsymbol{s} p_\ell) \equiv \sum_{\sigma\sigma'} p^\dagger_{\ell'\sigma} (\boldsymbol{s})_{\sigma\sigma'} p_{\ell\sigma'} \tag{2.5.13}$$
である．$\boldsymbol{S}_j$ はサイト j の Cu のホールによるスピンを表している．

$V_{j\ell}$ は，図 2.12 の軌道の符号を反映して，
$$V_{j\ell} = -t_0 \epsilon_{j\ell} \tag{2.5.14}$$
と書ける．t_0 は混成の強さ，$\epsilon_{j\ell}$ は $+1$ あるいは -1 をとる．(2.5.14) を (2.5.12) に代入すると，
$$\mathcal{H}^{(2)}_{\text{eff}} = \frac{4t_0^2}{\Delta} \sum_j \left[\frac{1}{2}(P_j^\dagger P_j) + 2\boldsymbol{S}_j \cdot (P_j^\dagger \boldsymbol{s} P_j) \right] \tag{2.5.15}$$
となる．$(\cdots)$ の定義は (2.5.13) に与えられている．P_j は
$$P_{j\sigma} = \frac{1}{2}\sum_\ell \epsilon_{j\ell} p_{\ell\sigma} = \frac{1}{2}(-p_{j+\frac{1}{2}\hat{x},\sigma} - p_{j+\frac{1}{2}\hat{y},\sigma} + p_{j-\frac{1}{2}\hat{x},\sigma} + p_{j-\frac{1}{2}\hat{y},\sigma}) \tag{2.5.16}$$
である．$P_{j\sigma}$ は Cu の j サイトを囲む 4 つの酸素の p 軌道の 1 次結合である．$P_{j\sigma}$ は，異なる j の間で直交していないから，Wannier 関数ではない．直交化するには，Zhang-Rice に従って $P_{j\sigma}$ から Fourier 分解し，規格化して
$$P_{k\sigma} = \frac{\beta_k}{\sqrt{N}} \sum_j P_{j\sigma} e^{-i k \cdot R_j} \tag{2.5.17}$$
$$\beta_k = \left[1 - \frac{1}{2}(\cos k_x + \cos k_y) \right]^{-1/2} \tag{2.5.18}$$
を定義すると，$P_{k\sigma}$ は互いに直交しているので，Wannier 関数の消滅演算子 $a_{j\sigma}$ は
$$a_{j\sigma} = \frac{1}{\sqrt{N}} \sum_k P_{k\sigma} e^{i k \cdot R_j} \tag{2.5.19}$$
によって与えられることになる．(2.5.17) を (2.5.19) に代入すると，$P_{j\sigma}$ の $a_{j'\sigma}$ による展開式

$$P_{j\sigma} = \sum_{j'} f_{j'} a_{j+j'\sigma} \tag{2.5.20}$$

$$f_j = \frac{1}{N} \sum_{\bm{k}} \beta_{\bm{k}}^{-1} e^{-i\bm{k}\cdot\bm{R}_j} \tag{2.5.21}$$

が得られる．具体的に f_j を求めるには，(2.5.18) の定義を用いて，$\beta_{\bm{k}}^{-1}$ の式において cos 項を展開して，項ごとに積分すればよい．結果は

$$\begin{aligned}
f_j = & \delta_{j,0}\Big(1 - \frac{1}{32} - \frac{45}{8192} - \cdots\Big) \\
& - (\delta_{j,\hat{x}} + \text{同等な項})\Big(\frac{1}{8} + \frac{9}{1024} + \cdots\Big) \\
& - (\delta_{j,2\hat{x}} + \text{同等な項})\Big(\frac{1}{128} + \frac{5}{2048} + \cdots\Big) \\
& - (\delta_{j,\hat{x}+\hat{y}} + \text{同等な項})\Big(\frac{1}{64} + \frac{15}{4096} + \cdots\Big) \\
& - \cdots
\end{aligned} \tag{2.5.22}$$

となる．この展開は低次の項で十分よい近似式になっていることを示す．こうして，P_j は，第 1 近似として a_j に等しいが，まわりのサイトに少し広がっていることがわかる．

(2.5.20) を (2.5.15) に代入すれば，

$$\mathcal{H}_{\text{eff}}^{(2)} = \frac{4t_0^2}{\Delta} \sum_j \sum_{j_1 j_2} \left[\frac{1}{2}\left(a_{j+j_1}^\dagger a_{j+j_2}\right) + 2\bm{S}_j \cdot \left(a_{j+j_1}^\dagger \bm{s} a_{j+j_2}\right) \right] f_{j_1} f_{j_2} \tag{2.5.23}$$

である．f_j の中で最も大きい $f_0 (= 0.96)$ だけを取り出すと，

$$\mathcal{H}_{\text{eff}}^{(2)} \to \frac{4t_0^2 f_0^2}{\Delta} \sum_j \left[\frac{1}{2}\left(a_j^\dagger a_j\right) + 2\bm{S}_j \cdot \left(a_j^\dagger \bm{s} a_j\right) \right] \tag{2.5.24}$$

である．これは各 Cu のサイトの d ホールとまわりの酸素の p 軌道上のホールとの反強磁性的結合を表している．スピン 1 重項ではエネルギーは $-4t_0^2 f_0^2/\Delta$，スピン 3 重項のエネルギーは $4t_0^2 f_0^2/\Delta$ でその差は $8t_0^2 f_0^2/\Delta$ である．このように，スピン 1 重項が低エネルギーで支配的である．この 1 重項を **Zhang-Rice 1 重項** と呼ぶ．

具体的に，スピン 1 重項状態の消滅演算子

$$\psi_{js} = \frac{1}{\sqrt{2}}(d_{j\uparrow}a_{j\downarrow} - d_{j\downarrow}a_{j\uparrow}) \qquad (2.5.25)$$

スピン 3 重項の消滅演算子

$$\psi_{jt1} = d_{j\uparrow}a_{j\uparrow} \qquad (2.5.26)$$

$$\psi_{jt0} = \frac{1}{\sqrt{2}}(d_{j\uparrow}a_{j\downarrow} + d_{j\downarrow}a_{j\uparrow}) \qquad (2.5.27)$$

$$\psi_{jt-1} = d_{j\downarrow}a_{j\downarrow} \qquad (2.5.28)$$

を用いると, (2.5.24) は

$$\frac{4t_0^2 f_0^2}{\Delta} \sum_j \left[\sum_{m=1,0,-1} \psi_{jtm}^\dagger \psi_{jtm} - \psi_{js}^\dagger \psi_{js} \right] \qquad (2.5.29)$$

と表せる.

(2.5.23) の中でその次に大きい項は

$$\mathcal{H}_{\text{eff}}^{(2)} \to \frac{4t_0^2}{\Delta} \sum_j \sum_\tau f_0 f_\tau \left[\frac{1}{2}\left(a_{j+\tau}^\dagger a_j\right) + 2\boldsymbol{S}_j \cdot \left(a_{j+\tau}^\dagger \boldsymbol{s} a_j\right) \right.$$
$$\left. + \frac{1}{2}\left(a_j^\dagger a_{j+\tau}\right) + 2\boldsymbol{S}_j \cdot \left(a_j^\dagger \boldsymbol{s} a_{j+\tau}\right) \right] \qquad (2.5.30)$$

である. この項を (2.5.25)〜(2.5.28) の 1 重項, 3 重項の演算子を用いて書き直すと

$$\left(a_{j+\tau}^\dagger \left(\frac{1}{2} + 2\boldsymbol{S}_j \cdot \boldsymbol{s}\right) a_j\right) = -d_{j\uparrow}^\dagger a_{j+\tau\uparrow}^\dagger \psi_{jt1} - d_{j\downarrow}^\dagger a_{j+\tau\downarrow}^\dagger \psi_{jt-1}$$
$$- \frac{1}{\sqrt{2}}\left(d_{j\uparrow}^\dagger a_{j+\tau\downarrow}^\dagger + d_{j\downarrow}^\dagger a_{j+\tau\uparrow}^\dagger\right) \psi_{jt0}$$
$$+ \frac{1}{\sqrt{2}}\left(d_{j\uparrow}^\dagger a_{j+\tau\downarrow}^\dagger - d_{j\downarrow}^\dagger a_{j+\tau\uparrow}^\dagger\right) \psi_{js} \qquad (2.5.31)$$

と表せる. (2.5.29) より, 局所的なスピン 1 重項のエネルギーが低いので, (2.5.31) の中では最後の項が最も重要である. この項で

$$\frac{1}{\sqrt{2}}\left(d_{j\uparrow}^\dagger a_{j+\tau\downarrow}^\dagger - d_{j\downarrow}^\dagger a_{j+\tau\uparrow}^\dagger\right) \qquad (2.5.32)$$

という因子は, j の Cu のスピンと $j+\tau$ の酸素軌道上のホールとの 1 重項を生成する演算子になっている. これを $j+\tau$ の Cu と同じ $j+\tau$ の酸素上のホールとのスピン状態で書きたい. それには以下のようにすればよい. $j+\tau$ には必ず

Cu のホールが 1 個いるから，(2.5.32) は

$$\frac{1}{\sqrt{2}}\left(d_{j\uparrow}^\dagger a_{j+\tau\downarrow}^\dagger - d_{j\downarrow}^\dagger a_{j+\tau\uparrow}^\dagger\right)$$
$$= \frac{1}{\sqrt{2}}\left(d_{j\uparrow}^\dagger a_{j+\tau\downarrow}^\dagger - d_{j\downarrow}^\dagger a_{j+\tau\uparrow}^\dagger\right)\left(d_{j+\tau\uparrow}^\dagger d_{j+\tau\uparrow} + d_{j+\tau\downarrow}^\dagger d_{j+\tau\downarrow}\right)$$
$$= -\frac{1}{2}\psi_{j+\tau s}^\dagger \left(d_{j\uparrow}^\dagger d_{j+\tau\uparrow} + d_{j\downarrow}^\dagger d_{j+\tau\downarrow}\right) - \frac{1}{2}\psi_{j+\tau t0}^\dagger \left(d_{j\uparrow}^\dagger d_{j+\tau\uparrow} - d_{j\downarrow}^\dagger d_{j+\tau\downarrow}\right)$$
$$+ \frac{1}{\sqrt{2}}\psi_{j+\tau t1}^\dagger \left(d_{j\downarrow}^\dagger d_{j+\tau\uparrow}\right) - \frac{1}{\sqrt{2}}\psi_{j+\tau t-1}^\dagger \left(d_{j\uparrow}^\dagger d_{j+\tau\downarrow}\right) \quad (2.5.33)$$

と書き直せる．これをみると，j の Cu ホールと $j+\tau$ の酸素のケージ上のホールとの 1 重項は，4 つに分解され，そのうち第 1 項は $j+\tau$ での 1 重項と Cu のホールの $j+\tau$ から j へのホッピングで，残りは $j+\tau$ での 3 重項を作るものである．(2.5.29) より 1 重項を作るプロセスが重要であるから，この項のみを残すと，(2.5.30) は

$$-\frac{4t_0^2}{\Delta}\sum_j \sum_\tau f_0 f_\tau \psi_{j+\tau s}^\dagger \psi_{js} \left(d_{j\uparrow}^\dagger d_{j+\tau\uparrow} + d_{j\downarrow}^\dagger d_{j+\tau\downarrow}\right) \quad (2.5.34)$$

と表せる．上のハミルトニアンは

$$-\sum_{ij\sigma} t_{ji} \psi_{is}^\dagger d_{j\sigma}^\dagger d_{i\sigma} \psi_{js} \quad (2.5.35)$$

と書いてもよい．ここで，

$$t_{ji} = \frac{4t_0^2 f_0 f_{|j-i|}}{\Delta} \quad (2.5.36)$$

である．(2.5.22) の f の表式から t_{ji} の中では最近接格子点へのホッピングが最も大きく，その次に $(1,1)$ 方向の次近接格子点へのホッピングが大きい．(2.5.35) では酸素の p 軌道のホールは，結局，1 重項 $\psi_{js}^\dagger$ を作って舞台から消えている．すなわち，1 重項は強相関極限の Hubbard モデルでの電子の存在しない状態と等価になっている．よって，(2.5.35) は

$$-\sum_{ij\sigma} t_{ji}(1-n_{j-\sigma})d_{j\sigma}^\dagger d_{i\sigma}(1-n_{i\sigma}) \quad (2.5.37)$$

と同等である．ここで酸素の p 軌道は式の上からは消え，Cu のサイトだけが残っている．

(2.5.37) は Zhang-Rice 1 重項の運動を表している．これまでの導出からわか

るように，これ以外に多くの小さい項が存在する．それらは，たぶん，無視しても定性的に結論を変えるものではないであろう．しかし，(2.5.37) だけではキャリヤーのない絶縁体相を記述できない．したがって，最低限，(2.3.4) は加える必要がある．こうして，

$$\mathcal{H} = -\sum_{ij\sigma} t_{ji}(1-n_{j-\sigma})d^{\dagger}_{j\sigma}d_{i\sigma}(1-n_{i\sigma}) + J\sum_{(ij)} \boldsymbol{S}_i \cdot \boldsymbol{S}_j \qquad (2.5.38)$$

が得られる．ここで，(ij) は最近接格子点についての和であり，J の定義を 2 倍だけ変えている．(2.5.38) が Zhang-Rice の導いた **t-J モデル**である．

この t-J モデルの導出の過程でずいぶんいろいろな項を落としてきたが，この t-J モデルは元のモデル (2.5.1)~(2.5.3) と同等であろうか，という疑問が起こる．証明があるわけではないが，低エネルギーの現象に関しては定性的には同等であろうと思われる．

次の問題は，t-J モデルはどのような性質を示すだろうか，はたして層状銅酸化物の高温超伝導を説明できるだろうか，という問題である．t-J モデル (2.5.38) は一見単純であるが，2 重占有状態の完全排除という制約条件が付いているため，その理論的取り扱いは容易でない．この問題については第 7 章で再び取り上げる．

Fermi 流体としての遍歴電子

　金属中の伝導電子のような遍歴する Fermi 粒子は，低温においては，Fermi 統計の支配を受け，多くの場合，相互作用のない Fermi 粒子系（Fermi 気体）と似た振る舞いを示す．相互作用の影響によって定量的には修正を受けるので Fermi 流体と呼ばれている．Fermi 統計の支配は強力で，相互作用が弱いときばかりでなく，きわめて強いときでも，相互作用に打ち勝って Fermi 流体が実現される可能性が高い．固体中の遍歴電子の場合は，この Fermi 流体は固体の対称性を反映した '異方的 Fermi 流体' になる．本章では，Fermi 流体の成立条件と異方的 Fermi 流体の現象論について述べた後，相互作用する Fermi 粒子系に繰り込み群理論を適用し，微視的なハミルトニアンから低エネルギーの現象を記述する Fermi 流体がどのように導かれるかを述べる．

3.1　相互作用のない Fermi 粒子系の基本的性質のまとめ

　まず，電子間の相互作用がない場合の性質を復習しておこう．当面，外部磁場はないとし，(1.1.18) に登場したスピン σ，波数 $\boldsymbol{k}$ の電子のエネルギーを $\varepsilon_{\boldsymbol{k}}$ とする．（複数のバンドがあるときには $\varepsilon_{\boldsymbol{k}}$ にバンドの指数 n も含めればよい．）相互作用がないときには，系のエネルギーは，状態 $\boldsymbol{k}\sigma$ を占める電子数 $n_\sigma(\boldsymbol{k})$ によって，

$$E = \sum_{\boldsymbol{k}\sigma} \varepsilon_{\boldsymbol{k}} n_\sigma(\boldsymbol{k}) \tag{3.1.1}$$

で与えられる．$n_\sigma(\boldsymbol{k})$ は 0 あるい 1 を取る．基底状態では Fermi エネルギー ε_{F} 以下（$\varepsilon_{\boldsymbol{k}} < \varepsilon_{\mathrm{F}}$）の状態は電子により占められ，それ以上の状態は空いている．

$\varepsilon_k = \varepsilon_F$ で定義される k 空間の面が **Fermi面**である．(3.1.1) より，粒子分布を微小に $\delta n_\sigma(\boldsymbol{k})$ だけ変化させたときのエネルギーの変化 δE は

$$\frac{\delta E}{\delta n_\sigma(\boldsymbol{k})} = \varepsilon_k \tag{3.1.2}$$

で，1粒子エネルギーに等しい．

励起状態は次の2つの素励起からなる．1つは ε_F 以上の状態に電子を1つ付け加えるもので，ε_F から測ったエネルギーは $\varepsilon_k - \varepsilon_F$ である．もう1つは ε_F 以下の状態から電子を1つ取るもので，ε_F から測ったエネルギーは $\varepsilon_F - \varepsilon_k$ である．これらは全電子数を1つ変える励起である．全電子数一定の励起は，ε_F 以下の状態から電子を取り，ε_F 以上の状態へ移すことによって得られる．この励起を**電子-ホール対励起**という．電子を ε_k から ε_{k+q} へ移すとき，その励起エネルギーは $\hbar\omega = \varepsilon_{k+q} - \varepsilon_k$ である(図 3.1(a))．$\boldsymbol{q}$ を与えたとき同じ $\hbar\omega$ を与える $\boldsymbol{k}$ は，$\varepsilon_k < \varepsilon_F < \varepsilon_{k+q}$ の範囲でさまざまな組み合わせが可能であるので，励起は図 3.1(b) のように連続励起となる．3次元(および2次元)の自由粒子 $\varepsilon_k = \hbar^2 k^2/2m$ の場合，$|q| < 2k_F$ の範囲内に限りなく低い連続的励起が存在し，この励起が低温の性質を決める．しかし，1次元系ではまったく事情が異なり，図 3.1(c) のように，$q=0$ および $|q|=2k_F$ の近傍以外では低励起はない．これは波数と励起エネルギーの間に強い制約関係がある結果である．

Fermi 統計によって支配された励起は低温での物理量の振る舞いを決める．

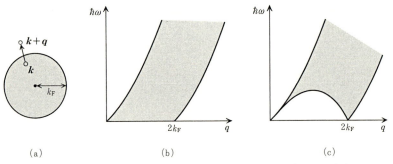

図 3.1 相互作用のない電子系における励起．(a) Fermi 球からの電子-ホール対励起．k_F は Fermi 球の半径である．(b) 波数とエネルギーの関係(3次元あるいは2次元の場合)で，影をつけた部分が可能な連続励起である．(c) 1次元系での波数とエネルギーの関係．

Fermi 統計に特徴的なのは，十分低温($k_\mathrm{B}T \ll \varepsilon_\mathrm{F}$) において比熱 $C(T)$ が温度 T に比例して γT で与えられること，スピン帯磁率 χ が温度によらない一定値をとることである．それらは

$$\gamma = \frac{2\pi^2 k_\mathrm{B}^2}{3} N(\varepsilon_\mathrm{F}) \tag{3.1.3}$$

$$\chi = 2\mu_\mathrm{B}^2 N(\varepsilon_\mathrm{F}) + \cdots \tag{3.1.4}$$

で表される．ここで $N(\varepsilon_\mathrm{F})$ は Fermi エネルギーでの 1 方向のスピンの状態密度

$$N(\varepsilon_\mathrm{F}) = \sum_{\bm{k}} \delta(\varepsilon_{\bm{k}} - \varepsilon_\mathrm{F}) \tag{3.1.5}$$

である．γ と χ の比

$$R = \frac{2\pi^2 k_\mathrm{B}^2/3}{2\mu_\mathrm{B}^2} \frac{\chi}{\gamma} \tag{3.1.6}$$

は **Wilson** 比と呼ばれ，相互作用のない電子系では $R = 1$ である．

次節以降では相互作用によって上の結果がどう変更を受けるかを見ていく．

3.2　Fermi 粒子間の非弾性散乱による寿命

Fermi 粒子は他の粒子との相互作用の結果，同じ波数の状態に有限の時間しか留まることができない．この非弾性散乱による寿命 τ は Fermi 統計の影響のため，低温では非常に長くなる．

寿命の逆数は，Born 近似の範囲で，

$$\frac{1}{\tau(\bm{k}_1)} = \frac{2\pi}{\hbar} \frac{1}{N^2} \sum_{\bm{k}_2, \bm{k}'_1, \bm{k}'_2} U^2 \delta(\varepsilon_1 + \varepsilon_2 - \varepsilon'_1 - \varepsilon'_2)$$
$$\times \delta_{\bm{k}_1+\bm{k}_2, \bm{k}'_1+\bm{k}'_2} f_{\bm{k}_2}(1 - f_{\bm{k}'_1})(1 - f_{\bm{k}'_2}) \tag{3.2.1}$$

によって与えられる．ここで U は粒子間の相互作用の大きさである．ε_i は $\varepsilon_{\bm{k}_i}$ を簡単に書いたもので，$\varepsilon_{\bm{k}} = \hbar^2 \bm{k}^2/2m$ とする．f は Fermi 分布関数である．散乱の相手 $\bm{k}_2$ が存在する確率 $f_{\bm{k}_2}$，散乱の終状態 $\bm{k}'_1, \bm{k}'_2$ が空いている確率 $(1 - f_{\bm{k}'_1})(1 - f_{\bm{k}'_2})$ が考慮されている．(3.2.1) においては，運動量保存則，エネルギー保存則，Fermi 分布関数の組み合わせが重要である．

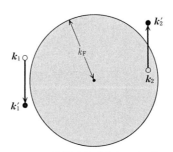

図 3.2 非弾性散乱を引き起こすプロセス. 粒子 k_1 は Fermi 球内の粒子 k_2 との相互作用によって,それぞれ,Fermi 球外の k'_1,k'_2 へ移る.

図3.2に $1/\tau$ に寄与する散乱過程を示してある.着目する粒子 k_1 は Fermi 波数近傍にあり,そのエネルギーは ε_F より大きいとする.運動量保存則 $k_1 + k_2 = k'_1 + k'_2$ を使って k'_2 の積分を実行すれば k'_1 と k_2 の積分が残る.エネルギー保存則と Fermi 分布関数より,さらに k_1 が Fermi 波数に近いという条件のため,積分に寄与する領域は k_2 と k'_1 の大きさが Fermi 波数近くに限られる.このために,$T = 0$ では

$$\frac{1}{\tau} \propto (\varepsilon_1 - \varepsilon_F)^2 \qquad (3.2.2)$$

となる[*1].$\varepsilon_1 = \varepsilon_F$ の場合には,(3.2.2)の右辺は低温では T^2 で置き換えられる.

2次元の Fermi 粒子系の場合(Fermi 面が円のとき)についても同じような計算を行うことができる.$\varepsilon_k = \varepsilon_F$ では

$$\frac{1}{\tau} \propto T^2 \log \frac{\varepsilon_F}{k_B T} \qquad (3.2.3)$$

となる[*2].対数補正を除き3次元と同じである.

しかし,1次元の Fermi 粒子系では事情が異なる.それは運動量保存則とエ

[*1] 計算の詳細は A. A. Abrikosov and I. M. Khalatnikov: Rept. Prog. Phys. **22**, 329 (1959) を参照.

[*2] C. Hodges, H. Smith and J. W. Wilkins: Phys. Rev. B**4**, 302 (1971); P. Bloom: Phys. Rev. B**12**, 125 (1975).

ネルギー保存則の制約が厳しくなるためである．1次元系では，Fermiエネルギーの近くの状態は，$-k_F$ 近くの分枝と k_F 近くの分枝の2つの部分からなり，$\pm k_F$ の十分近くでは $\varepsilon_k - \varepsilon_F = v_F(\pm k - k_F)$ と近似できる．着目する粒子 k_1 が $+k_F$ 近くにあるとすると，(3.2.1) の $1/\tau$ への寄与には2種類ある．1つは，k_2, k_1', k_2' がすべて $+k_F$ 付近からの寄与，もう1つは k_2 が $-k_F$ 近くで，k_1', k_2' のうち1つが k_F 付近，他が $-k_F$ 付近の場合の寄与である．前者の寄与は，エネルギーと運動量が比例関係にあるから，エネルギー保存則を表すデルタ関数の引数は，運動量保存則によって自動的にゼロとなる．この結果，

$$\frac{1}{\tau} \propto (k_1 - k_F)^2 \delta(0) \tag{3.2.4}$$

で発散する．後者の寄与は，k_1 が k_F に等しいときに積分を実行すると，

$$\frac{1}{\tau} \propto T \tag{3.2.5}$$

となり，T に比例する．

以上の議論ではBorn近似 (3.2.1) で寿命の逆数を計算したが，その結果はFermi分布，運動量保存則，エネルギー保存則によって決まっているので，相互作用がある程度強くてもそのまま成り立つと思われる．

低温における素励起は $k_B T$ 程度のエネルギーをもつ．上の結果から，$k_B T$ と比べて $\hbar/\tau$ が無視できるかどうかは系の次元によることになる．3次元系と2次元系では $\hbar/\tau$ は $k_B T$ に比べれば，$T \to 0$ の極限で無視できる．2次元の場合は，log 補正があるところが3次元と異なるが，やはり $\hbar/\tau$ は $k_B T$ に比べれば，$k_B T/\varepsilon_F \ll 1$ では無視できる．しかし，1次元系ではそのような温度領域は存在しない．1次元の場合 (3.2.4) の発散はきわめて特異である．これは第6章で詳しく議論するように，1次元では低エネルギーの励起がBose統計に従う集団励起で尽きていることと密接に関係している．

現実の物質の ε_k の $\boldsymbol{k}$ 依存性は様々なケースが考えられる．例えば，1次元性がよいが，より詳細に見れば3次元性があるケースがあるであろう．しかし，上に述べた1次元系と標準的な2次元，3次元系との違いは重要である．後に述べる繰り込み群による解析でもこの違いが明らかになる．

3.3 異方的Fermi流体の現象論

Fermi 流体は，液体 ^{3}He のような等方的で並進対称性を持つ系の場合には，Landau の Fermi 流体理論により，一般的で定量的な記述が可能である[*3]．しかし，固体中の遍歴電子は固体の対称性を反映した**異方的Fermi流体**になる．

相互作用する Fermi 粒子系では，励起として，Fermi 統計に従う**個別励起**と**集団励起**(スピン密度の揺らぎ，粒子密度の揺らぎなど)を持つ．個別励起が低温の性質を支配する場合にのみ，Fermi 粒子系は Fermi 流体として振る舞う[*4]．

3.3.1 準粒子，Luttingerの定理，準粒子間の相互作用

$k_\mathrm{B}T$ 程度の励起エネルギーの Fermi 粒子については，粒子間の散乱による寿命の効果が無視できるので，粒子の波数ベクトル $\bm{k}$ はよい量子数とみなせる．したがって $\bm{k}$ によって粒子を区別でき，

$$\text{元の粒子} \longleftrightarrow \text{準粒子(相互作用の着物を着た粒子)}$$

という 1 対 1 対応が成り立つ．このとき，他の粒子からの影響は一種の分子場として存在する．まず，1 対 1 対応から

$$\text{元の粒子の数} = \text{準粒子の数}$$

が成り立つ．よって，準粒子の分布関数を $n_\sigma(\bm{k})$ とすると，

$$\sum_{\bm{k}\sigma} n_\sigma(\bm{k}) = N \tag{3.3.1}$$

である．寿命が ∞ だから，分布関数 $n_\sigma(\bm{k})$ を与えれば E が求まることになる．基底状態においては，$n_\sigma(\bm{k}) = 1$ を満たす $\bm{k}$ 空間の領域と，$n_\sigma(\bm{k}) = 0$ である領域とはシャープな境界によって分かれている．(3.3.1) より，$n_\sigma(\bm{k}) = 1$ を満たす $\bm{k}$ 空間の体積は伝導電子数 N のみに依存し，相互作用の強さによっ

[*3] Fermi 流体論の代表的参考書としては巻末に挙げた Pines-Nozières, Nozières, 山田耕作の本がある． A. J. Leggett: Rev. Mod. Phys. **47**, 331 (1974) の中の解説も参考になる．
[*4] 例外的な場合として，集団励起が低エネルギーで支配的となることがある．1 次元電子系，相転移点が $T=0$ に一致する**量子臨界点**がその例である．そのような例外的な状況では，Fermi 流体とは異なった振る舞い(非 Fermi 流体)が期待される．

ては変わらない．これを **Luttinger の定理** という[*5]．体積は不変だが，その形 (Fermi 面の形) は相互作用によって変わりうる．

準粒子の分布を微小に $\delta n_\sigma(\boldsymbol{k})$ だけ変えたときのエネルギー変化を

$$\delta E = \sum_{\boldsymbol{k}\sigma} \varepsilon_\sigma(\boldsymbol{k}) \delta n_\sigma(\boldsymbol{k}) \tag{3.3.2}$$

と書くと，$\varepsilon_\sigma(\boldsymbol{k})$ は $\boldsymbol{k}$ に 1 つの準粒子を付け加えたときの系のエネルギーの増加分を示す量になっている．これを準粒子のエネルギーと呼ぶ．$\varepsilon_\sigma(\boldsymbol{k})$ は (3.1.2) と違って，相互作用のために，他の準粒子の分布 $\{n_{\sigma'}(\boldsymbol{k}')\}$ にも依存している．すなわち，$\varepsilon_\sigma(\boldsymbol{k}; \{n_{\sigma'}(\boldsymbol{k}')\})$ と書くべき量である．したがって，他の準粒子の分布を変えると $\varepsilon_\sigma(\boldsymbol{k})$ は変化するので

$$\delta \varepsilon_\sigma(\boldsymbol{k}) = \sum_{\boldsymbol{k}'\sigma'} f_{\sigma\sigma'}(\boldsymbol{k}, \boldsymbol{k}') \delta n_{\sigma'}(\boldsymbol{k}') \tag{3.3.3}$$

と書ける．係数 $f_{\sigma\sigma'}(\boldsymbol{k}, \boldsymbol{k}')$ は準粒子間の相互作用を記述するパラメータで，相互作用関数と呼ばれる．$f_{\sigma\sigma'}(\boldsymbol{k}, \boldsymbol{k}')$ は他の準粒子の分布 $\{n_{\sigma''}(\boldsymbol{k}'')\}$ にも依存している．この連鎖が無限に続くなら議論は不毛であるが，幸いにして，低エネルギーと低温での振る舞いに関する限り (3.3.3) までで十分である．

以下では結晶の対称性を反映した'異方的な Fermi 流体'を考える．このとき，$\varepsilon(\boldsymbol{k})$ は $\boldsymbol{k}$ の方向に依存する[*6]．スピン 1 方向あたりの準粒子の (単位体積あたりの) 状態密度の Fermi エネルギーでの値は

$$N(\varepsilon_\mathrm{F}) = \int \frac{d\boldsymbol{k}}{(2\pi)^3} \delta(\varepsilon_\mathrm{F} - \varepsilon(\boldsymbol{k})) = \int \frac{dS}{(2\pi)^3 v_\mathrm{F}(S)} \tag{3.3.4}$$

である．ここで dS は Fermi 面についての積分，$v_\mathrm{F}(S)$ は Fermi 面上での速度で，一般に Fermi 面上の位置による．$\boldsymbol{k}$ と $\boldsymbol{k}'$ が Fermi 面上にあるときの準粒子間の相互作用 $f_{\sigma\sigma'}(\boldsymbol{k}, \boldsymbol{k}')$ が後の議論において重要になる．スピン軌道相互作用が無視できるとき，$f_{\sigma\sigma'}(\boldsymbol{k}, \boldsymbol{k}')$ は

$$f_{\sigma\sigma'}(\boldsymbol{k}, \boldsymbol{k}') = f^s(\boldsymbol{k}, \boldsymbol{k}') + \sigma\sigma' f^a(\boldsymbol{k}, \boldsymbol{k}') \tag{3.3.5}$$

とスピンによらない部分 f^s とスピンによる部分 f^a に分けられる．f^s, f^a とも

[*5] ミクロな議論は J. M. Luttinger: Phys. Rev. **119**, 1153 (1960).

[*6] 異方的 Fermi 流体については巻末に挙げた Pines-Nozières の本のほか T. Okabe: J. Phys. Soc. Jpn. **67**, 2792 (1998) が詳しい．

$f^{s,a}(\bm{k}, \bm{k}') = f^{s,a}(\bm{k}', \bm{k})$ で対称である. σ は $+1$ または -1 を取る. 相互作用関数はスピン空間で等方的だから, 正確には, (3.3.5) の $\sigma\sigma'$ は $\bm{\sigma}\cdot\bm{\sigma}'$ とすべきである. しかし, 以後の議論の大部分でスピンの z 成分だけが関与するので (3.3.5) をそのまま用いることにする.

後の議論のために, Fermi 面上での $f^{s,a}(\bm{k}, \bm{k}')$ の固有値, 固有関数を

$$\frac{1}{N(\varepsilon_{\mathrm{F}})} \int \frac{dS'}{(2\pi)^3 v_{\mathrm{F}}(S')} f^{s,a}(\bm{k}, \bm{k}') \psi_\lambda^{s,a}(\hat{k}') = f_\lambda^{s,a} \psi_\lambda^{s,a}(\hat{k}) \quad (3.3.6)$$

と定義しておく. $f_\lambda^{s,a}$ が固有値, $\psi_\lambda^{s,a}(\hat{k})$ が固有関数である. λ は固有値を指定する指数, $\hat{k}$ は Fermi 面上のベクトルである. また, 無次元の相互作用として

$$2N(\varepsilon_{\mathrm{F}}) f_\lambda^{s,a} = F_\lambda^{s,a} \quad (3.3.7)$$

を定義しておこう.

特別なケースとして, 等方的な系の場合には, 固有関数は球面調和関数 $Y_{\ell m}(\Omega_k)$ である. また, $\hat{k} = \bm{k}/|\bm{k}|$, $\hat{k}' = \bm{k}'/|\bm{k}'|$ である. それを用いて

$$f^{s,a}(\hat{k}, \hat{k}') = \sum_{\ell=0}^{\infty} \sum_{m=-\ell}^{\ell} \frac{4\pi}{2\ell+1} f_\ell^{s,a} Y_{\ell m}(\Omega_k) Y_{\ell m}^*(\Omega_{k'}) \quad (3.3.8)$$

と書ける. さらに, 無次元の相互作用パラメータ

$$2 f_\ell^s N(\varepsilon_{\mathrm{F}}) \equiv F_\ell^s \ (= F_\ell), \quad 2 f_\ell^a N(\varepsilon_{\mathrm{F}}) \equiv F_\ell^a \ (= Z_\ell) \quad (3.3.9)$$

によって相互作用関数の固有値を表すのが普通である. (3.3.6) は等方的な系での関係の異方的 Fermi 流体への一般化になっている.

3.3.2 異方的 Fermi 流体の準粒子

[1] 状態密度, 低温比熱

準粒子の状態密度 $N(\varepsilon_{\mathrm{F}})$ は比熱の T に比例する項に登場する. 比熱を求めるには準粒子のエントロピーが必要である. 準粒子は $\bm{k}$ によって指定されるので, エントロピーは

$$S = -k_{\mathrm{B}} \sum_{\bm{k}\sigma} \Big[n_\sigma(\bm{k}) \ln n_\sigma(\bm{k}) + (1 - n_\sigma(\bm{k})) \ln(1 - n_\sigma(\bm{k})) \Big] \quad (3.3.10)$$

で与えられることに注意する. 熱力学ポテンシャル $\Omega = E - TS - \mu N$ を最小にするよう分布関数を決めると,

$$n_\sigma(\bm{k}) = \frac{1}{e^{\beta(\varepsilon(\bm{k})-\mu)}+1} \tag{3.3.11}$$

となる．$\beta = 1/k_{\mathrm{B}}T$ である．したがって，相互作用のない Fermi 粒子系の統計力学にならって低温比熱を計算することができて，単位体積あたりの比熱として

$$C = \gamma T + \cdots, \qquad \gamma = \frac{2\pi^2}{3}k_{\mathrm{B}}^2 N(\varepsilon_{\mathrm{F}}) \tag{3.3.12}$$

が得られる．低温比熱は準粒子の状態密度を求める有力な手段となる．

[2] 圧縮率

圧縮率は粒子密度 n の化学ポテンシャル依存性から

$$\kappa = \frac{1}{n^2}\frac{dn}{d\mu} \tag{3.3.13}$$

で与えられる．$dn/d\mu$ を計算するため，μ を $\delta\mu$ だけ変化させ，その時の n の変化 δn

$$\delta n = \frac{1}{\Omega}\sum_{\bm{k}\sigma}\delta n_\sigma(\bm{k})$$

を考える．Ω は系の体積である．準粒子の分布関数の変化 $\delta n_\sigma(\bm{k})$ を Fermi 波数の Fermi 面に垂直な方向への変化 $\delta k_{\mathrm{F}\perp}$ を用いて

$$\delta n_\sigma(\bm{k}) = \delta\bigl(\varepsilon(\bm{k})-\mu\bigr)v_{\mathrm{F}}(S)\delta k_{\mathrm{F}\perp} \tag{3.3.14}$$

と表すと

$$\frac{dn}{d\mu} = \frac{1}{\Omega}\sum_{\bm{k}\sigma}\delta\bigl(\varepsilon(\bm{k})-\mu\bigr)v_{\mathrm{F}}(S)\frac{dk_{\mathrm{F}\perp}}{d\mu} \tag{3.3.15}$$

となる(図 3.3)．他方，$\varepsilon(k_{\mathrm{F}}; n(\bm{k})) = \mu$ であるから，

$$\delta\mu = v_{\mathrm{F}}(S)\delta k_{\mathrm{F}\perp} + \sum_{\bm{k}'\sigma}f_{\sigma\sigma'}(\bm{k}_{\mathrm{F}},\bm{k}')\delta n_{\sigma'}(\bm{k}') \tag{3.3.16}$$

と書ける．よって

$$1 = v_{\mathrm{F}}(S)\frac{dk_{\mathrm{F}\perp}}{d\mu}$$
$$+ \sum_{\bm{k}'\sigma}f_{\sigma\sigma'}(\bm{k}_{\mathrm{F}},\bm{k}')\delta\bigl(\varepsilon(\bm{k}')-\mu\bigr)v_{\mathrm{F}}(S')\frac{dk'_{\mathrm{F}\perp}}{d\mu} \tag{3.3.17}$$

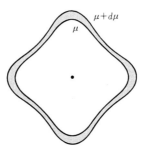

図 **3.3** μ の変化に伴う Fermi 面の変化

が得られる.この積分方程式を解くため, (3.3.6) の固有関数 $\psi_\lambda^s(\hat{k})$ を用いて,

$$v_\mathrm{F}(S)\frac{dk_{\mathrm{F}\perp}}{d\mu} = \sum_\lambda a_\lambda \psi_\lambda^s(\hat{k}) \qquad (3.3.18)$$

と展開しよう.a_λ は展開係数である.これを (3.3.17) に代入し,$\psi_\lambda^s(\hat{k})$ をかけて,$\int dS/[(2\pi)^3 v_\mathrm{F}(S)]$ で積分すると,展開係数 a_λ は

$$a_\lambda = \frac{1}{1+F_\lambda^s}\int \frac{dS}{(2\pi)^3 v_\mathrm{F}(S)}\psi_\lambda^s(\hat{k}) \qquad (3.3.19)$$

と決まる.さらに, (3.3.18) を (3.3.15) に代入すれば

$$\frac{dn}{d\mu} = 2N(\varepsilon_\mathrm{F})\sum_\lambda \frac{1}{1+F_\lambda^s}\left[\frac{1}{N(\varepsilon_\mathrm{F})}\int \frac{dS}{(2\pi)^3 v_\mathrm{F}(S)}\psi_\lambda^s(\hat{k})\right]^2 \qquad (3.3.20)$$

が得られる.こうして圧縮率の相互作用依存性が表せたことになる.

[3] **スピン帯磁率**

空間的に一様な磁場をかけると,準粒子のエネルギー $\varepsilon_\sigma(\boldsymbol{k})$ は 2 つの原因で変化する.1 つは自分自身が受ける Zeeman 効果であり,もう 1 つは他の準粒子の分布が磁場によって変わることにより受ける間接的変化である.両者を加えると,

$$\begin{aligned}\delta\varepsilon_\sigma(\boldsymbol{k}) &= g\mu_\mathrm{B}H\frac{1}{2}\sigma + \sum_{\boldsymbol{k}'\sigma'}f_{\sigma\sigma'}(\boldsymbol{k},\boldsymbol{k}')\delta n_{\sigma'}(\boldsymbol{k}') \\ &\equiv \gamma(\boldsymbol{k})g\mu_\mathrm{B}H\frac{1}{2}\sigma \end{aligned}\qquad (3.3.21)$$

となる.ここで, $g\,(=2)$ は g 因子であり, (3.3.21) で定義された $\gamma(\boldsymbol{k})$ は相互作

用による g 因子の増大を表し，一般に，Fermi 面上の位置に依存する. (3.3.21) の第 2 項は

$$\sum_{\mathbf{k}'\sigma'} f_{\sigma\sigma'}(\mathbf{k},\mathbf{k}')\delta n_{\sigma'}(\mathbf{k}')$$
$$= \sum_{\mathbf{k}'\sigma'} f_{\sigma\sigma'}(\mathbf{k},\mathbf{k}')\Big[-\delta(\varepsilon(\mathbf{k}') - \varepsilon_{\mathrm{F}})\Big]\gamma(\mathbf{k}')g\mu_{\mathrm{B}}H\frac{1}{2}\sigma' \tag{3.3.22}$$

となるので，(3.3.21) より

$$\gamma(\mathbf{k}) = 1 - \sum_{\sigma'}\sigma\sigma'\sum_{\mathbf{k}'} f_{\sigma\sigma'}(\mathbf{k},\mathbf{k}')\delta(\varepsilon_{\sigma'}(\mathbf{k}') - \mu)\gamma(\mathbf{k}') \tag{3.3.23}$$

が得られる．この $\gamma(\mathbf{k})$ に対する積分方程式も圧縮率の場合と同様の手法で解ける．$\gamma(\mathbf{k})$ を固有関数 $\psi_\lambda^a(\hat{k})$ で

$$\gamma(\mathbf{k}) = \sum_\lambda m_\lambda \psi_\lambda^a(\hat{k}) \tag{3.3.24}$$

と展開し，これを (3.3.23) に代入すると，展開係数は

$$m_\lambda = \frac{1}{1+F_\lambda^a}\frac{1}{N(\varepsilon_{\mathrm{F}})}\int \frac{dS}{(2\pi)^3 v_{\mathrm{F}}(S)}\psi_\lambda^a(\hat{k}) \tag{3.3.25}$$

と決まる.

磁場により誘起された磁化 M は，磁場による分布関数の変化 $\delta n_\sigma(\mathbf{k})$ から，

$$M = -g\mu_{\mathrm{B}}\sum_{\mathbf{k}\sigma}\frac{\sigma}{2}\delta n_\sigma(\mathbf{k})$$

で与えられるが，

$$\delta n_\sigma(\mathbf{k}) = \frac{\delta n_\sigma(\mathbf{k})}{\delta \varepsilon_\sigma(\mathbf{k})}\delta\varepsilon_\sigma(\mathbf{k}) = -\delta(\varepsilon(\mathbf{k}) - \varepsilon_{\mathrm{F}})\gamma(\mathbf{k})g\mu_{\mathrm{B}}H\frac{\sigma}{2}$$

を代入し，結局，

$$\chi = \frac{M}{\Omega H}$$
$$= \frac{(g\mu_{\mathrm{B}})^2}{2}N(\varepsilon_{\mathrm{F}})\sum_\lambda \frac{1}{1+F_\lambda^a}\Big[\frac{1}{N(\varepsilon_{\mathrm{F}})}\int \frac{dS}{(2\pi)^3 v_{\mathrm{F}}(S)}\psi_\lambda^a(\hat{k})\Big]^2 \tag{3.3.26}$$

となる．$\sum_\lambda \cdots$ の因子は帯磁率の増強因子である．

[4] 電気伝導度，Drude の重み

準粒子の分布関数に対する Boltzmann 方程式は

$$\frac{\partial n_\sigma(\boldsymbol{k},\boldsymbol{r},t)}{\partial t} + \boldsymbol{\nabla}_r n_\sigma(\boldsymbol{k},\boldsymbol{r},t) \cdot \boldsymbol{\nabla}_k \varepsilon_\sigma(\boldsymbol{k},\boldsymbol{r},t)$$
$$- \boldsymbol{\nabla}_k n_\sigma(\boldsymbol{k},\boldsymbol{r},t) \cdot \boldsymbol{\nabla}_r \varepsilon_\sigma(\boldsymbol{k},\boldsymbol{r},t) - e\boldsymbol{E} \cdot \boldsymbol{\nabla}_k n_\sigma(\boldsymbol{k},\boldsymbol{r},t) = 0 \quad (3.3.27)$$

で与えられる．ここでは十分低エネルギーの準粒子を考えているので衝突項は無視できる．$\varepsilon_\sigma(\boldsymbol{k},\boldsymbol{r},t)$ は準粒子のエネルギーで

$$\varepsilon_\sigma(\boldsymbol{k},\boldsymbol{r},t) = \varepsilon(\boldsymbol{k}) + \sum_{\boldsymbol{k}'\sigma'} f_{\sigma\sigma'}(\boldsymbol{k},\boldsymbol{k}') \delta n_{\sigma'}(\boldsymbol{k}',\boldsymbol{r},t) \quad (3.3.28)$$

のように，分布関数の平衡値 $n_\sigma^0(\boldsymbol{k})$ からのずれ

$$n_\sigma(\boldsymbol{k},\boldsymbol{r},t) = n_\sigma^0(\boldsymbol{k}) + \delta n_\sigma(\boldsymbol{k},\boldsymbol{r},t) \quad (3.3.29)$$

に依存する．よって，Boltzmann 方程式は電場 E の 1 次まででは

$$\frac{\partial \delta n_\sigma(\boldsymbol{k},\boldsymbol{r},t)}{\partial t} + \boldsymbol{\nabla}_r \delta n_\sigma(\boldsymbol{k},\boldsymbol{r},t) \cdot \boldsymbol{\nabla}_k \varepsilon(\boldsymbol{k})$$
$$- \boldsymbol{\nabla}_k n_\sigma^0(\boldsymbol{k}) \cdot \sum_{\boldsymbol{k}'\sigma'} f_{\sigma\sigma'}(\boldsymbol{k},\boldsymbol{k}') \boldsymbol{\nabla}_r \delta n_\sigma(\boldsymbol{k}',\boldsymbol{r},t)$$
$$- e\boldsymbol{E} \cdot \boldsymbol{\nabla}_k n_\sigma^0(\boldsymbol{k}) = 0 \quad (3.3.30)$$

である．電場が波数 q，振動数 ω で緩やかに空間，時間に依存しているとしよう．そのときは

$$\delta n_\sigma(\boldsymbol{k},\boldsymbol{r},t) = \delta n_\sigma(\boldsymbol{k}) e^{i(\boldsymbol{q}\cdot\boldsymbol{r}-\omega t)} + \text{c.c.} \quad (3.3.31)$$

であるので，

$$(-i\omega + i\boldsymbol{q}\cdot\boldsymbol{v}_k)\delta n_\sigma(\boldsymbol{k}) - i\boldsymbol{q} \cdot \left(\boldsymbol{\nabla}_k n_\sigma^0(\boldsymbol{k})\right) \sum_{\boldsymbol{k}'\sigma'} f_{\sigma\sigma'}(\boldsymbol{k},\boldsymbol{k}') \delta n_\sigma(\boldsymbol{k}')$$
$$+ e\boldsymbol{E}\cdot\boldsymbol{v}_k \delta(\varepsilon(\boldsymbol{k})-\mu) = 0 \quad (3.3.32)$$

となる．とくに，$q \to 0$ では

$$\delta n_\sigma(\boldsymbol{k}) = -\frac{ie\boldsymbol{E}\cdot\boldsymbol{v}_k}{\omega} \delta(\varepsilon(\boldsymbol{k})-\mu)$$

である．全電流を

3.3 異方的 Fermi 流体の現象論

$$\boldsymbol{J} = -e \sum_{\boldsymbol{k}\sigma} \boldsymbol{j}_{\boldsymbol{k}} \delta n_\sigma(\boldsymbol{k}) \tag{3.3.33}$$

と書くと, $\boldsymbol{j}_{\boldsymbol{k}}$ は電場により励起された準粒子の寄与と, 電場によって平衡分布からずれた他の準粒子が相互作用を通して与える寄与との和からなるので,

$$\boldsymbol{j}_{\boldsymbol{k}} = \boldsymbol{v}_{\boldsymbol{k}} + \sum_{\boldsymbol{k}'\sigma'} f_{\sigma\sigma'}(\boldsymbol{k},\boldsymbol{k}') \delta(\varepsilon(\boldsymbol{k}') - \mu) \boldsymbol{v}_{\boldsymbol{k}'} \tag{3.3.34}$$

で与えられる. したがって電気伝導度は

$$\sigma_{\nu\nu}(\omega + i\delta) = \frac{J_\nu}{E_\nu} = \frac{ie^2}{\omega + i\delta} \sum_{\boldsymbol{k}\sigma} j_{\boldsymbol{k}}^\nu v_{\boldsymbol{k}}^\nu \delta(\varepsilon(\boldsymbol{k}) - \mu) \tag{3.3.35}$$

である. その実部は

$$\mathrm{Re}\,\sigma_{\nu\nu}(\omega + i\delta) = D\delta(\omega)$$

となり,

$$D = \pi e^2 \sum_{\boldsymbol{k}\sigma} j_{\boldsymbol{k}}^\nu v_{\boldsymbol{k}}^\nu \delta(\varepsilon(\boldsymbol{k}) - \mu) \tag{3.3.36}$$

は Drude の重みで, 方向 ν にも依存する. D の微視的な表式は第 2 章に示した. 上の現象論的表式で, Fermi 流体の相互作用の影響を見るには, 前と同様に $v_{\boldsymbol{k}}^\nu$ を相互作用関数の固有関数 $\psi_\lambda^s(\hat{k})$ で展開すればよい.

$$v_{\boldsymbol{k}}^\nu = \sum_\lambda c_\lambda \psi_\lambda^s(\hat{k}) \tag{3.3.37}$$

(3.3.34) より $j_{\boldsymbol{k}}^\nu$ が決まるので, (3.3.36) と (3.3.37) より D は

$$D = 2\pi e^2 N(\varepsilon_\mathrm{F}) \sum_\lambda (1 + F_\lambda^s) \Big[\frac{1}{N(\varepsilon_\mathrm{F})} \int \frac{dS}{(2\pi)^3 v_\mathrm{F}(S)} \psi_\lambda^s(\hat{k}) v_{\boldsymbol{k}}^\nu \Big]^2 \tag{3.3.38}$$

と表せる.

以上の結果, 低温比熱の γ, 圧縮率, スピン帯磁率, Drude の重みが Fermi 面上での相互作用関数 $f_{\sigma\sigma'}(\boldsymbol{k},\boldsymbol{k}')$ の固有値, 固有関数で書けたことになる. 等方的で並進対称性を持つ Fermi 流体では, $\boldsymbol{j}_{\boldsymbol{k}} = \hbar\boldsymbol{k}/m$ で与えられることに注意すると, Drude の重み (3.3.36) は相互作用の影響を受けないことがわかる. 一方, 異方的 Fermi 流体である固体の伝導電子の場合には相互作用の影響を受ける.

[5] Pomeranchuk 不安定性

Fermi 面は固体の対称性を反映しているが，電子間相互作用によってその対称性が低下することがありえる．図 3.4 に示すように，準粒子分布が $\delta n_\sigma(\boldsymbol{k})$ だけ変化すると，それによって準粒子のエネルギーは

$$\delta\varepsilon_\sigma(\boldsymbol{k}) = \sum_{\boldsymbol{k}'\sigma'} f_{\sigma\sigma'}(\boldsymbol{k},\boldsymbol{k}')\delta n_{\sigma'}(\boldsymbol{k}') \tag{3.3.39}$$

だけ変化することになる．この準粒子エネルギーの変化はその分布関数の変化と次のように関係している．

$$\begin{aligned}\delta n_\sigma(\boldsymbol{k}) &= \frac{\delta n_\sigma(\boldsymbol{k})}{\delta\varepsilon_\sigma(\boldsymbol{k})}\delta\varepsilon_\sigma(\boldsymbol{k}) \\ &= -\delta(\varepsilon_\sigma(\boldsymbol{k})-\varepsilon_\mathrm{F})\sum_{\boldsymbol{k}'\sigma'}f_{\sigma\sigma'}(\boldsymbol{k},\boldsymbol{k}')\delta n_{\sigma'}(\boldsymbol{k}')\end{aligned} \tag{3.3.40}$$

この積分方程式がゼロでない $\delta n_\sigma(\boldsymbol{k})$ の解を持つときには Fermi 面が自発的に変形する．これを **Pomeranchuk 不安定性**という．スピンの向きに関係なく起こる不安定性とスピンに依存する不安定性があるが，前者は非磁性的なものであり，その場合には (3.3.40) の $\delta n_\sigma(\boldsymbol{k})$ を ψ_λ^s によって

$$\delta n_\sigma(\boldsymbol{k}) = \delta(\varepsilon(\boldsymbol{k})-\varepsilon_\mathrm{F})\sum_\lambda p_\lambda^s \psi_\lambda^s(\hat{k}) \tag{3.3.41}$$

(p_λ^s は展開係数) と展開して (3.3.40) に代入すると，ψ_λ^s に対応する Fermi 面の不安定性の条件は

図 **3.4** 電子間相互作用によって起こる Pomeranchuk 不安定性の例．スピン ↑，↓ 両方の Fermi 面が実線から破線のように変形するときは，Fermi 面は正方対称性から長方対称性へ対称性が低下することになる．

$$1+F_\lambda^s = 0 \qquad (3.3.42)$$

で与えられる．

同様に，スピンの向きによって符号が異なる変形は磁気的不安定性で，その場合には

$$\delta n_\sigma(\boldsymbol{k}) = \delta(\varepsilon(\boldsymbol{k})-\varepsilon_\mathrm{F})\sigma \sum_\lambda p_\lambda^a \psi_\lambda^a(\hat{\boldsymbol{k}}) \qquad (3.3.43)$$

と ψ_λ^a で展開すればよい．こうして $\sigma\psi_\lambda^a$ に対応する磁気的不安定性の条件は

$$1+F_\lambda^a = 0 \qquad (3.3.44)$$

で与えられる．とくに，空間に関する対称性は破らないものは強磁性への不安定性に対応する．今のところ強磁性以外の Pomeranchuk 不安定性が実現している現実の物質の例は知られていないが，意外なところに隠れている可能性もある．

3.4　繰り込み群から見た Fermi 流体

次に，相互作用する Fermi 粒子系のミクロなモデルに繰り込み群の方法を適用し，低エネルギーの有効ハミルトニアンとしての Fermi 流体がどのような条件下で導かれるかを調べよう[*7]．

モデルとして短距離の斥力が電子間に働いている Hubbard モデルを考えよう．これからの議論には Grassmann 数による経路積分法を用いるが，Grassmann 数とそれを用いる経路積分法の概略は付録にまとめてある．

経路積分法では，系の分配関数 Z は

$$Z = \int e^{S(\bar{\psi},\psi)}[d\bar{\psi}d\psi] \qquad (3.4.1)$$

$$S = \int_0^\beta d\tau \left[\sum_{i\sigma} \bar{\psi}_\sigma(\boldsymbol{r}_i\tau)\left(-\frac{\partial}{\partial \tau}\right)\psi_\sigma(\boldsymbol{r}_i\tau) - \mathcal{H}(\bar{\psi},\psi) \right] \qquad (3.4.2)$$

のように書ける．ここで S は'作用'で，その中に登場する $\psi_\sigma(\boldsymbol{r}_i\tau), \bar{\psi}_\sigma(\boldsymbol{r}_i\tau)$ は格子点 $\boldsymbol{r}_i$ 上のスピン σ の電子の場の演算子に対応する Grassmann 数である．

[*7] R. Shankar: Rev. Mod. Phys. **66**, 129 (1994); W. Metzner, C. Castellani and C. Di Castro: Adv. Phys. **47**, 317 (1998)

$[d\bar{\psi}d\psi]$ は Grassmann 数についての積分を表している．Hubbard モデルに対しては $\mathcal{H}$ は

$$\mathcal{H}(\bar{\psi},\psi) = \sum_{i\delta\sigma} t_{\delta}\bar{\psi}_{\sigma}(\boldsymbol{r}_i+\boldsymbol{\delta},\tau)\psi_{\sigma}(\boldsymbol{r}_i,\tau)$$
$$+ U\sum_{i}\bar{\psi}_{\uparrow}(\boldsymbol{r}_i\tau)\bar{\psi}_{\downarrow}(\boldsymbol{r}_i\tau)\psi_{\downarrow}(\boldsymbol{r}_i\tau)\psi_{\uparrow}(\boldsymbol{r}_i\tau) \quad (3.4.3)$$

で与えられる．$\boldsymbol{\delta}$ は近接格子点を結ぶベクトルで，第1項ではそれについて和をとる．t_{δ} はその飛び移り積分で，この段階では，最近接格子点への飛び移りに限らず，より一般的な場合も考慮している．$\psi(\boldsymbol{r}\tau), \bar{\psi}(\boldsymbol{r}\tau)$ の Fourier 分解は

$$\psi_{\sigma}(\boldsymbol{r}\tau) = \sqrt{\frac{1}{\beta N}}\sum_{nk} e^{i\boldsymbol{k}\cdot\boldsymbol{r}-i\varepsilon_n\tau}a_{\sigma}(\boldsymbol{k}\varepsilon_n) \quad (3.4.4)$$

$$\bar{\psi}_{\sigma}(\boldsymbol{r}\tau) = \sqrt{\frac{1}{\beta N}}\sum_{nk} e^{-i\boldsymbol{k}\cdot\boldsymbol{r}+i\varepsilon_n\tau}\bar{a}_{\sigma}(\boldsymbol{k}\varepsilon_n) \quad (3.4.5)$$

である．$a(\boldsymbol{k}\varepsilon_n), \bar{a}(\boldsymbol{k}\varepsilon_n)$ は対応する Grassmann 数で，$\varepsilon_n = (2n+1)\pi/\beta$ (n は整数)は Fermi 粒子の松原振動数である．これを (3.4.2) と (3.4.3) に代入すると，作用 S は

$$S = S_0 + S_{\mathrm{I}} \quad (3.4.6)$$

$$S_0 = \sum_{nk\sigma}(i\varepsilon_n - \varepsilon_{\boldsymbol{k}})\bar{a}_{\sigma}(\boldsymbol{k}\varepsilon_n)a_{\sigma}(\boldsymbol{k}\varepsilon_n) \quad (3.4.7)$$

$$S_{\mathrm{I}} = -\frac{1}{2}\frac{1}{\beta N}\sum_{n_1n_2n_3n_4}\sum_{k_1k_2k_3k_4}\sum_{\alpha\beta}u_{\alpha\beta\beta\alpha}$$
$$\times \bar{a}_{\alpha}(\boldsymbol{k}_4\varepsilon_{n_4})\bar{a}_{\beta}(\boldsymbol{k}_3\varepsilon_{n_3})a_{\beta}(\boldsymbol{k}_2\varepsilon_{n_2})a_{\alpha}(\boldsymbol{k}_1\varepsilon_{n_1})$$
$$\times \delta_{n_1+n_2,n_3+n_4}\delta_{\boldsymbol{k}_1+\boldsymbol{k}_2,\boldsymbol{k}_3+\boldsymbol{k}_4} \quad (3.4.8)$$

となる．ここで，$\varepsilon_{\boldsymbol{k}} = \sum_{\delta}t_{\delta}e^{i\boldsymbol{k}\cdot\boldsymbol{\delta}} - \varepsilon_{\mathrm{F}}$ は Fermi エネルギー ε_{F} から測った電子のエネルギーである．相互作用 U は $u_{\alpha\beta\beta\alpha}$ と表している．

簡単のため，ここから先は等方的な3次元系を考えることにし[*8]，$\varepsilon_{\boldsymbol{k}} = v_{\mathrm{F}}k$ と

[*8] これからの議論は等方的な2次元の場合にも適用できて，結果は本質的に3次元と変わりなく，ある意味では3次元より簡単である．1次元の場合には違いが生ずるが，それについては違いが出てくるところで注意する．

近似する. k は波数の大きさで，Fermi 波数を原点に取っている. また，波数ベクトルの方向は $\hat{\Omega}$ で指定する. k の大きさについてはカットオフ $(-\Lambda, \Lambda)$ を導入しよう（図3.5）. さらに低温の極限 $(T \to 0)$ を考え，松原振動数 $\varepsilon_n = (2n+1)\pi k_B T$ についての和 $\sum_n$ を ε についての積分 $\beta \int d\varepsilon/(2\pi)$ で置き換える. このような条件の下で S_0 は

$$S_0 = \beta \frac{\Omega k_F^2}{(2\pi)^3} \int_{-\infty}^{\infty} \frac{d\varepsilon}{2\pi} \int d\hat{\Omega} \int_{-\Lambda}^{\Lambda} dk \sum_{\sigma} (i\varepsilon - v_F k)\bar{a}_\sigma(k\hat{\Omega}\varepsilon) a_\sigma(k\hat{\Omega}\varepsilon) \tag{3.4.9}$$

と表せる. 右辺の積分の前にある Ω は系の体積である.

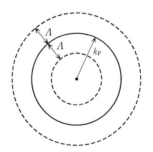

図 **3.5** カットオフ Λ の導入

われわれの関心事は十分低温での系を記述する低エネルギーの有効ハミルトニアンの導出である. そのために，繰り込み群の処方に従って，$\Lambda/s < |k| < \Lambda$ ($s>1$) の間にある Grassmann 数について積分を行って高エネルギーの状態を消去する. 最初に，相互作用のないケース $S = S_0$ を考えると，この積分は Gauss 積分なので容易に実行できて

$$Z_0(\Lambda) = Z_0(\Lambda, \Lambda/s) Z_0(\Lambda/s) \tag{3.4.10}$$

となる. $Z_0(\Lambda, \Lambda/s)$ が積分をした部分，$Z_0(\Lambda/s)$ は残りである. そこで，

$$k' = ks, \quad \varepsilon' = \varepsilon s, \quad a' = as^{-3/2}, \quad \bar{a}' = \bar{a}s^{-3/2} \tag{3.4.11}$$

とスケール変換をすると，S_0 は元と同じ形になる.

次に，仮に S_0 以外に

$$S_2 = \beta \frac{\Omega k_F^2}{(2\pi)^3} \int_{-\infty}^{\infty} \frac{d\varepsilon}{2\pi} \int d\hat{\Omega} \int_{-\Lambda}^{\Lambda} dk \sum_{\sigma} \mu(k\hat{\Omega}\varepsilon)\bar{a}_\sigma(k\hat{\Omega}\varepsilon) a_\sigma(k\hat{\Omega}\varepsilon) \tag{3.4.12}$$

という項があるとし，$\mu(k\hat{\Omega}\varepsilon)$ が
$$\mu(k\hat{\Omega}\varepsilon) = \mu_{00} + \mu_{10}k + \mu_{01}i\varepsilon + \cdots \tag{3.4.13}$$
と展開できるとしよう．S_0 を不変にするスケール変換 (3.4.11) を適用すると，μ_{nm} は
$$\mu'_{nm} = s^{1-n-m}\mu_{nm} \tag{3.4.14}$$
とスケールされる．よって，μ_{00} はこの繰り込みによって増大する．繰り込み群ではこのような項を **relevant** な項という．μ_{01} と μ_{10} はこの繰り込みによって変わらない．この種の項は **marginal** な項と呼ばれる．また，それより高次の項は繰り込みにより減少する．そのような項を **irrelevant** な項という．relevant な項は繰り込み操作を続けたときに重要になる項である．今の場合，μ_{01} と μ_{10} は S_0 の中に含めることができる項である．μ_{00} は relevant であるが，化学ポテンシャルに対応する項であり，化学ポテンシャルを適当に選べば消去できる．

次に，電子間相互作用項 S_I について考える．(3.4.8) の代わりに

$$\begin{aligned} S_\mathrm{I} =& -\frac{1}{4}\frac{1}{\beta N}\sum_{n_1 n_2 n_3 n_4}\sum_{\boldsymbol{k}_1,\boldsymbol{k}_2,\boldsymbol{k}_3,\boldsymbol{k}_4}\sum_{\alpha\beta\gamma\delta}U_{\alpha\beta\gamma\delta}(4,3,2,1)\\ &\times \bar{a}_\alpha(\boldsymbol{k}_4\varepsilon_4)\bar{a}_\beta(\boldsymbol{k}_3\varepsilon_3)a_\gamma(\boldsymbol{k}_2\varepsilon_2)a_\delta(\boldsymbol{k}_1\varepsilon_1)\\ &\times \delta_{n_1+n_2,n_3+n_4}\delta_{\boldsymbol{k}_1+\boldsymbol{k}_2,\boldsymbol{k}_3+\boldsymbol{k}_4} \end{aligned} \tag{3.4.15}$$

と書いておこう．Grassmann 数の反可換性から
$$U_{\alpha\beta\gamma\delta}(4,3,2,1) = u_{\alpha\beta\gamma\delta}(4,3,2,1) - u_{\beta\alpha\gamma\delta}(3,4,2,1) \tag{3.4.16}$$
である．$U(4,3,2,1)$ は $\boldsymbol{k}_1\sim\boldsymbol{k}_4$ の運動量への依存性がありえる場合を考慮し，この段階では引数を書いておく．

各運動量の大きさは $(-\Lambda,\Lambda)$ の中に限られているので，$\boldsymbol{k}_1,\boldsymbol{k}_2,\boldsymbol{k}_3$ がそれを満たし，さらに運動量保存則から決まる $\boldsymbol{k}_4 = \boldsymbol{k}_1 + \boldsymbol{k}_2 - \boldsymbol{k}_3$ もその範囲になければばらない．よって，

$$\begin{aligned} S_\mathrm{I} =& -\frac{1}{4\beta N}\left(\frac{\Omega k_\mathrm{F}^2}{(2\pi)^3}\right)^3\sum_{\alpha\beta\gamma\delta}\prod_{i=1}^3\left[\int_{-\infty}^\infty \frac{d\varepsilon_i}{2\pi}\int d\hat{\Omega}_i\int_{-\Lambda}^\Lambda dk_i\right]\\ &\times U_{\alpha\beta\gamma\delta}(4,3,2,1)\theta(\Lambda-|k_4|)\\ &\times \bar{a}_\alpha(k_4\hat{\Omega}_4\varepsilon_4)\bar{a}_\beta(k_3\hat{\Omega}_3\varepsilon_3)a_\gamma(k_2\hat{\Omega}_2\varepsilon_2)a_\delta(k_1\hat{\Omega}_1\varepsilon_1) \end{aligned} \tag{3.4.17}$$

と書ける．ここで $\theta(x)$ は階段関数である．$\theta(\Lambda - |k_4|)$ は扱いにくいので，これをソフトなカットオフ

$$\theta(\Lambda - |k_4|) \to e^{-|k_4|/\Lambda} \tag{3.4.18}$$

で置き換えよう．k_4 は

$$k_4 = |k_{\mathrm{F}}(\hat{\Omega}_1 + \hat{\Omega}_2 - \hat{\Omega}_3) + k_1\hat{\Omega}_1 + k_2\hat{\Omega}_2 - k_3\hat{\Omega}_3| - k_{\mathrm{F}} \tag{3.4.19}$$

と書ける．$\hat{\Omega}_i$ は $\boldsymbol{k}_i$ 方向の単位ベクトルである．

繰り込みに伴う相互作用項 S_{I} の変化には 2 つの異なる寄与がある．1 つはスケール変換から来るものである．(3.4.17) は $U(4,3,2,1)e^{-|k_4|/\Lambda}$ という因子を別にすれば (3.4.11) のスケール変換で不変であることは容易に確認できる．よって，$U(4,3,2,1)$ の運動量に依存する項がもしあれば，それは繰り込みによって減少する irrelevant な項である．そこで，今後は $U(4,3,2,1)$ は定数 U で置き換えることにする．また，(3.4.19) の k_4 は

$$k_4 \simeq k_{\mathrm{F}}(|\boldsymbol{\Delta}| - 1) \tag{3.4.20}$$

としてよい．ここで，ベクトル $\boldsymbol{\Delta}$ は $\boldsymbol{\Delta} = \hat{\Omega}_1 + \hat{\Omega}_2 - \hat{\Omega}_3$ である．スケール変換 (3.4.11) を行うと，U は

$$U' = \exp\left[-(s-1)k_{\mathrm{F}}\frac{||\boldsymbol{\Delta}| - 1|}{\Lambda}\right]U \tag{3.4.21}$$

と繰り込まれる．$s > 1$ であるので，$|\boldsymbol{\Delta}| = 1$ でない限り U は繰り込みでゼロになる．結局，U の効果が残るのは $|\boldsymbol{\Delta}| = 1$ を満たす次の 2 つのケースだけである．

［ケース 1］

$$\hat{\Omega}_1 \cdot \hat{\Omega}_2 = \hat{\Omega}_3 \cdot \hat{\Omega}_4 \tag{3.4.22}$$

2 次元の場合には (3.4.22) は

$$\hat{\Omega}_1 = \hat{\Omega}_4, \quad \hat{\Omega}_2 = \hat{\Omega}_3 \tag{3.4.23}$$

または

$$\hat{\Omega}_1 = \hat{\Omega}_3, \quad \hat{\Omega}_2 = \hat{\Omega}_4 \tag{3.4.24}$$

に帰着する．

［ケース 2］

$$\hat{\Omega}_1 + \hat{\Omega}_2 = \hat{\Omega}_3 + \hat{\Omega}_4 = 0 \tag{3.4.25}$$

もう 1 つは S_{I} の $\Lambda - d\Lambda < |k| < \Lambda$ の部分の積分からの寄与である．ψ と $\bar{\psi}$ の

$\Lambda-d\Lambda<|k|<\Lambda$ の部分を $\psi_>$, $\bar{\psi}_>$ と表し, $|k|<\Lambda-d\Lambda$ の部分を $\psi_<$, $\bar{\psi}_<$ と表すことにする. S_0 の場合には $|k|<\Lambda-d\Lambda$ の部分の寄与と $\Lambda-d\Lambda<|k|<\Lambda$ の寄与とは絡むことはなかったが, S_I の場合は事情が異なる. まず,

$$Z(\Lambda) = \int e^{S_0+S_\mathrm{I}}[d\bar{\psi}d\psi]$$
$$= \int e^{S_0+S_\mathrm{I}}[d\bar{\psi}_<d\psi_<][d\bar{\psi}_>d\psi_>] \qquad (3.4.26)$$

と書いて,

$$S_0 = S_{0<} + S_{0>} \qquad (3.4.27)$$
$$S_\mathrm{I} = S_{\mathrm{I}<} + S_{\mathrm{I}>} \qquad (3.4.28)$$

を代入する. $S_{\mathrm{I}>}$ は $\psi_>$ あるいは $\bar{\psi}_>$ を 1 つ以上含むすべての項を表し, $S_{\mathrm{I}<}$ は相互作用の表式で $\psi_<, \bar{\psi}_<$ だけを含む項である. ここで

$$\int e^{S_{0>}+S_{\mathrm{I}>}}[d\bar{\psi}_>d\psi_>] = Z_0(\Lambda, \Lambda-d\Lambda)\langle e^{S_{\mathrm{I}>}}\rangle \qquad (3.4.29)$$

と書き直す.

$$\langle e^{S_{\mathrm{I}>}}\rangle \equiv \frac{\int e^{S_{0>}+S_{\mathrm{I}>}}[d\bar{\psi}_>d\psi_>]}{\int e^{S_{0>}}[d\bar{\psi}_>d\psi_>]} \qquad (3.4.30)$$

である. (3.4.30) はキュムラント平均[*9]$\langle\cdots\rangle_\mathrm{c}$ を用いて

$$\langle e^{S_{\mathrm{I}>}}\rangle = \exp\left[\sum_{n=1}^\infty \frac{1}{n!}\langle(S_{\mathrm{I}>})^n\rangle_\mathrm{c}\right] \qquad (3.4.31)$$

と表せる. (3.4.31) を $\exp(dS_<)$ とおくと,

$$dS_< = \sum_{n=1}^\infty \frac{1}{n!}\langle(S_{\mathrm{I}>})^n\rangle_\mathrm{c} \qquad (3.4.32)$$

は $\Lambda-d\Lambda<|k|<\Lambda$ の部分の消去に伴う $S_<$ の変化分を表している.

(3.4.32) において $n=1$ の項は図 3.6 に示すとおりである. (3.4.15) に戻って寄与を計算すると

[*9] キュムラント平均については, 例えば, 阿部龍蔵: 統計力学 [第 2 版] (東大出版会, 1992) を参照.

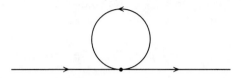

図 3.6 相互作用の 1 次の項の寄与. 内線の部分は $\Lambda-d\Lambda<|k|<\Lambda$ の殻の中になければならない.

$$\langle S_{\mathrm{I}>}\rangle = -\frac{1}{\beta N}\sum_{nn'}\sum_{kk'}\sum_{\alpha\beta}U_{\alpha\beta\beta\alpha}(k,k',k',k)\bar{a}_\alpha(k\varepsilon_n)a_\alpha(k\varepsilon_n)$$
$$\times \langle\bar{a}_\beta(k'\varepsilon_{n'})a_\beta(k'\varepsilon_{n'})\rangle \tag{3.4.33}$$

となるが, これは Hartree-Fock 項で, 1 粒子エネルギーへの繰り込みを与える. 平均 $\langle\cdots\rangle$ は $\Lambda-d\Lambda<|k|<\Lambda$ からの寄与の S_0 についての平均で, 付録に記してあるように

$$\langle\bar{a}_\beta(k\varepsilon_n)a_\beta(k\varepsilon_n)\rangle = \frac{1}{i\varepsilon_n-\varepsilon_k} \tag{3.4.34}$$

である. (3.4.33) での $(1/\beta)\sum_n$ は

$$\frac{1}{\beta}\sum_n e^{i\varepsilon_n\tau}\frac{1}{i\varepsilon_n-\varepsilon_k} = \theta(-\varepsilon_k) \tag{3.4.35}$$

($\tau\to +0$) である. $\theta(x)$ は階段関数である. ここで (3.4.35) に $e^{i\varepsilon\tau}$ の因子がついているのは, S_I の元の定義に戻ると, 演算子の順序が $\langle\bar\psi(r_i\tau)\psi(r_i\tau)\rangle$ であるからである. k についての和は

$$\frac{1}{N}\sum_k^> \theta(-\varepsilon_k) = \frac{a^3 k_\mathrm{F}^2}{2\pi^2}d\Lambda \tag{3.4.36}$$

となる. a は格子定数である. $\sum_k^>$ は $\Lambda-d\Lambda<|k|<\Lambda$ の領域の k についての和を意味している. これを代入して

$$\langle S_{\mathrm{I}>}\rangle = -\sum_{nk}\left[\sum_{\alpha\beta}U_{\alpha\beta\beta\alpha}\frac{a^3 k_\mathrm{F}^2}{2\pi^2}d\Lambda\right]\bar{a}_\alpha(k\varepsilon_n)a_\alpha(k\varepsilon_n) \tag{3.4.37}$$

となる. これは 1 粒子エネルギーへの繰り込みであり, すでに議論した (3.4.12) と同形であるので, ここではこれ以上論じない.

(3.4.32) の $n=2$ の項には 1 粒子エネルギーへの繰り込みを与える項と相互作用への繰り込みを与えるものがある. 後者はまだ検討していない新しい寄与

なので，それについて調べよう．その寄与は，図 3.7 に示すように，3 つのタイプの項からなる．それらをまとめて

$$dS_\text{I} = -\frac{1}{4}\frac{1}{\beta N}\sum_{n_1 n_2 n_3 n_4}\sum_{\bm{k}_1,\bm{k}_2,\bm{k}_3,\bm{k}_4}\sum_{\alpha\beta\gamma\delta} dU_{\alpha\beta\gamma\delta}(4,3,2,1)$$
$$\times \bar{a}_\alpha(\bm{k}_4\varepsilon_4)\bar{a}_\beta(\bm{k}_3\varepsilon_3)a_\gamma(\bm{k}_2\varepsilon_2)a_\delta(\bm{k}_1\varepsilon_1)$$
$$\times \delta_{n_1+n_2,n_3+n_4}\delta_{\bm{k}_1+\bm{k}_2,\bm{k}_3+\bm{k}_4} \qquad (3.4.38)$$

と書くと，dU は

$$\begin{aligned}
& dU_{\alpha\beta\gamma\delta}(4,3,2,1) \\
&= -\frac{1}{2}\sum_{\alpha'\beta'}\frac{1}{N}\sum_{\bm{k}}^{>} U_{\alpha\beta\beta'\alpha'}(4,3,\bm{P}-\bm{k},\bm{k})U_{\alpha'\beta'\gamma\delta}(\bm{k},\bm{P}-\bm{k},2,1) \\
&\quad \times \frac{1}{\beta}\sum_n \frac{1}{i\varepsilon_n-\varepsilon_{\bm{k}}}\frac{1}{-i\varepsilon_n-\varepsilon_{\bm{P}-\bm{k}}} \\
&\quad + \sum_{\alpha'\beta'}\frac{1}{N}\sum_{\bm{k}}^{>} U_{\alpha\beta'\alpha'\delta}(4,\bm{k},\bm{k}-\bm{Q},1)U_{\alpha'\beta\gamma\beta'}(\bm{k}-\bm{Q},3,2,\bm{k}) \\
&\quad \times \frac{1}{\beta}\sum_n \frac{1}{i\varepsilon_n-\varepsilon_{\bm{k}}}\frac{1}{i\varepsilon_n-\varepsilon_{\bm{k}-\bm{Q}}} \\
&\quad - \sum_{\alpha'\beta'}\frac{1}{N}\sum_{\bm{k}}^{>} U_{\alpha\alpha'\gamma\beta'}(4,\bm{k},2,\bm{k}-\bm{Q}')U_{\beta'\beta\alpha'\delta}(\bm{k}-\bm{Q}',3,\bm{k},1) \\
&\quad \times \frac{1}{\beta}\sum_n \frac{1}{i\varepsilon_n-\varepsilon_{\bm{k}}}\frac{1}{i\varepsilon_n-\varepsilon_{\bm{k}-\bm{Q}'}}
\end{aligned}$$
$$(3.4.39)$$

で与えられる．右辺第 1 項は図 3.7 の (a) に，第 2,3 項は (b), (c) に対応している．第 1 項では $\bm{P}=\bm{k}_1+\bm{k}_2$，第 2 項では $\bm{Q}=\bm{k}_3-\bm{k}_2$，第 3 項では $\bm{Q}'=\bm{k}_3-\bm{k}_1$ である．前のスケール変換の議論から，$dU(4,3,2,1)$ において外線の松原振動数 $\varepsilon_1\sim\varepsilon_4$ に依存する項は irrelevant になるので考えなくてよい．そこで，(3.4.39) においては $\varepsilon_1\sim\varepsilon_4$ はゼロにしている．(3.4.39) の右辺第 1 項では，内線は同じ向きに走っている '粒子–粒子ダイヤグラム' であり，超伝導相関関数に登場するので BCS 型ダイヤグラムとも呼ばれる．一方，第 2,3 項は内線が互いに逆向きに走る '粒子–ホールダイヤグラム' に対応している．

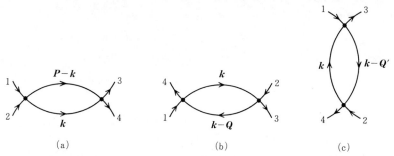

図 3.7 相互作用の繰り込みを与える 3 つのプロセス．ここで，内線の運動量はすべて $\Lambda-d\Lambda<|k|<\Lambda$ の殻の中になければならない．

これらの図の中間部の 2 本の線に対応する状態は $\Lambda-d\Lambda<|k|<\Lambda$ の範囲にあり，繰り込みで消去される状態である．まず，図 3.7 の (b) と (c) を調べてみよう．(b) で $Q \sim 2k_\mathrm{F}$ のとき，$\beta^{-1}\sum_n$ を $T=0$ で計算すると，

$$\frac{1}{\beta}\sum_n \frac{1}{i\varepsilon_n-\varepsilon_k}\frac{1}{i\varepsilon_n-\varepsilon_{k-Q}} = \int_{-\infty}^{\infty}\frac{d\varepsilon}{2\pi}\frac{1}{\varepsilon-\varepsilon_k}\frac{1}{i\varepsilon-\varepsilon_{k-Q}}$$
$$= \frac{\theta(-\varepsilon_k)-\theta(-\varepsilon_{k-Q})}{\varepsilon_k-\varepsilon_{k-Q}} \quad (3.4.40)$$

となる．これを k について積分するとき，$\Lambda-d\Lambda<|k|<\Lambda$ と $\Lambda-d\Lambda<|k-Q|<\Lambda$ がともに満たされねばならない．その上，(3.4.40) より，ε_k と ε_{k-Q} は，一方が Fermi エネルギーより上ならば，他方は下という関係になっていなければならない．この条件は厳しいもので，図 3.8 からわかるように，k は I，II，III，

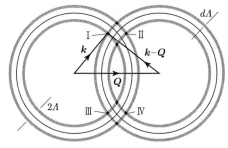

図 3.8 図 3.7 の (b) で中間部の線がとりうる値．$d\Lambda$ の厚さの球面が交叉してできる断面の作る太さ $(d\Lambda)^2$ のリングが I〜IV である．

IVのうちのいずれかの内部になければならない．3次元系ではI〜IVは断面が$(d\Lambda)^2$のリングである．したがって，図3.7の(b)のプロセスは$(d\Lambda)^2$に比例することになり，この寄与は無視できる．この制限は2次元，3次元系で生ずるもので，1次元系ではない．ここに1次元との違いが現れる．また，$\boldsymbol{Q} = 0$の場合には(3.4.40)に対応する積分はゼロになる．まったく同様にして，(c)の寄与も$(d\Lambda)^2$に比例するので考えなくてよい．

こうして図3.7(a)だけが残った．(3.4.38)の第1項の$\beta^{-1}\sum_n$を$T = 0$について実行すると，

$$\frac{1}{\beta}\sum_n \frac{1}{i\varepsilon_n - \varepsilon_{\boldsymbol{k}}}\frac{1}{-i\varepsilon_n - \varepsilon_{\boldsymbol{P-k}}}$$
$$= \frac{\theta(\varepsilon_{\boldsymbol{k}})\theta(\varepsilon_{\boldsymbol{P-k}}) - \theta(-\varepsilon_{\boldsymbol{k}})\theta(-\varepsilon_{\boldsymbol{P-k}})}{\varepsilon_{\boldsymbol{k}} + \varepsilon_{\boldsymbol{P-k}}} \quad (3.4.41)$$

である．$\boldsymbol{k}$についての和は$\boldsymbol{P} \neq 0$のときには$\varepsilon_{\boldsymbol{k}}$と$\varepsilon_{\boldsymbol{P-k}}$がともにFermiエネルギーの上あるいは下になければならない．このため，この寄与は$(d\Lambda)^2$に比例する．しかし，$\boldsymbol{P} = 0$の場合(前に述べたケース2に対応する)は$d\Lambda$の1次に比例する．$\boldsymbol{P} = 0$の場合には中間部の線は$\Lambda - d\Lambda < |\boldsymbol{k}| < \Lambda$であれば，方向に関する制限はまったくないからである．

実は(a)の寄与は超伝導のCooper対形成に対応するものである．(a)の寄与は(3.4.39)と(3.4.41)から

$$dU_{\alpha\beta\gamma\delta}(\hat{\Omega}_4, -\hat{\Omega}_4, -\hat{\Omega}_1, \hat{\Omega}_1)$$
$$= -\frac{d\Lambda}{\Lambda}\frac{1}{2}\sum_{\alpha'\beta'}\int \frac{d\hat{\Omega}}{4\pi} N(\varepsilon_{\mathrm{F}}) U_{\alpha\beta\beta'\alpha'}(\hat{\Omega}_4, -\hat{\Omega}_4, -\hat{\Omega}, \hat{\Omega})$$
$$\times U_{\alpha'\beta'\gamma\delta}(\hat{\Omega}, -\hat{\Omega}, -\hat{\Omega}_1, \hat{\Omega}_1) \quad (3.4.42)$$

となる．$N(\varepsilon_\mathrm{F})$はFermiエネルギーでの状態密度である．系は等方的であると仮定しているので，$U_{\alpha\beta\beta'\alpha'}(\hat{\Omega}', -\hat{\Omega}', -\hat{\Omega}, \hat{\Omega})$は$\hat{\Omega}'$と$\hat{\Omega}$の間の角度についてLegendre展開できて，

$$U_{\alpha\beta\beta'\alpha'}(\hat{\Omega}', -\hat{\Omega}', -\hat{\Omega}, \hat{\Omega})$$
$$= \sum_{\ell=0}^{\infty}\sum_{m=-\ell}^{\ell} 4\pi(u^{\ell}_{\alpha\beta\beta'\alpha'} - (-1)^{\ell} u^{\ell}_{\beta\alpha\beta'\alpha'}) Y_{\ell m}(\Omega') Y^*_{\ell m}(\Omega) \quad (3.4.43)$$

と表せる．ここで(3.4.16)を用いている．さらに，相互作用uはスピンに依存

しない部分とする部分の和からなるので,

$$u^\ell_{\alpha\beta\beta'\alpha'} = V^s_\ell \delta_{\alpha\alpha'}\delta_{\beta\beta'} + V^a_\ell \boldsymbol{\sigma}_{\alpha\alpha'}\cdot\boldsymbol{\sigma}_{\beta\beta'} \qquad (3.4.44)$$

と表せるが,スピン依存性はスピン 1 重項, 3 重項への射影演算子 P_s, P_t

$$(P_s)_{\alpha\beta\beta'\alpha'} = \frac{1}{4}\delta_{\alpha\alpha'}\delta_{\beta\beta'} - \frac{1}{4}\boldsymbol{\sigma}_{\alpha\alpha'}\cdot\boldsymbol{\sigma}_{\beta\beta'} \qquad (3.4.45)$$

$$(P_t)_{\alpha\beta\beta'\alpha'} = \frac{3}{4}\delta_{\alpha\alpha'}\delta_{\beta\beta'} + \frac{1}{4}\boldsymbol{\sigma}_{\alpha\alpha'}\cdot\boldsymbol{\sigma}_{\beta\beta'} \qquad (3.4.46)$$

を使うと見やすくなる.実際, $u^\ell_{\alpha\beta\beta'\alpha'} - (-1)^\ell u^\ell_{\beta\alpha\beta'\alpha'}$ は

$$2V_\ell (P_t)_{\alpha\beta\beta'\alpha} \qquad (\ell = 奇数) \qquad (3.4.47)$$

$$2V_\ell (P_s)_{\alpha\beta\beta'\alpha} \qquad (\ell = 偶数) \qquad (3.4.48)$$

と表せる. V_ℓ は

$$V_\ell = V^s_\ell + V^a_\ell \qquad (\ell = 奇数) \qquad (3.4.49)$$

$$V_\ell = V^s_\ell - 3V^a_\ell \qquad (\ell = 偶数) \qquad (3.4.50)$$

である. V_ℓ は, ℓ が奇数のときはスピン 3 重項の電子対の, ℓ が偶数のときはスピン 1 重項の電子対の相互作用である.こうして (3.4.42) は

$$dV_\ell = -\frac{d\Lambda}{\Lambda} N(\varepsilon_\mathrm{F}) V_\ell^2 \qquad (3.4.51)$$

という形にまとめられる.

(3.4.51) の右辺は負であるから,相互作用 V_ℓ が負(引力)の場合には,繰り込みによって引力が強まり,系が超伝導になる可能性を示している.一方,斥力の場合はゼロへ繰り込まれる.この相互作用は (3.4.25) のケース 2 に対応するものである.

以上をまとめると,ケース 2 に対応するプロセスは超伝導への不安定性を記述し, (3.4.51) のように繰り込まれる. (3.4.22) のケース 1 では繰り込み効果がない. (3.4.22) の条件は Fermi 面上での運動量保存則を表している.このうち, $\hat{\Omega}_4 = \hat{\Omega}_1, \hat{\Omega}_3 = \hat{\Omega}_2$ の場合と $\hat{\Omega}_3 = \hat{\Omega}_1, \hat{\Omega}_4 = \hat{\Omega}_2$ の場合は運動量 $\boldsymbol{k}_1$ と $\boldsymbol{k}_2$ の粒子間の相互作用で,Fermi 流体理論において相互作用として取り入れられて

いるものである．(3.4.22) の条件を満たすそれ以外の場合は運動量保存則を満たす散乱を引き起こすが，それによる寿命は，すでに調べたように，Fermi 面上では無限に長いので散乱は無視できる．

　以上の議論では，3 次元の球形の Fermi 面を対象としてきた．すでに述べたように，2 次元の円形の Fermi 面の場合には本質的に同じである．1 次元系の場合には事情はまったく異なる．これについては後に別に論ずる．固体電子の場合には Fermi 面は固体の対称性を反映し，さまざまなケースがありえる．そのような場合への繰り込み群の方法の適用については第 7 章においても述べる．

金属中の局所的電子相関

本章では金属中の局所的電子相関の問題を取り上げる．この問題は遷移金属元素を不純物として希薄に含む合金（希薄磁性合金）に関する2つの方向の研究からその重要性が認識されるようになった．1つは希薄磁性合金で不純物原子が磁気モーメントを持つ場合と持たない場合があるのはなぜか，という問題の追究であり[*1]，もう1つは近藤淳による低温での抵抗極小現象の原因の理論的解明[*2]である．とくに後者の影響は大きいため，不純物での局所的電子相関効果は**近藤効果**の名でも呼ばれる．近藤効果は，希薄磁性合金に限らず，連続的励起スペクトルを持つ電子状態と電子相関が強い局在的な状態の波動関数が混成している場合に起こる普遍的な現象と考えられる[*3]．

4.1 基本的なモデル

具体的に，母体金属として Al(3価)，Zn(2価)，Cu, Ag, Au(1価)のような金属に，不純物として，V, Cr, Mn, Fe, Co, Ni などの原子をただ1個含むケースを考えよう．このような合金の不純物による電気抵抗は図 4.1 のように不純物の種類に依存する．母体金属が Cu あるいは Au の場合には，3d 軌道が半分程度詰まった Mn あたりで温度依存性が強く，しかも，温度の低下と共に抵抗が

[*1] P. W. Anderson: Phys. Rev. **124**, 41 (1961)
[*2] J. Kondo: Prog. Theor. Phys. **32**, 37 (1964)
[*3] 近藤効果については，巻末に挙げた近藤淳，芳田奎，山田耕作の本のほか，A. C. Hewson: *The Kondo Problem to Heavy Fermions* (Cambridge U. P., 1993) が詳しい．また，周辺の問題を含む総説として D. L. Cox and A. Zawadowski: *Exotic Kondo Effects in Metals: Magnetic Ions in a Crystalline Electric Field and Tunneling Centres* (Taylor and Francis, 1999) がある．

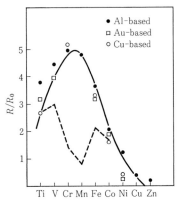

図 4.1 希薄磁性合金の不純物による抵抗の不純物依存性. $T=0$ への外挿値が示してある. R_0 は抵抗の最大値を 1 つの軌道あたりの値にしたもので, 3d 不純物は 5 つの軌道を持つので, 最大値は 5 である. 実線はスムーズな線でつないだもの, また, 破線は母体が Cu の場合の室温での抵抗値である. [G. Grüner and A. Zawadowski: Solid State Comm. **11**, 663 (1972)]

増大する. そのような合金では, 格子振動による電気抵抗を加えると, 全体の電気抵抗がある温度で極小を持つことになり, 抵抗極小現象を示す.

これらの合金の母体金属の伝導電子は第 1 近似として自由電子とみなせて, 不純物原子は伝導電子に対する余分なポテンシャル $V(r)$ を与える. 簡単のため, $V(r)$ が中心対称であると仮定すると, 伝導電子の 1 電子問題の Schrödinger 方程式

$$\left[-\frac{\hbar^2}{2m}\Delta^2 + V(r)\right]\psi(r) = E\psi(r) \tag{4.1.1}$$

は $\psi(r) = R_\ell(r)Y_{\ell m}(\theta,\phi)$ ($Y_{\ell m}$ は球面調和関数) と変数分離できて, 動径部分 $R_\ell(r)$ は

$$\left[-\frac{\hbar^2}{2m}\left(\frac{d^2}{dr^2} + \frac{2}{r}\frac{d}{dr}\right) + V(r) + \frac{\hbar^2\ell(\ell+1)}{2mr^2}\right]R_\ell = ER_\ell \tag{4.1.2}$$

を満たす. $V(r)$ に遠心力ポテンシャル $\hbar^2\ell(\ell+1)/2mr^2$ が加わり, 両者の和 V_{eff}

は図 4.2 のようになっている．遷移金属不純物の 3d 準位は $\ell = 2$ であるので遠心力ポテンシャルが重要で，$V(r)$ との和によって不純物に捕えられた状態になっているが，トンネル効果によって，母体金属の方へ抜け出すことができる．すなわち，3d 準位としては有限の寿命を持つ共鳴準位になっている．この共鳴準位としての 3d 準位をモデル化したものが **Anderson モデル**

$$\mathcal{H} = \sum_{k\sigma} \varepsilon_k c_{k\sigma}^\dagger c_{k\sigma} + \sum_\sigma \varepsilon_{\mathrm{d}} n_{\mathrm{d}\sigma} + U n_{\mathrm{d}\uparrow} n_{\mathrm{d}\downarrow} + \sum_{k\sigma} (V_k c_{k\sigma}^\dagger d_\sigma + \mathrm{H.c.}) \tag{4.1.3}$$

である．$n_{\mathrm{d}\sigma} = d_\sigma^\dagger d_\sigma$ は d 軌道上のスピン σ の電子数である．ここで，第 1 項は伝導電子のハミルトニアン，第 2 項は共鳴 3d 準位のエネルギー，第 3 項は 3d 準位での Coulomb 相互作用，第 4 項は伝導電子と 3d 準位の sd 混成項である．以後，簡単のため，V_k の k 依存性を無視して V とする．ε_k と ε_{d} は Fermi エネルギーから測ることにする．3d 準位には軌道は 5 つあるが，ここでは簡単化して，1 つの軌道で置き換えている．このモデルのキーポイントは混成項と Coulomb 相互作用の競合関係にある．Anderson モデルは希薄磁性合金ばかりでなく，メゾスコピック系の量子ドットを経由する共鳴トンネル効果のモデルとしても用いられ，そこでの電子相関効果(近藤効果)を記述できる[*4]．

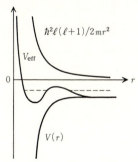

図 **4.2** 共鳴準位としての 3d 準位．不純物ポテンシャル $V(r)$ と遠心力ポテンシャル $\hbar^2 \ell(\ell+1)/2mr^2$ の和が有効ポテンシャル V_{eff}，破線が共鳴準位である．

[*4] 例えば，泉田渉，酒井治：日本物理学会誌 **54**, 888 (1999)

Andersonモデルと Hubbard モデルはよく似ている．Hubbard モデルでは電子のホッピングと Coulomb 相互作用との競合が問題の本質であるが，Andersonモデルでは混成項と Coulomb 相互作用とが競合関係にある．しかし，Andersonモデルでは電子間相互作用項は不純物上でのみ局所的に働いているだけなので，Hubbard モデルよりずっと簡単な系になっている．

4.2　強結合からのアプローチ

モデル (4.1.3) では混成項と Coulomb 相互作用が競合関係にあるので，両方同時に扱うのは難しい．そこで，

(1) U を無摂動項に入れ，V について展開する（強結合からのアプローチ）

(2) V を無摂動項に入れ，U について展開する（弱結合からのアプローチ）

の2つのアプローチが考えられる．(1)においては，無摂動の $V=0$ の基底状態では $\varepsilon_d < 0 < \varepsilon_d + U$ の場合 d 電子数 $n_d = n_{d\uparrow} + n_{d\downarrow}$ は1で，スピンの向きについて2重縮退している（$S=1/2$）．$\varepsilon_d + U < 0$ であれば $n_d = 2$，$\varepsilon_d > 0$ であれば $n_d = 0$ で，ともにスピン1重項である．他方，(2)では無摂動の基底状態は常にスピン1重項（$S=0$）である．

現実の物質では U の方が V より大きいので強結合領域に入ると思われる．そこで，まず(1)に従って考えよう．図 4.1 のさまざまな不純物の中で，3d 軌道が半分くらい詰まった Mn，あるいは，Fe を念頭において，$\varepsilon_d < 0 < \varepsilon_d + U$ のケースを考えよう．$V=0$ のときには d 準位と伝導電子とは完全に分離し，基底状態は $d_\uparrow^\dagger |F\rangle$，$d_\downarrow^\dagger |F\rangle$（$|F\rangle$ は伝導電子が Fermi エネルギーまで詰まった状態を表す）で局在スピンの向きについて2重縮退している．

次に，縮退のある場合の摂動論を V について実行する．V の1次のプロセスでは，この状態に d 電子を1つ付けたり，1つ取ったりしたエネルギーの高い状態が生み出され，2次のプロセスで基底状態の近くの部分空間に戻る．そこで，

$$\mathcal{H}' \frac{1}{E - \mathcal{H}_0} \mathcal{H}'$$

が2次摂動になる．ここで，$\mathcal{H}'$ は (4.1.3) の第4項（sd 混成項），$\mathcal{H}_0$ はそれ以外の項である．上の演算子を $d_\uparrow^\dagger |F\rangle$ あるいは $d_\downarrow^\dagger |F\rangle$ に作用して，$d_\uparrow^\dagger |F\rangle$ または

$d_\downarrow^\dagger|\mathrm{F}\rangle$ の近くに戻ってくるプロセスを残す.その結果は次の有効ハミルトニアン $\mathcal{H}_{\mathrm{eff}}^{(2)}$ としてまとめることができる[*5].

$$\mathcal{H}_{\mathrm{eff}}^{(2)} = \sum_{kk'\sigma} \frac{V^2}{2}\left(-\frac{1}{\varepsilon_\mathrm{d}} - \frac{1}{\varepsilon_\mathrm{d}+U}\right) c_{k\sigma}^\dagger c_{k'\sigma}$$
$$+ \sum_{kk'\sigma\sigma'} 2V^2\left(-\frac{1}{\varepsilon_\mathrm{d}} + \frac{1}{\varepsilon_\mathrm{d}+U}\right) c_{k\sigma}^\dagger \boldsymbol{s}_{\sigma\sigma'} c_{k'\sigma'} \cdot \boldsymbol{S} \quad (4.2.1)$$

ここで $\boldsymbol{s}$ はスピン 1/2 の演算子,また,$\boldsymbol{S}$ は

$$S^z = \frac{1}{2}(n_{\mathrm{d}\uparrow} - n_{\mathrm{d}\downarrow}), \quad S^+ = d_\uparrow^\dagger d_\downarrow, \quad S^- = d_\downarrow^\dagger d_\uparrow \quad (4.2.2)$$

で定義される大きさ 1/2 の局在スピンである.(4.2.1) において,第 1 項はスピンに依存しない散乱を表す.第 2 項は $\varepsilon_\mathrm{d} < 0 < \varepsilon_\mathrm{d}+U$ を考慮すると常に反強磁性的相互作用である.とくに $-\varepsilon_\mathrm{d} = \varepsilon_\mathrm{d}+U$ が成り立ち,平均の d 電子数が正確に 1 に等しい場合には,第 1 項はゼロになる.また,第 1 項は,$-\varepsilon_\mathrm{d} > \varepsilon_\mathrm{d}+U$ のときは引力ポテンシャル,$-\varepsilon_\mathrm{d} < \varepsilon_\mathrm{d}+U$ のときは斥力ポテンシャルを与える.これは物理的に期待される結果である.

このように,混成項から有効ハミルトニアンとして反強磁性的交換相互作用が導かれるメカニズムは Hubbard モデルから反強磁性的 Heisenberg モデルが導かれるのとまったく同じである.

4.3 スケーリング理論

次に,繰り込み群を適用して (4.2.1) を調べる[*6].このため (4.2.1) を少し一般化した,異方的交換相互作用

$$\begin{aligned}\mathcal{V} = -\sum_{kk'\sigma\sigma'} \Big[&J_z c_{k\sigma}^\dagger c_{k'\sigma'} (s^z)_{\sigma\sigma'} S^z \\ &+ \frac{1}{2} J_\perp \Big(c_{k\sigma}^\dagger c_{k'\sigma'} (s^-)_{\sigma\sigma'} S^+ + c_{k\sigma}^\dagger c_{k'\sigma'} (s^+)_{\sigma\sigma'} S^- \Big) \Big] \end{aligned} \quad (4.3.1)$$

[*5] J. R. Schrieffer and P. A. Wolff: Phys. Rev. **149**, 491 (1966)
[*6] P. W. Anderson: J. Phys. C**3**, 2436 (1970); *Basic Notions of Condensed Matter Physics* (Benjamin-Cummings, 1984), p. 188.

を考えよう．スピンに依存しない項は本質的でないから無視している．大文字の S は不純物スピン，小文字の s は伝導電子のスピン演算子，$s^\pm = s^x \pm is^y$ である．

伝導電子の運動エネルギーの項 $\mathcal{H}_0$ も加えて，系全体のハミルトニアンは $\mathcal{H} = \mathcal{H}_0 + \mathcal{V}$ である．この系の Green 関数（resolvent）$G(\omega) = (\omega - \mathcal{H})^{-1}$ は，無摂動 Green 関数 $G_0(\omega) = (\omega - \mathcal{H}_0)^{-1}$ を使って，

$$G(\omega) = G_0(\omega) + G_0(\omega)T(\omega)G_0(\omega) \tag{4.3.2}$$

と表せる．ここで $T(\omega)$ は散乱の T 行列で

$$\begin{aligned} T(\omega) &= \mathcal{V} + \mathcal{V}G_0(\omega)\mathcal{V} + \mathcal{V}G_0(\omega)\mathcal{V}G_0(\omega)\mathcal{V} + \cdots \\ &= \mathcal{V} + \mathcal{V}G_0(\omega)T(\omega) \end{aligned} \tag{4.3.3}$$

を満たす．

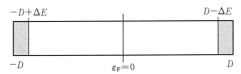

図 4.3 伝導電子の状態密度とバンド幅の減少

簡単のため，伝導電子のバンドの状態密度は，図 4.3 のように，$-D$ から D までの範囲で有限で，状態密度は一定であるとする．次に，バンド幅を D から $D-\Delta E$ へわずかに減少させたときの T 行列を調べる．$D-\Delta E < |\varepsilon_k| < D$ の間の状態への射影演算子を P とすると，

$$\begin{aligned} T(\omega) &= \mathcal{V} + \mathcal{V}G_0(\omega)T(\omega) \\ &= \mathcal{V} + \mathcal{V}PG_0(\omega)T(\omega) + \mathcal{V}(1-P)G_0(\omega)T(\omega) \end{aligned} \tag{4.3.4}$$

である．これから，$Q = 1 - P$ を用いて，

$$(1 - \mathcal{V}PG_0)T = \mathcal{V} + \mathcal{V}QG_0T \tag{4.3.5}$$

が得られる．よって，

$$T(\omega) = \mathcal{V}'(\omega) + \mathcal{V}'(\omega)QG_0(\omega)T(\omega) \tag{4.3.6}$$

という関係が得られる．$\mathcal{V}'$ は

$$\mathcal{V}' = (1 - \mathcal{V}PG_0)^{-1}\mathcal{V} = \mathcal{V} + \mathcal{V}PG_0\mathcal{V} + \cdots \tag{4.3.7}$$

である．(4.3.3) と (4.3.6) を比べると，バンド幅が D で相互作用が $\mathcal{V}$ のときの散乱と，バンド幅が $D-\Delta E$ で相互作用が $\mathcal{V}'$ のときの散乱とが同じになることがわかる．$\mathcal{V}$ が小さい限り，$\mathcal{V}'$ と $\mathcal{V}$ の差 $\Delta \mathcal{V}$ は

$$\Delta \mathcal{V} = \mathcal{V} P G_0 \mathcal{V} \tag{4.3.8}$$

で与えられる．$\Delta E \ll D$ を利用して，$\Delta \mathcal{V}$ を具体的に求めると，

$$\begin{aligned}
\Delta \mathcal{V} = & \sum_{\boldsymbol{k}_1 \sigma_1}^{|\varepsilon_1|<D-\Delta E} \sum_{\boldsymbol{k}_2 \sigma_2}^{|\varepsilon_2|<D-\Delta E} \sum_{\boldsymbol{k}\sigma}^{D>|\varepsilon|>D-\Delta E} \\
& \times \Bigl[c^\dagger_{\boldsymbol{k}_2 \sigma_2} c_{\boldsymbol{k}\sigma} c^\dagger_{\boldsymbol{k}\sigma} c_{\boldsymbol{k}_1 \sigma_1} \frac{1}{\omega - D + \varepsilon_{\boldsymbol{k}_1}} \\
& \times \Bigl(\frac{J_\perp}{2}(S^+(s^-)_{\sigma_2 \sigma} + S^-(s^+)_{\sigma_2 \sigma}) + J_z S^z(s^z)_{\sigma_2 \sigma} \Bigr) \\
& \times \Bigl(\frac{J_\perp}{2}(S^+(s^-)_{\sigma \sigma_1} + S^-(s^+)_{\sigma \sigma_1}) + J_z S^z(s^z)_{\sigma \sigma_1} \Bigr) \\
& + c^\dagger_{\boldsymbol{k}\sigma} c_{\boldsymbol{k}_2 \sigma_2} c^\dagger_{\boldsymbol{k}_1 \sigma_1} c_{\boldsymbol{k}\sigma} \frac{1}{\omega - (D + \varepsilon_{\boldsymbol{k}_1})} \\
& \times \Bigl(\frac{J_\perp}{2}(S^+(s^-)_{\sigma \sigma_2} + S^-(s^+)_{\sigma \sigma_2}) + J_z S^z(s^z)_{\sigma \sigma_2} \Bigr) \\
& \times \Bigl(\frac{J_\perp}{2}(S^+(s^-)_{\sigma_1 \sigma} + S^-(s^+)_{\sigma_1 \sigma}) + J_z S^z(s^z)_{\sigma_1 \sigma} \Bigr) \Bigr]
\end{aligned} \tag{4.3.9}$$

となる．ここで，十分低温 ($kT \ll D$) では，$D-\Delta E < \varepsilon_{\boldsymbol{k}} < D$ に対して，$c_{\boldsymbol{k}\sigma} c^\dagger_{\boldsymbol{k}\sigma} = 1$，また，$-D < \varepsilon_{\boldsymbol{k}} < -D+\Delta E$ に対して，$c^\dagger_{\boldsymbol{k}\sigma} c_{\boldsymbol{k}\sigma} = 1$ であることを用いている．さらに，スピン σ について和をとり，簡単のため，不純物スピンを $1/2$ とすると，次の結果を得る．

$$\Delta \mathcal{V} = \Delta \mathcal{V}_0 + \Delta \mathcal{V}_1 + \Delta \mathcal{V}_2$$
$$\Delta \mathcal{V}_0 = 2N(\varepsilon_\mathrm{F})\Bigl(\frac{1}{8}J_\perp^2 + \frac{1}{16}J_z^2\Bigr) \Delta E \sum_{\boldsymbol{k}_1} \frac{1}{\omega - D - \varepsilon_{\boldsymbol{k}_1}} \tag{4.3.10}$$

$$\Delta \mathcal{V}_1 = N(\varepsilon_\mathrm{F})\Bigl(\frac{1}{8}J_\perp^2 + \frac{1}{16}J_z^2\Bigr) \Delta E$$
$$\times \sum_{\boldsymbol{k}_1 \boldsymbol{k}_2 \sigma} c^\dagger_{\boldsymbol{k}_1 \sigma} c_{\boldsymbol{k}_2 \sigma} \Bigl[\frac{1}{\omega - D + \varepsilon_{\boldsymbol{k}_2}} - \frac{1}{\omega - D - \varepsilon_{\boldsymbol{k}_1}} \Bigr] \tag{4.3.11}$$

$$\Delta \mathcal{V}_2 = N(\varepsilon_\mathrm{F}) \Delta E \sum_{\boldsymbol{k}_1 \sigma_1} \sum_{\boldsymbol{k}_2 \sigma_2} c^\dagger_{\boldsymbol{k}_2 \sigma_2} c_{\boldsymbol{k}_1 \sigma_1}$$

$$\times \Big[-\frac{1}{\omega - D + \varepsilon_{k_1}} \Big(\frac{1}{2} J_\perp^2 S^z (s^z)_{\sigma_2 \sigma_1}$$
$$+ \frac{1}{4} J_\perp J_z (S^+ (s^-)_{\sigma_2 \sigma_1} + S^- (s^+)_{\sigma_2 \sigma_1}) \Big)$$
$$- \frac{1}{\omega - D - \varepsilon_{k_2}} \Big(\frac{1}{2} J_\perp^2 S^z (s^z)_{\sigma_2 \sigma_1}$$
$$+ \frac{1}{4} J_\perp J_z (S^+ (s^-)_{\sigma_2 \sigma_1} + S^- (s^+)_{\sigma_2 \sigma_1}) \Big) \Big] \qquad (4.3.12)$$

$\Delta \mathcal{V}_0$ はエネルギーのシフト，$\Delta \mathcal{V}_1$ はスピンに依存しない散乱，$\Delta \mathcal{V}_2$ はスピンに依存する散乱である．$\Delta \mathcal{V}_2$ で伝導電子が Fermi 面近傍のときにはエネルギー分母の ε_1 と ε_2 は無視できる．$\Delta \mathcal{V}_2$ は元の $\mathcal{V}$ と同じ形で，バンド幅の ΔE だけの減少に伴って，$J_\perp$ と J_z が $\Delta J_\perp$ と ΔJ_z だけ変化したことに対応している．$\Delta \mathcal{V}_2$ の項は，(4.3.12) の導出をたどるとわかるとおり，局在スピンの演算子の非可換性に由来し，可換であれば $\Delta \mathcal{V}_2$ 項は生じない．$\Delta E \to 0$ の極限を取ると

$$\frac{dJ_z}{dD} = \frac{1}{D - \omega} J_\perp^2 N(\varepsilon_{\mathrm{F}}) \qquad (4.3.13)$$
$$\frac{dJ_\perp}{dD} = \frac{1}{D - \omega} J_\perp J_z N(\varepsilon_{\mathrm{F}}) \qquad (4.3.14)$$

が得られる．この連立 1 階微分方程式の 1 つの積分は

$$J_z^2 - J_\perp^2 = \mathrm{const.} \qquad (4.3.15)$$

で，J_z-$J_\perp$ 面上の双曲線である(図 4.4)．Fermi 面上を考えるときは $\omega = 0$ とおく．この繰り込みの流れ図は Kosterlitz-Thouless 転移の場合に登場するものと同一である[*7]．

(4.3.13) より，dJ_z/dD は正であるから，D の減少に伴って J_z は減少し，図 4.4 の矢印のように繰り込まれる．ただし，導出で $\mathcal{V}$ は小さいと仮定しているから，この流れ図は原点近傍のみ信頼できる．この流れ図からつぎのことがわかる．

[1] 強磁性的相互作用の場合($J_z > 0$)には，$J_z \geqq |J_\perp|$ であれば $|J_\perp| \to 0$ へスケールされる．

[*7] J. M. Kosterlitz: J. Phys. C **3**, 2436 (1970)

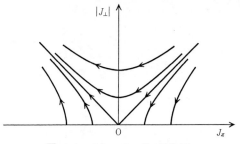

図 **4.4** スケーリングの流れ図

[2] 反強磁性的相互作用の場合($J_z < 0$)には，$J_z, |J_\perp| \to \infty$ へスケールされる．すなわち，反強磁性的相互作用は強まる．

(4.3.15) 以外のもう1つの積分を求めるのは容易で，このスケーリングの特徴的なエネルギーを与える．とくに，等方的な反強磁性交換相互作用 $J_z = J_\perp$ ($= J < 0$) の場合は，スケーリングを始める前の結合定数を J_0，バンド幅を D_0 とすると

$$J_0 N(\varepsilon_F) \log\left(\frac{k_B T_K}{D_0}\right) \sim 1 \qquad (4.3.16)$$

を満たす温度(**近藤温度**) T_K において繰り込まれた無次元の結合定数 $JN(\varepsilon_F)$ は1のオーダーになる．

(4.3.13) と (4.3.14) は $J_\perp, J_z$ の小さい極限でのみ正確な式である．したがって，J の絶対値が小さい方へ繰り込まれるときはこの式で十分だが，反強磁性的相互作用のように，強結合へスケールされるときは弱結合から強結合までをカバーできる理論が必要である．そのような理論としては Wilson の数値繰り込み群理論がある[*8]．

4.4 Anderson モデルの摂動論

J についての展開は Anderson モデルの V についての展開に対応しているが，

[*8] K. G. Wilson: Rev. Mod. Phys. **47**, 773 (1975)

前節の議論によれば,結局,低温では J の大きい値に繰り込まれる.これは,物理的に言えば,局在スピンは伝導電子と強く結合してスピンを消失する方向へ向かうということである.それならば,低温における系の状態を記述するにはスピンの消失した状態から出発して,U を摂動として扱う方が自然である.Anderson モデルにもどって,U についての摂動論を適用するのはこのような考えによる[*9].

4.4.1　Green 関数

Anderson モデル (4.1.3) の性質を調べるためには温度 Green 関数が便利である.これから使う Green 関数の基本的な性質は付録にまとめてある.

d 電子の温度 Green 関数を

$$G_{\mathrm{d}\sigma}(\tau) = -\langle \mathrm{T}[d_\sigma(\tau) d_\sigma^\dagger(0)] \rangle \tag{4.4.1}$$

で定義する.ここで

$$d_\sigma(\tau) = e^{\mathcal{H}\tau} d_\sigma e^{-\mathcal{H}\tau}, \qquad \langle \cdots \rangle = \frac{\mathrm{Tr}\left[e^{-\beta\mathcal{H}} \cdots \right]}{\mathrm{Tr}\left[e^{-\beta\mathcal{H}}\right]} \tag{4.4.2}$$

$\mathcal{H}$ は Anderson ハミルトニアン (4.1.3) である.また,T は時間順序演算子(time-ordering operator)である.(4.4.1) の Fourier 変換は

$$G_{\mathrm{d}\sigma}(i\varepsilon_n) = \int_0^\beta d\tau\, e^{i\varepsilon_n \tau} G_{\mathrm{d}\sigma}(\tau) \tag{4.4.3}$$

で定義される.ここで $\varepsilon_n \equiv (2n+1)\pi/\beta$ (n は整数)は Fermi 粒子の松原振動数である.

同様に,伝導電子の Green 関数は

$$G_{\boldsymbol{k}\boldsymbol{k}'\sigma}(\tau) = -\langle \mathrm{T}[c_{\boldsymbol{k}\sigma}(\tau) c_{\boldsymbol{k}'\sigma}^\dagger(0)] \rangle \tag{4.4.4}$$

で定義される.その Fourier 変換

$$G_{\boldsymbol{k}\boldsymbol{k}'\sigma}(i\varepsilon_n) = \int_0^\beta d\tau\, e^{i\varepsilon_n \tau} G_{\boldsymbol{k}\boldsymbol{k}'\sigma}(\tau) \tag{4.4.5}$$

は,Anderson ハミルトニアン(簡単のため,混成行列要素を $V_{\boldsymbol{k}} = V$ とする)と $G_{\boldsymbol{k}\boldsymbol{k}'\sigma}(\tau)$ の運動方程式より,

---

[*9] U についての摂動論は,本章の脚注 3 に挙げた,芳田奎,山田耕作,A. C. Hewson の本に詳しい.

と表すことができる. 第 1 項は不純物のないときの電子の運動を, 第 2 項は不純物による散乱を表している. 散乱の T 行列 $t_\sigma(i\varepsilon_n)$ は

$$G_{\boldsymbol{kk'}\sigma}(i\varepsilon_n) = \frac{1}{i\varepsilon_n - \varepsilon_{\boldsymbol{k}}}\delta_{\boldsymbol{kk'}} + \frac{1}{i\varepsilon_n - \varepsilon_{\boldsymbol{k}}} t_\sigma(i\varepsilon_n) \frac{1}{i\varepsilon_n - \varepsilon_{\boldsymbol{k'}}} \tag{4.4.6}$$

$$t_\sigma(i\varepsilon_n) = |V|^2 G_{\mathrm{d}\sigma}(i\varepsilon_n) \tag{4.4.7}$$

で与えられるので $G_{\mathrm{d}\sigma}(i\varepsilon_n)$ にすべての情報が含まれている. 相互作用の効果はすべて d 電子の自己エネルギー部分 $\Sigma_{\mathrm{d}\sigma}(i\varepsilon_n)$ に含まれ, それを用いて,

$$G_{\mathrm{d}\sigma}(i\varepsilon_n) = \frac{1}{i\varepsilon_n - \varepsilon_{\mathrm{d}} - |V|^2 \sum_{\boldsymbol{k}} \dfrac{1}{i\varepsilon_n - \varepsilon_{\boldsymbol{k}}} - \Sigma_{\mathrm{d}\sigma}(i\varepsilon_n)} \tag{4.4.8}$$

と表現される. 伝導電子のバンドは幅が広く, ε_n がそれに比べて小さいとすると,

$$|V|^2 \sum_{\boldsymbol{k}} \frac{1}{i\varepsilon_n - \varepsilon_{\boldsymbol{k}}} = |V|^2 \sum_{\boldsymbol{k}} \frac{-i\varepsilon_n - \varepsilon_{\boldsymbol{k}}}{\varepsilon_n^2 + \varepsilon_{\boldsymbol{k}}^2} \simeq -i\Delta\,\mathrm{sgn}(\varepsilon_n) \tag{4.4.9}$$

としてよい. $\Delta = \pi|V|^2 N(\varepsilon_\mathrm{F})$ である. よって,

$$G_{\mathrm{d}\sigma}(i\varepsilon_n) = \frac{1}{i\varepsilon_n - \varepsilon_{\mathrm{d}} + i\Delta\,\mathrm{sgn}(\varepsilon_n) - \Sigma_{\mathrm{d}\sigma}(i\varepsilon_n)} \tag{4.4.10}$$

となる. ここまではまったく一般的である.

4.4.2 Hartree-Fock 近似解

Hartree-Fock 近似は §1.2 で述べた 1 体近似で

$$Un_{\mathrm{d}\uparrow}n_{\mathrm{d}\downarrow} = U\langle n_{\mathrm{d}\uparrow}\rangle n_{\mathrm{d}\downarrow} + U\langle n_{\mathrm{d}\downarrow}\rangle n_{\mathrm{d}\uparrow} - U\langle n_{\mathrm{d}\uparrow}\rangle\langle n_{\mathrm{d}\downarrow}\rangle$$
$$+ U(n_{\mathrm{d}\uparrow} - \langle n_{\mathrm{d}\uparrow}\rangle)(n_{\mathrm{d}\downarrow} - \langle n_{\mathrm{d}\downarrow}\rangle) \tag{4.4.11}$$

と書き直して, 右辺の最後の項 (揺らぎに対応する) を無視する近似である. $\langle n_{\mathrm{d}\uparrow}\rangle$ と $\langle n_{\mathrm{d}\downarrow}\rangle$ はつじつまの合うように決められる. 右辺の第 1, 2 項は (4.1.3) の d 準位のエネルギー ε_d のずれを与えるだけだから, $U=0$ の解で $\varepsilon_\mathrm{d} \to \varepsilon_\mathrm{d} + U\langle n_{\mathrm{d}\downarrow}\rangle$, あるいは, $\varepsilon_\mathrm{d} \to \varepsilon_\mathrm{d} + U\langle n_{\mathrm{d}\uparrow}\rangle$ とすることと同等である. この Hartree-Fock 近似の妥当性の議論は後に回して, 主な結果について述べる.

(1) $\langle n_{\mathrm{d}\sigma}\rangle$ に対する自己無撞着方程式は

$$\langle n_{\mathrm{d}\sigma} \rangle = \int_{-\infty}^{\infty} d\varepsilon f(\varepsilon) N_{\mathrm{d}\sigma}(\varepsilon) \qquad (4.4.12)$$

$$N_{\mathrm{d}\sigma}(\varepsilon) = \frac{1}{\pi} \frac{\Delta}{(\varepsilon - \varepsilon_{\mathrm{d}} - U\langle n_{\mathrm{d}-\sigma}\rangle)^2 + \Delta^2} \qquad (4.4.13)$$

である.ここで,$N_{\mathrm{d}\sigma}(\varepsilon)$ は d 準位の状態密度,$f(\varepsilon)$ は Fermi 分布関数である.十分低温($k_\mathrm{B}T \ll \Delta$)では,Fermi 分布関数を階段関数で置き換えて積分して,

$$\langle n_{\mathrm{d}\sigma} \rangle = \frac{1}{2} - \frac{1}{\pi} \arctan \frac{\varepsilon_{\mathrm{d}} + U\langle n_{\mathrm{d}-\sigma}\rangle}{\Delta} \qquad (4.4.14)$$

を得る.$\langle n_{\mathrm{d}\uparrow}\rangle$ と $\langle n_{\mathrm{d}\downarrow}\rangle$ についての連立方程式を解けばよい.

(2) (4.4.14) の解は U の大きさの違いにより 2 種類ある.U が大きいとき解は 3 つあって,このうち $\langle n_{\mathrm{d}\uparrow}\rangle = \langle n_{\mathrm{d}\downarrow}\rangle$ は $\langle n_{\mathrm{d}\uparrow}\rangle \neq \langle n_{\mathrm{d}\downarrow}\rangle$ よりエネルギーが高いので,後者が選ばれる.U が小さいときは解は 1 つで $\langle n_{\mathrm{d}\uparrow}\rangle = \langle n_{\mathrm{d}\downarrow}\rangle$ を満たす.$\langle n_{\mathrm{d}\uparrow}\rangle \neq \langle n_{\mathrm{d}\downarrow}\rangle$ である解が出始める U の臨界値を求めるには,$\langle n_{\mathrm{d}\uparrow}\rangle = n_\mathrm{d} + \delta n_\mathrm{d}$,$\langle n_{\mathrm{d}\downarrow}\rangle = n_\mathrm{d} - \delta n_\mathrm{d}$ と置いて,微小量 δn_d について展開して解を調べると,

$$U_{\mathrm{cr}} = N_{\mathrm{d}}(\varepsilon_{\mathrm{F}})^{-1} \qquad (4.4.15)$$

となる.したがって,臨界値 U_{cr} を境にして解が分岐し,

(i) $U < U_{\mathrm{cr}} \equiv N_{\mathrm{d}}(\varepsilon_{\mathrm{F}})^{-1}$ のときには $\langle n_{\mathrm{d}\uparrow}\rangle = \langle n_{\mathrm{d}\downarrow}\rangle$(非磁気的状態)が解である.

(ii) $U > U_{\mathrm{cr}} \equiv N_{\mathrm{d}}(\varepsilon_{\mathrm{F}})^{-1}$ のときには $\langle n_{\mathrm{d}\uparrow}\rangle \neq \langle n_{\mathrm{d}\downarrow}\rangle$(磁気的状態)が解である.

(3) Anderson モデルから出発するのではなく,バンド計算の方法で不純物の電子状態の計算がなされている.スピン ↑,↓ について不均等な解を許す unrestricted Hartree-Fock 近似に相当する計算であるが,母体金属の状態密度が正確に考慮されているところに特徴がある.結果の一例を図 4.5 に示す.状態密度の高い部分は Lorentz 型に近く,Anderson モデルが本質的な点を捉えていることを示している.ただし,裾の部分は母体金属 Cu あるいは Ag の d バンドの影響を受けており,Anderson モデルでは落ちている効果である.

(4) 不純物による散乱の T 行列は,$\tilde{\varepsilon}_{\mathrm{d}\sigma} \equiv \varepsilon_\mathrm{d} + U\langle n_{\mathrm{d}-\sigma}\rangle$ を用いて,

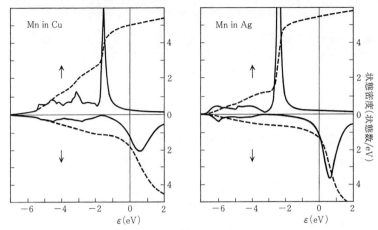

図 4.5 バンド計算にもとづく不純物電子状態の計算例. Cu あるいは Ag の中の Mn 不純物の局所的状態密度(実線)とその積分値(破線). 横軸の 0 は Fermi 準位である. [R. Podloucky, R. Zeller and P. H. Dederichs: Phys. Rev. B**22**, 5777 (1980)]

$$\begin{aligned}
t_\sigma(\varepsilon + i\delta) &= |V|^2 \frac{1}{\varepsilon - \tilde{\varepsilon}_{d\sigma} + i\Delta} \\
&= -\frac{1}{\pi N(\varepsilon_F)} \sin\eta_\sigma(\varepsilon) e^{i\eta_\sigma(\varepsilon)}
\end{aligned} \quad (4.4.16)$$

ここで, $\eta_\sigma(\varepsilon)$ はスピン σ, エネルギー ε の電子の散乱の位相のずれ

$$\eta_\sigma(\varepsilon) = \frac{\pi}{2} + \arctan\frac{\varepsilon - \tilde{\varepsilon}_{d\sigma}}{\Delta} \quad (4.4.17)$$

である. この位相のずれの表式は量子力学の散乱理論で共鳴散乱の場合の式として知られているものと同じである. (4.4.14) と比較して,

$$\langle n_{d\sigma} \rangle = \frac{1}{\pi}\eta_\sigma(\varepsilon_F) \quad (4.4.18)$$

が成り立つ. この関係式を **Friedel の総和則**という. 左辺の $\langle n_{d\sigma} \rangle$ は不純物によるスピン σ の局在電子数で, この関係式はその局在電子数が Fermi エネルギーでの位相のずれと関係していることを示す. Friedel の総和則は不純物の電子状態についての重要な関係で, 後に §4.5.1 においてその一般的証明を示す.

Hartree-Fock 近似が正しいためには，平均値に比べて揺らぎが小さいことが保証されていなければならない．今の問題では，(4.4.11) で係数 U を除くと，平均値も揺らぎも大きさは 1 のオーダーであり，揺らぎを無視する根拠はない．実際，揺らぎの効果(電子-相関効果と同じ)を取り入れると Hartree-Fock 近似の結果は大きく変更を受け，解の分岐がなくなることを次節で述べる．

4.4.3 U についての摂動計算

U についての摂動計算の詳細は長くなるので，ここでは主要な結果だけを示し，その意味を議論するにとどめる．重要な点は，U についての摂動展開には発散は現れず，展開係数も次数が高くなると小さくなり，展開が収束していることである．展開係数が小さくなるのは，さまざまな寄与が互いに相殺しているためである．

電子が d 軌道に平均として 1 個入っている場合(ハーフ・フィリングともいい，$\langle n_{d\uparrow} \rangle = \langle n_{d\downarrow} \rangle = 1/2$ が成り立っていて，$\varepsilon_d + U/2 = 0$ に対応する)が典型的であるので，その場合について述べる．以下では無次元の相互作用 $u \equiv U/\pi\Delta$ を用いる．

(1) 基底エネルギー

基底エネルギー E_g の相互作用による変化分を $\pi\Delta$ で規格化した量 $\Delta\varepsilon_g \equiv [E_g - E_g(U=0)]/\pi\Delta$ を u で展開すると

$$\Delta\varepsilon_g = \frac{1}{4}u - \left[\frac{1}{4} - \frac{7}{4\pi^2}\zeta(3)\right]u^2 + 0.000795 u^4 + O(u^6) \qquad (4.4.19)$$

となる[*10]．Bethe 仮説による厳密解[*11]によれば u^4 の係数は $\dfrac{\pi^2}{96} - \dfrac{21}{8}\zeta(3) + \dfrac{30}{\pi^2}\dfrac{31}{32}\zeta(5)$ で両者は一致している．ここで，$\zeta(z) = \sum_{n=1}^{\infty} n^{-z}$ は Riemann のゼータ関数である．ハーフ・フィリングでは，u の 1 次を除いて，電子-ホール対称性から u の偶数次のみが残る．u^2 項以下は Hartree-Fock 近似で無視されている寄与で，基底状態の波動関数の U による変化から生ずる．実際，Hartree-Fock 近似を適用すると，非磁気的解の範囲では (4.4.19) の右辺は $u/4$ となる．ついで

[*10] K. Yamada: Prog. Theor. Phys. **53**, 970 (1975)
[*11] K. Ueda and W. Apel: J. Phys. C**16**, L849 (1983)

ながら，Hartree-Fock 近似で $u>1$ で磁気的解を採用すると，そのエネルギーは

$$\Delta\varepsilon_{\rm g} = \frac{u}{4}(1-4a^2) + \frac{1}{\pi^2}\log\left[1+(\pi au)^2\right] \qquad (4.4.20)$$

である[*12]．ここで，$a = \langle n_{\rm d\uparrow}\rangle - \frac{1}{2} = \frac{1}{2} - \langle n_{\rm d\downarrow}\rangle$ で，この量は (4.4.14) の解によって与えられる．

物理的には，基底エネルギーよりもそれから求まる 2 重占有の確率の U 依存性

$$\langle n_{\rm d\uparrow}n_{\rm d\downarrow}\rangle = \frac{\partial E_{\rm g}}{\partial U} = \frac{1}{4} - 2\left[\frac{1}{4} - \frac{7}{4\pi^2}\zeta(3)\right]u + 0.0032u^3 + O(u^5) \qquad (4.4.21)$$

が重要である．この量は 1/4 から減少する（図 4.6）．摂動論では u の大きい所での値は決められないが，物理的に考えて，この量は $u \to +\infty$ では 0 になるべきである．u による減少はまさに電子相関効果であり，この振る舞いはすでに第 1 章で述べたことと定性的に一致している．

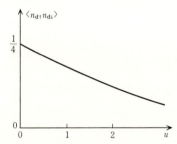

図 4.6 $\langle n_{\rm d\uparrow}n_{\rm d\downarrow}\rangle$ の $u(=U/\pi\Delta)$ 依存性の概略図．ハーフ・フィリング $\langle n_{\rm d\uparrow}\rangle = \langle n_{\rm d\downarrow}\rangle = 1/2$ の場合を仮定している．

(2) 不純物によるスピン帯磁率と電荷感受率

Anderson ハミルトニアン (4.1.3) に摂動項

$$\mathcal{H}' = -\sum_{\sigma} h_\sigma d_\sigma^\dagger d_\sigma \qquad (4.4.22)$$

[*12] K. Yosida and K. Yamada: Prog. Theor. Phys. Suppl. **46**, 244 (1970)

を加える．h_σ は σ に依存する外場を意味している．このときの d 電子数の変化分 Δn_σ は，h_σ の 1 次までで

$$\left.\frac{\partial \Delta n_\sigma}{\partial h_{\sigma'}}\right|_{h\to 0} = \frac{\partial}{\partial h_{\sigma'}}\frac{\mathrm{Tr}[n_{\mathrm{d}\sigma}e^{-\beta(\mathcal{H}+\mathcal{H}')}]}{\mathrm{Tr}[e^{-\beta(\mathcal{H}+\mathcal{H}')}]}\bigg|_{h\to 0} \tag{4.4.23}$$

で与えられる．ここで，

$$e^{-\beta(\mathcal{H}+\mathcal{H}')} = e^{-\beta\mathcal{H}} + e^{-\beta\mathcal{H}}\int_0^\beta d\tau e^{\tau\mathcal{H}}(-\mathcal{H}')e^{-\tau\mathcal{H}} + O(h^2) \tag{4.4.24}$$

を利用すると，

$$\left.\frac{\partial \Delta n_\sigma}{\partial h_{\sigma'}}\right|_{h=0} = \int_0^\beta d\tau \langle \tilde{n}_{\mathrm{d}\sigma}(\tau)\tilde{n}_{\mathrm{d}\sigma'}(0)\rangle \tag{4.4.25}$$

となる．$\tilde{n}_{\mathrm{d}\sigma} \equiv n_{\mathrm{d}\sigma} - \langle n_{\mathrm{d}\sigma}\rangle$ はスピン σ の d 電子数の揺らぎである．また $n_{\mathrm{d}\sigma}(\tau) \equiv e^{\tau\mathcal{H}}n_{\mathrm{d}\sigma}e^{-\tau\mathcal{H}}$，$\langle\cdots\rangle \equiv \mathrm{Tr}[e^{-\beta\mathcal{H}}\cdots]/\mathrm{Tr}[e^{-\beta\mathcal{H}}]$ によって定義されている．

(4.4.25) より，不純物のスピン帯磁率 $\Delta\chi_\mathrm{s}$，電荷感受率 $\Delta\chi_\mathrm{c}$ は

$$\Delta\chi_\mathrm{s} = \frac{1}{4}\int_0^\beta d\tau \langle(\tilde{n}_{\mathrm{d}\uparrow} - \tilde{n}_{\mathrm{d}\downarrow})(\tau)(\tilde{n}_{\mathrm{d}\uparrow} - \tilde{n}_{\mathrm{d}\downarrow})(0)\rangle \tag{4.4.26}$$

$$\Delta\chi_\mathrm{c} = \frac{1}{4}\int_0^\beta d\tau \langle(\tilde{n}_{\mathrm{d}\uparrow} + \tilde{n}_{\mathrm{d}\downarrow})(\tau)(\tilde{n}_{\mathrm{d}\uparrow} + \tilde{n}_{\mathrm{d}\downarrow})(0)\rangle \tag{4.4.27}$$

である．また，

$$\Delta\chi_{\uparrow\uparrow} \equiv \int_0^\beta d\tau \langle\tilde{n}_{\mathrm{d}\uparrow}(\tau)\tilde{n}_{\mathrm{d}\uparrow}(0)\rangle = \Delta\chi_\mathrm{s} + \Delta\chi_\mathrm{c} \tag{4.4.28}$$

$$\Delta\chi_{\uparrow\downarrow} \equiv \int_0^\beta d\tau \langle\tilde{n}_{\mathrm{d}\uparrow}(\tau)\tilde{n}_{\mathrm{d}\downarrow}(0)\rangle = -\Delta\chi_\mathrm{s} + \Delta\chi_\mathrm{c} \tag{4.4.29}$$

とも書ける．ハーフ・フィリングに対する $T=0$ での摂動計算によると，

$$\pi\Delta\cdot\Delta\chi_{\uparrow\uparrow} = 1 + \left(3 - \frac{\pi^2}{4}\right)u^2 + 0.0550u^4 + O(u^6) \tag{4.4.30}$$

$$-\pi\Delta\cdot\Delta\chi_{\uparrow\downarrow} = u + \left(15 - \frac{3\pi^2}{2}\right)u^3 + O(u^5) \tag{4.4.31}$$

である．u^4 の係数は山田耕作の数値計算による近似値である．Bethe 仮説にも

とづく厳密解[*13]による正確な値は $105 - 45\pi^2/4 + \pi^4/16$ である．ハーフ・フィリングでは，電子-ホール対称性により，$\Delta\chi_{\uparrow\uparrow}$ には u の偶数次，$\Delta\chi_{\uparrow\downarrow}$ には u の奇数次のみが残る．したがって，

$$\Delta\chi_s(-u) = \Delta\chi_c(u) \tag{4.4.32}$$

が成り立つ．$\Delta\chi_s$ は (4.4.28) と (4.4.29) から

$$2\pi\Delta \cdot \Delta\chi_s = 1 + u + \left(3 - \frac{\pi^2}{4}\right)u^2 + \left(15 - \frac{3\pi^2}{2}\right)u^3 + 0.0550u^4 + \cdots \tag{4.4.33}$$

となるが，Hartree-Fock 近似(帯磁率のような量については乱雑位相近似，random phase approximation(RPA)と呼ばれることもある)では

$$2\pi\Delta \cdot \Delta\chi_s = 1 + u + u^2 + u^3 + \cdots = \frac{1}{1-u} \tag{4.4.34}$$

である．RPA では $\Delta\chi_s$ は $u=1$ で発散するが，正しい $\Delta\chi_s$ では u の高次の係数は小さくなる．すなわち，RPA は $\Delta\chi_s$ を過大評価していて，RPA 以外の寄与が RPA をほとんど打ち消し，小さい寄与だけが残る．このように揺らぎの寄与(相関効果)は重要である．

$u \to \infty$ は摂動論では議論できないが，物理的に考えれば，電荷の揺らぎは完全に抑えられるから，$\Delta\chi_c \to 0$ となるはずである．したがって $\Delta\chi_{\uparrow\downarrow}/\Delta\chi_{\uparrow\uparrow} \to -1$ が成り立つはずである．

(3) 低温比熱への不純物の寄与

不純物の比熱への寄与 ΔC は，熱力学ポテンシャルへの不純物の寄与 $\Delta\Omega$ から求めることができる．低温においては，Fermi 統計のために $\Delta\Omega$ の温度に依存する部分は T^2 に比例し，その T^2 項は T に比例する比熱を与える．一様な系の Fermi 流体論の Luttinger の議論[*14]を適用して

[*13] A. M. Tsvelik and O. B. Wiegmann: Adv. Phys. **32**, 453 (1983); N. Kawakami and A. Okiji: Phys. Lett. **86A**, 483 (1981); A. Okiji and N. Kawakami: J. Appl. Phys. **55**, 1931 (1984)

[*14] J. M. Luttinger: Phys. Rev. **119**, 1153 (1960)

$$\Delta C = -T\frac{\partial^2 \Delta\Omega}{\partial T^2} = \Delta\gamma T + O(T^3) \tag{4.4.35}$$

$$\Delta\gamma = \frac{2\pi^2}{3}k_{\rm B}\frac{1}{\pi\Delta}\left[1 - \frac{\partial\Sigma_{{\rm d}\sigma}(i\varepsilon)}{\partial i\varepsilon}\bigg|_{\varepsilon=0}\right] \tag{4.4.36}$$

が得られる.ここではハーフ・フィリングの場合を考えている.自己エネルギー部分の摂動展開によると,

$$1 - \frac{\partial\Sigma_{{\rm d}\sigma}(i\varepsilon)}{\partial i\varepsilon}\bigg|_{\varepsilon=0} = 1 - \left(3 - \frac{\pi^2}{4}\right)u^2 + 0.0550u^4 + \cdots \tag{4.4.37}$$

である.(4.4.37) と (4.4.30) を比べると,

$$1 - \frac{\partial\Sigma_{{\rm d}\sigma}(i\varepsilon)}{\partial i\varepsilon}\bigg|_{\varepsilon=0} = \pi\Delta \cdot \Delta\chi_{\uparrow\uparrow} \tag{4.4.38}$$

が成り立っているが,この関係式は,より一般的に,摂動の各次数で成り立つ関係であることを次節で証明する.

最後に,d 電子の状態密度

$$N_{\rm d}(\varepsilon) = \left(-\frac{1}{\pi}\right){\rm Im}\frac{1}{\varepsilon - \varepsilon_{\rm d} - \Sigma_{\rm d}(\varepsilon + i\delta)} \qquad (\delta \to +0) \tag{4.4.39}$$

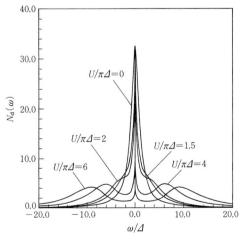

図 **4.7** d 電子の状態密度への U の効果 [T. A. Costi and A. C. Hewson: Phil. Mag. B**65**, 1165 (1992)]

が U の増加とともにどう変わるかを図 4.7 に示す．これは摂動論ではなく数値繰り込み群によるハーフ・フィリングの場合の結果である．U の増加とともにピークの幅は Δ からしだいに狭くなってゆく．U が十分大きくなると，中央のピーク (近藤ピーク) の幅は $T_{\rm K}$ (近藤温度) 程度になり，幅の広いサイドピークが $\pm U/2$ に現れる．ハーフ・フィリングの場合には Fermi 準位での $N_{\rm d}(\varepsilon)$ の値は $T=0$ では U によらない一定値である．

4.5 近藤効果の局所 Fermi 流体論

前節の議論で $U=0$ から出発して，摂動論によって U が有限の場合の系の性質を記述できることを述べた．この摂動論をもう少し一般的に定式化すると，いくつかの重要な関係式を導くことができる．この理論は Landau の Fermi 流体論と同様なことが局所的に成り立つことを示すので**局所 Fermi 流体論**と呼ばれる[15]．このとき位相のずれが基本的な量となる．

4.5.1 Friedel の総和則

Friedel の総和則は不純物によるポテンシャルをスクリーンするため不純物のまわりに集まった局在電子数と不純物による散乱の位相のずれの間に成り立つ一般的な関係である[16]．この関係は電子間の相互作用がある場合にも摂動論が成り立つ限り一般的に成立し，局所 Fermi 流体論の中心をなす[17]．

スピン σ の全局在電子数 Δn_σ は，d 電子とそれと混成している伝導電子の寄与の和

$$\Delta n_\sigma = \langle n_{{\rm d}\sigma} \rangle + \sum_k \left(\langle n_{k\sigma} \rangle - \langle n_{k\sigma} \rangle_0 \right) \tag{4.5.1}$$

で与えられる．$\langle \cdots \rangle_0$ は不純物のない場合の量である．右辺は Green 関数を用

---

[15] 現象論的な局所 Fermi 流体論は P. Nozières: J. Low Temp. Phys. **17**, 31 (1974)，また，軌道縮退のある場合を含むミクロな定式化としては H. Shiba: Prog. Theor. Phys. **54**, 967 (1975); A. Yoshimori: Prog. Theor. Phys. **55**, 67 (1976) がある．

[16] J. Friedel: Nuovo Cimento Suppl. **7**, 287 (1958)

[17] J. S. Langer and V. Ambegaokar: Phys. Rev. **121**, 1090 (1961); D. C. Langreth: Phys. Rev. **150**, 516 (1966)

いて,

$$\Delta n_\sigma = \int_{-\infty}^{\infty} d\varepsilon f(\varepsilon)\Big(-\frac{1}{\pi}\Big)\mathrm{Im}\Big\{G_{\mathrm{d}\sigma}(\varepsilon+i\delta)$$
$$+\sum_{k}\frac{|V|^2}{(\varepsilon+i\delta-\varepsilon_k)^2}G_{\mathrm{d}\sigma}(\varepsilon+i\delta)\Big\}$$
$$=\int_{-\infty}^{\infty} d\varepsilon f(\varepsilon)\Big(-\frac{1}{\pi}\Big)\mathrm{Im}\Big\{\frac{\partial}{\partial \varepsilon}\log\big[-G_{\mathrm{d}\sigma}^{-1}(\varepsilon+i\delta)\big]$$
$$+G_{\mathrm{d}\sigma}(\varepsilon+i\delta)\frac{\partial}{\partial \varepsilon}\Sigma_{\mathrm{d}\sigma}(\varepsilon+i\delta)\Big\} \quad (4.5.2)$$

ここで,δ は微小な正の数である.ところで,U の任意の次数について,次の関係が成り立つことを示せる.

$$\lim_{T\to 0}\int_{-\infty}^{\infty}d\varepsilon f(\varepsilon)\Big(-\frac{1}{\pi}\Big)\mathrm{Im}\Big\{G_{\mathrm{d}\sigma}(\varepsilon+i\delta)\frac{\partial}{\partial\varepsilon}\Sigma_{\mathrm{d}\sigma}(\varepsilon+i\delta)\Big\}=0 \quad (4.5.3)$$

左辺は次のように書き直せる.

$$\text{左辺}=-\lim_{T\to 0}\int_C\frac{d\zeta}{2\pi i}f(\zeta)G_{\mathrm{d}\sigma}(\zeta)\frac{\partial}{\partial\zeta}\Sigma_{\mathrm{d}\sigma}(\zeta) \quad (4.5.4)$$
$$=\lim_{T\to 0}\frac{1}{\beta}\sum_\varepsilon G_{\mathrm{d}\sigma}(i\varepsilon)\frac{\partial}{\partial i\varepsilon}\Sigma_{\mathrm{d}\sigma}(i\varepsilon) \quad (4.5.5)$$

ここで,ε についての和は松原振動数についての和,(4.5.4) の C は図 4.8 の実線の積分路に沿っての積分である.この積分路は,$G_{\mathrm{d}\sigma}(\zeta)$ と $\Sigma_{\mathrm{d}\sigma}(\zeta)$ の解析性

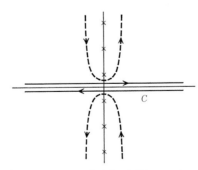

図 **4.8** (4.5.4) の積分路.虚軸上の × は $f(\zeta)$ の 1 位の極の位置 $i(2n+1)\pi k_\mathrm{B}T$(n は整数)を示す.

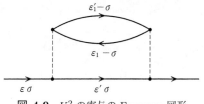

図 4.9 U^2 の寄与の Feynman 図形

から，破線のような積分路にかえることができるので，$f(\zeta)$ の 1 位の極を拾って，(4.5.5) の関係を得る．

(4.5.3) が成り立つことを具体的に U の 2 次の寄与を例にとって示そう．U^2 の自己エネルギーは図 4.9 の Feynman 図形で表される．それを用いて，

$$\begin{aligned}
&\lim_{T\to 0}(-1)U^2\Big(\frac{1}{\beta}\Big)^4 \sum_{\varepsilon\varepsilon'\varepsilon_1\varepsilon_1'} G_{\mathrm{d}\sigma}(i\varepsilon)G_{\mathrm{d}\sigma}(i\varepsilon')G_{\mathrm{d}-\sigma}(i\varepsilon_1)G_{\mathrm{d}-\sigma}(i\varepsilon_1') \\
&\qquad \times \frac{\partial}{\partial i\varepsilon}2\pi\delta(\varepsilon-\varepsilon'+\varepsilon_1-\varepsilon_1') \\
&= -U^2 \int_{-\infty}^{\infty}\frac{d\varepsilon d\varepsilon' d\varepsilon_1 d\varepsilon_1'}{(2\pi)^4}G_{\mathrm{d}\sigma}(i\varepsilon)G_{\mathrm{d}\sigma}(i\varepsilon')G_{\mathrm{d}-\sigma}(i\varepsilon_1)G_{\mathrm{d}-\sigma}(i\varepsilon_1') \\
&\qquad \times \frac{1}{2}\Big(\frac{\partial}{\partial i\varepsilon}+\frac{\partial}{\partial i\varepsilon'}\Big)2\pi\delta(\varepsilon-\varepsilon'+\varepsilon_1-\varepsilon_1') \\
&= 0
\end{aligned} \qquad (4.5.6)$$

である．

実は，(4.5.3) の関係は，一様な Fermi 粒子系について Luttinger が Fermi 流体論の基礎づけをする際に証明した式[*18]

$$\lim_{T\to 0}\int_{-\infty}^{\infty}d\varepsilon f(\varepsilon)\Big(-\frac{1}{\pi}\Big)\mathrm{Im}\Big\{\sum_k\Big[\frac{1}{\varepsilon-\varepsilon_k-\Sigma_{k\sigma}(\varepsilon+i\delta)} \\
\times \frac{\partial}{\partial\varepsilon}\Sigma_{k\sigma}(\varepsilon+i\delta)\Big]\Big\} = 0 \qquad (4.5.7)$$

と同じ関係で，スピンを保存する粒子間相互作用についての摂動展開において

[*18] J. M. Luttinger: Phys. Rev. **119**, 1153 (1960); J. M. Luttinger and J. C. Ward: Phys. Rev. **118**, 1417 (1960)

一般に成り立つ.

こうして,(4.5.3) を (4.5.2) に代入すると,$T=0$ で

$$\Delta n_{\mathrm{d}\sigma} = \left(-\frac{1}{\pi}\right)\mathrm{Im}\log[-G_{\mathrm{d}\sigma}^{-1}(i\delta)]$$
$$= \left(-\frac{1}{\pi}\right)\mathrm{Im}\log[\varepsilon_{\mathrm{d}} - i\Delta + \Sigma_{\mathrm{d}\sigma}(i\delta)]$$
$$= \frac{1}{\pi}\eta_\sigma(\varepsilon_{\mathrm{F}}) \qquad (4.5.8)$$

が得られる.ここで,$\Sigma_{\mathrm{d}\sigma}(i\delta)$ が実数である($\Sigma_{\mathrm{d}\sigma}(\varepsilon + i\delta)$ の虚部は ε が小さいところでは,U の各次数で ε^2 に比例する)ことを利用し,Fermi エネルギーでの位相のずれ

$$\eta_\sigma(\varepsilon_{\mathrm{F}}) = \frac{\pi}{2} - \arctan\frac{\varepsilon_{\mathrm{d}} + \Sigma_{\mathrm{d}\sigma}(i\delta)}{\Delta} \qquad (4.5.9)$$

を用いている.(4.5.8) が相互作用のある場合の Friedel の総和則である.この証明は U についての摂動が収束する限り正しく,Fermi 面上で $\Sigma_{\mathrm{d}\sigma}(i\delta)$ の虚部(これは非弾性散乱に対応する)がゼロになることが証明において本質的である.

4.5.2 絶対零度における不純物スピン帯磁率,電荷感受率

Anderson モデルに

$$\mathcal{H}' = -\sum_\sigma h_\sigma d_\sigma^\dagger d_\sigma \qquad (4.5.10)$$

という項を付け加えても前節の Friedel の総和則の議論はそのまま適用でき,$\varepsilon_{\mathrm{d}} \to \varepsilon_{\mathrm{d}} - h_\sigma$ と置き換えればよい.よって

$$\left.\frac{\partial \Delta n_\sigma}{\partial h_{\sigma'}}\right|_{h=0} = -\frac{1}{\pi}\mathrm{Im}\left[\frac{\delta_{\sigma\sigma'} - \left.\frac{\partial \Sigma_{\mathrm{d}\sigma}(i\delta)}{\partial h_{\sigma'}}\right|_{h=0}}{-\varepsilon_{\mathrm{d}} + i\Delta - \Sigma_{\mathrm{d}\sigma}(i\delta)}\right]$$
$$= \frac{1}{\pi}\frac{\Delta}{(\varepsilon_{\mathrm{d}} + \Sigma_{\mathrm{d}\sigma}(i\delta))^2 + \Delta^2}\left[\delta_{\sigma\sigma'} - \left.\frac{\partial \Sigma_{\mathrm{d}\sigma}(i\delta)}{\partial h_{\sigma'}}\right|_{h=0}\right]$$
$$= N_{\mathrm{d}}(\varepsilon_{\mathrm{F}})\left[\delta_{\sigma\sigma'} - \left.\frac{\partial \Sigma_{\mathrm{d}\sigma}(i\delta)}{\partial h_{\sigma'}}\right|_{h=0}\right] \qquad (4.5.11)$$

が得られる.$N_{\mathrm{d}}(\varepsilon_{\mathrm{F}})$ は相互作用効果を完全に取り入れた Fermi エネルギーでの状態密度

$$N_{\rm d}(\varepsilon_{\rm F}) = \frac{1}{\pi} \frac{\varDelta}{(\varepsilon_{\rm d} + \varSigma_{{\rm d}\sigma}(i\delta))^2 + \varDelta^2} \tag{4.5.12}$$

である.他方,(4.4.25) より,

$$\left.\frac{\partial \Delta n_\sigma}{\partial h_{\sigma'}}\right|_{h=0} = \int_0^\beta d\tau \langle \tilde{n}_{{\rm d}\sigma}(\tau)\tilde{n}_{{\rm d}\sigma'}(0)\rangle \tag{4.5.13}$$

であるから,

$$\int_0^\beta d\tau \langle \tilde{n}_{{\rm d}\sigma}(\tau)\tilde{n}_{{\rm d}\sigma'}(0)\rangle = N_{\rm d}(\varepsilon_{\rm F})\left[\delta_{\sigma\sigma'} - \left.\frac{\partial \varSigma_{{\rm d}\sigma}(i\delta)}{\partial h_{\sigma'}}\right|_{h=0}\right] \tag{4.5.14}$$

が得られる.これから,不純物スピン帯磁率,電荷感受率は,

$$\begin{aligned}\Delta\chi_{\rm s} &= \frac{1}{4}\int_0^\beta d\tau \langle(\tilde{n}_{{\rm d}\uparrow} - \tilde{n}_{{\rm d}\downarrow})(\tau)(\tilde{n}_{{\rm d}\uparrow} - \tilde{n}_{{\rm d}\downarrow})(0)\rangle \\ &= \frac{1}{2}N_{\rm d}(\varepsilon_{\rm F})\left[1 - \left.\frac{\partial(\varSigma_{{\rm d}\uparrow}(i\delta) - \varSigma_{{\rm d}\downarrow}(i\delta))}{\partial h_\uparrow}\right|_{h=0}\right]\end{aligned} \tag{4.5.15}$$

$$\begin{aligned}\Delta\chi_{\rm c} &= \frac{1}{4}\int_0^\beta d\tau \langle(\tilde{n}_{{\rm d}\uparrow} + \tilde{n}_{{\rm d}\downarrow})(\tau)(\tilde{n}_{{\rm d}\uparrow} + \tilde{n}_{{\rm d}\downarrow})(0)\rangle \\ &= \frac{1}{2}N_{\rm d}(\varepsilon_{\rm F})\left[1 - \left.\frac{\partial(\varSigma_{{\rm d}\uparrow}(i\delta) + \varSigma_{{\rm d}\downarrow}(i\delta))}{\partial h_\uparrow}\right|_{h=0}\right]\end{aligned} \tag{4.5.16}$$

と表せる.このように,不純物スピン帯磁率と電荷感受率は,一般に,Fermi エネルギーでの状態密度と自己エネルギー部分の微分で表すことができる.

4.5.3 不純物による低温比熱

不純物による比熱への寄与 ΔC は熱力学ポテンシャルへの不純物の寄与 $\Delta\Omega$ から求められる.ハーフ・フィリングに限らず,一般のフィリングに対して,

$$\Delta\gamma = \frac{2\pi^2}{3}k_{\rm B}^2 N_{\rm d}(\varepsilon_{\rm F})\left[1 - \left.\frac{\partial \varSigma_{{\rm d}\sigma}(i\varepsilon)}{\partial i\varepsilon}\right|_{\varepsilon=0}\right] \tag{4.5.17}$$

が得られる.

4.5.4 Ward-高橋の恒等式と物理量の間の関係

Ward-高橋の恒等式というのは,微小な外場に対する自己エネルギー部分の

変化分とバーテックス部分との関係を記述する式である. これからは $T=0$ を考えることにする.

まず, 最初に, 自己エネルギー部分を Feynman 図形で表し, それを外場 h_σ で微分すると,

$$\left.\frac{\partial \Sigma_{\mathrm{d}\sigma}(i\varepsilon)}{\partial h_{\sigma'}}\right|_{h=0} = -\int_{-\infty}^{\infty} \frac{d\varepsilon'}{2\pi} G_{\mathrm{d}\sigma'}^2(i\varepsilon') \Gamma(i\varepsilon\sigma, i\varepsilon'\sigma'; i\varepsilon'\sigma', i\varepsilon\sigma) \tag{4.5.18}$$

が得られる(図 4.10). Γ は図のバーテックス部分である.

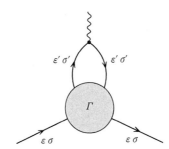

図 4.10 (4.5.18) の関係を示す Feynman 図形. 波線は微小な外場の影響を表す.

同様に, 自己エネルギー部分を外線のエネルギーで微分すると

$$\frac{\partial \Sigma_{\mathrm{d}\sigma}(i\varepsilon)}{\partial i\varepsilon} = -\int_{-\infty}^{\infty} \frac{d\varepsilon'}{2\pi} \sum_{\sigma'} G_{\mathrm{d}\sigma'}^2(i\varepsilon') \Gamma(i\varepsilon\sigma, i\varepsilon'\sigma'; i\varepsilon'\sigma', i\varepsilon\sigma)$$
$$+ \sum_{\sigma'} \frac{1}{\pi} \mathrm{Im}\bigl[G_{\mathrm{d}\sigma'}(i0)\bigr] \Gamma(i\varepsilon\sigma, i0\sigma'; i0\sigma', i\varepsilon\sigma) \tag{4.5.19}$$

が得られる. この関係式を得るには, 図 4.11 に一例を示すように, すべての線に ε を入れ, それについて微分を行えばよい. 右辺第 2 項は温度 Green 関数に $\varepsilon=0$ で飛びがあるための寄与である.

次に, 外線のエネルギー ε をスピン σ の線だけに含めるようにすると,

$$\frac{\partial \Sigma_{\mathrm{d}\sigma}(i\varepsilon)}{\partial i\varepsilon} = -\int_{-\infty}^{\infty} \frac{d\varepsilon'}{2\pi} G_{\mathrm{d}\sigma}^2(i\varepsilon') \Gamma(i\varepsilon\sigma, i\varepsilon'\sigma; i\varepsilon'\sigma, i\varepsilon\sigma)$$
$$+ \frac{1}{\pi} \mathrm{Im}\bigl[G_{\mathrm{d}\sigma}(i0)\bigr] \Gamma(i\varepsilon\sigma, i0\sigma; i0\sigma, i\varepsilon\sigma) \tag{4.5.20}$$

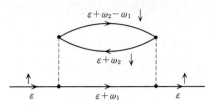

図 4.11 (4.5.19) の関係を示す Feynman 図形の例で，すべての線に外線のエネルギー ε が入っていることに注意．

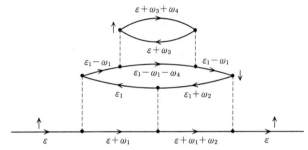

図 4.12 (4.5.20) の関係を示す Feynman 図形の例．外線と同じスピン↑の電子の線に外線のエネルギー ε を入れ，スピン↓の線には入れないようにしている．

が得られる(図 4.12)．(4.5.18) と (4.5.20) から，

$$\frac{\partial \Sigma_{\mathrm{d}\sigma}(i\varepsilon)}{\partial i\varepsilon} = \frac{\partial \Sigma_{\mathrm{d}\sigma}(i\varepsilon)}{\partial h_\sigma}\bigg|_{h=0} + \frac{1}{\pi}\mathrm{Im}\Big[G_{\mathrm{d}\sigma}(i0)\Big]\Gamma(i\varepsilon\sigma, i0\sigma; i0\sigma, i\varepsilon\sigma) \tag{4.5.21}$$

が一般に成り立つことがわかる．他方，(4.5.19) と (4.5.20) より，

$$-\int_{-\infty}^{\infty}\frac{d\varepsilon'}{2\pi}G_{\mathrm{d}\sigma}^2(i\varepsilon')\Gamma(i\varepsilon\sigma, i\varepsilon'-\sigma; i\varepsilon'-\sigma, i\varepsilon\sigma)$$
$$= -\frac{1}{\pi}\mathrm{Im}\Big[G_{\mathrm{d}\sigma}(i0)\Big]\Gamma(i\varepsilon\sigma, i0-\sigma; i0-\sigma, i\varepsilon\sigma) \tag{4.5.22}$$

が成り立つ．この式の左辺に (4.5.18) を代入すると，

$$\frac{\partial \Sigma_{\mathrm{d}\sigma}(i\varepsilon)}{\partial h_{-\sigma}}\bigg|_{h=0} = N_{\mathrm{d}}(0)\Gamma(i\varepsilon\sigma, i0-\sigma; i0-\sigma, i\varepsilon\sigma) \tag{4.5.23}$$

が得られる．ところで，Fermi エネルギーでの同じスピンのバーテックス部分は，Pauli の原理により，

$$\Gamma(i0\sigma, i0\sigma; i0\sigma, i0\sigma) = 0 \tag{4.5.24}$$

であるので，(4.5.21) と (4.5.23) より，

$$\left.\frac{\partial \Sigma_{d\sigma}(i\varepsilon)}{\partial i\varepsilon}\right|_{\varepsilon=0} = \left.\frac{\partial \Sigma_{d\sigma}(i0)}{\partial h_\sigma}\right|_{h=0} \tag{4.5.25}$$

が得られる．この関係と (4.5.14)，(4.5.17) より，

$$\Delta\gamma/(2\pi^2 k_B^2/3) = \int_0^\beta d\tau \langle \tilde{n}_{d\uparrow}(\tau)\tilde{n}_{d\uparrow}(0)\rangle \tag{4.5.26}$$

が得られる．これはハーフ・フィリングのときの (4.4.38) の一般化になっている．さらに，(4.5.14) と (4.5.23) より，

$$\int_0^\beta d\tau \langle n_{d\uparrow}(\tau)n_{d\downarrow}(0)\rangle = -N_d^2(\varepsilon_F)\Gamma(i0\uparrow, i0\downarrow; i0\downarrow, i0\uparrow) \tag{4.5.27}$$

が成り立つ．

(4.5.26)，(4.5.15)，(4.5.16) より，Wilson 比 R に対して

$$R \equiv \frac{\Delta\chi_s/\Delta\chi_s(U=0)}{\Delta\gamma/\Delta\gamma(U=0)} = \frac{\Delta\chi_s}{\frac{1}{2}(\Delta\chi_s + \Delta\chi_c)} \tag{4.5.28}$$

が成り立つ．この関係は，R を決めているのはスピンの揺らぎと電荷の揺らぎの相対的な大きさであることを示している．$U=0$ のとき $\Delta\chi_s = \Delta\chi_c$ であるので $R=1$ である．ハーフ・フィリングのときは，$U \to +\infty$ では $\Delta\chi_c \to 0$ が期待されるので，$R \to 2$ となる．摂動展開 (4.4.33) とこの事実から，R は図 4.13 のような U 依存性を持つと期待される．

4.6 近藤効果とエネルギーギャップとの競合

近藤効果は金属中の磁性不純物が高温において持っている磁気モーメントを低温において消失する現象である．金属においては Fermi エネルギー以下の状態から Fermi エネルギーより上の状態に移すときの励起エネルギーが 0 から連続分布しているためにこの磁気モーメントの消失が起こる．それでは母体の電

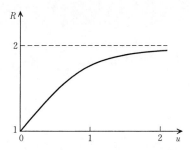

図 4.13 ハーフ・フィリングの場合の Wilson 比の u 依存性の概略図($u \equiv U/\pi\Delta$)

子状態にエネルギーギャップがあって，低エネルギーの励起がないときはどうなるだろうか？これがここで取り上げる問題である．ここでの問題は，一言でいえば，近藤効果とエネルギーギャップの競合である．競合を特徴づけるパラメータとしては $k_{\rm B}T_{\rm K}/\Delta$（$T_{\rm K}$ はギャップのないときの近藤温度，Δ はエネルギーギャップの大きさ）を選ぶことができる．

競合問題では両者の大きさが同程度の場合にその効果が顕著になる．その意味で，エネルギーギャップの起源が超伝導である場合にこの競合は現実的問題になる．そこで以下では超伝導中の磁気不純物を考えよう[*19]．その最も簡単なケースは s 波の BCS 超伝導体の中にスピンの大きさ $S = 1/2$ の磁性不純物が1つ存在する場合であるが，そのハミルトニアンは

$$\mathcal{H} = \sum_{k\sigma} \varepsilon_k c_{k\sigma}^\dagger c_{k\sigma} - \frac{J}{2N} \sum_{kk'\sigma\sigma'} c_{k\sigma}^\dagger \boldsymbol{\sigma}_{\sigma\sigma'} c_{k'\sigma'} \cdot \boldsymbol{S}$$
$$- \Delta \sum_k{}' \left(c_{k\uparrow}^\dagger c_{-k\downarrow}^\dagger + c_{-k\downarrow} c_{k\uparrow} \right) \quad (4.6.1)$$

で与えられる．ここで，$\boldsymbol{S}$ は大きさが 1/2 の不純物スピン，ε_k は伝導電子の Fermi 準位から測ったエネルギー，$\boldsymbol{\sigma}$ は伝導電子のスピンを表す Pauli 演算子，Δ は超伝導ギャップを表している．（厳密に言えば，Δ は不純物の近傍では小さくなっているが，それは本質的な問題ではないので無視する．）第 1 項は伝導電子のエネルギー，第 3 項は超伝導のエネルギーギャップを生み出す項で，$\boldsymbol{k}$ の和

[*19] 斯波弘行，酒井治：固体物理 **28**, 926 (1993)

にダッシュを付けたのは引力の働くエネルギー領域についての和であることを示す. 第2項は伝導電子と不純物スピンとの sd 交換相互作用で, J は負(反強磁性的相互作用)を仮定している[*20]. ノーマル状態での近藤温度は, $|J|N(\varepsilon_F) \ll 1$ ($N(\varepsilon_F)$ は伝導電子の Fermi エネルギーでの状態密度)の場合には (4.3.16) で与えられるが, より正確には

$$k_B T_K = D(|J|N(\varepsilon_F))^{1/2} \exp(1/JN(\varepsilon_F)) \quad (4.6.2)$$

である. D はバンド幅である. 以下, T_K としてはこの値を用いる.

$k_B T_K/\Delta \ll 1$ の場合は, 伝導電子を励起するには T_K と比べて大きいエネルギー Δ を要するので, 基底状態では不純物スピンは本質的に自由スピンとして振る舞う. すなわち, 基底状態はスピン 2 重項(全スピンは 1/2)である. 最低の励起状態は, 超伝導の準粒子 1 個と局在スピンとがスピン 1 重項(全スピンは 0)をなすもので, その励起エネルギーは Δ よりわずかに低く,

$$E = \Delta \left[1 - \frac{\pi^2}{2} (JN(\varepsilon_F))^2 (S+1)^2 \right] \quad (4.6.3)$$

である[*21]. このとき, この励起状態はエネルギーギャップの内部にあるから, 不純物近傍に局在した'局在励起状態'(束縛状態)である. 十分小さい J でも J^2 に比例して束縛状態が存在するのは BCS の状態密度がギャップ端で $-1/2$ のべきで発散していることによる. (4.6.3) では近藤効果は入っていないが, $k_B T_K/\Delta \ll 1$ においては, 近藤効果は (4.6.3) の J を

$$J/[1 + JN(\varepsilon_F) \log(D/\Delta)] \quad (4.6.4)$$

で置き換えればよい. 図 4.14 にエネルギー準位と $k_B T_K/\Delta$ の関係を示す[*22]. 上に述べた結果は $k_B T_K/\Delta \ll 1$ のケースで図 4.14 の左端に対応する.

他方, $k_B T_K/\Delta \gg 1$ は磁気モーメントと伝導電子との相互作用が強い, 強結合領域である. このときは, 第 1 近似として Δ は無視してよく, 磁気モーメントは近藤効果のために消失し, 実質的に, 非磁性状態になっているはずであ

[*20] J が正の場合でもエネルギーギャップの内部に束縛状態が出現するが, その準位が Fermi エネルギーの近くにあるためには, $JN(\varepsilon_F)$ が 1 程度でなければならない. H. Shiba: Prog. Theor. Phys. **40**, 435 (1968) を参照.

[*21] T. Soda, T. Matsuura and Y. Nagaoka: Prog. Theor. Phys. **38**, 551 (1967)

[*22] この問題については, S が古典スピンの場合の準位交叉を議論した A. Sakurai: Prog. Theor. Phys. **44**, 435 (1968) が参考になる.

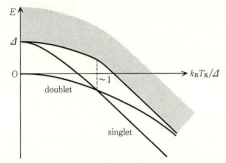

図 4.14 $k_B T_K/\Delta$ の増大と共に起こる基底状態と第1励起状態の交叉. 影をつけた部分はギャップを超える連続励起を示す. $k_B T_K/\Delta \sim 1$ で基底状態はスピン2重項から1重項へ変わる.

る[*23]. したがって,図の右端のように,基底状態はスピン1重項で,スピン2重項はエネルギーが Δ 程度高い励起状態になっている.

次に2つの領域がどう結ばれるか,移り変わりはどう起こるか,ということを考える. 弱結合領域から強結合領域までをカバーできる Wilson の数値繰り込み群理論を用いてこの問題の定量的議論がなされている.

ここでは数値繰り込み群法の詳細[*24]には立ち入らないで図 4.15 に結果を示す. $k_B T_K/\Delta \ll 1$ で求められた局在励起状態の励起エネルギー (4.6.3) は,$k_B T_K/\Delta$ の増大と共に減少し,$k_B T_K/\Delta \simeq 0.3$ でゼロとなる. なお,$k_B T_K$ は (4.6.2) で定義された近藤温度である. ここで基底状態と第1励起状態が交叉し,入れ替わる. すなわち,$k_B T_K/\Delta < 0.3$ では,基底状態はスピン2重項(全スピンは 1/2),局在励起準位である第1励起状態はスピン1重項(全スピンは 0)であるが,$k_B T_K/\Delta > 0.3$ では,基底状態はスピン1重項(全スピンは 0)になり,第1励起状態はスピン2重項(全スピンは 1/2)になる. 図 4.15 では2重項の最低エネルギー状態から測ったエネルギーが示してあるので,$k_B T_K/\Delta > 0.3$ では符号を変えたものが励起エネルギーである. $k_B T_K/\Delta \gg 1$ では励起エネルギーは急速にギャップ端 Δ に近づく. ギャップ端への近づき方は $k_B T_K/\Delta \ll 1$ と違う

[*23] T. Matsuura: Prog. Theor. Phys. **57**, 1823 (1977)
[*24] K. Satori, H. Shiba, O. Sakai and Y. Shimizu: J. Phys. Soc. Jpn. **61**, 3239 (1992);
O. Sakai, Y. Shimizu, H. Shiba and K. Satori: J. Phys. Soc. Jpn. **62**, 3181 (1993).

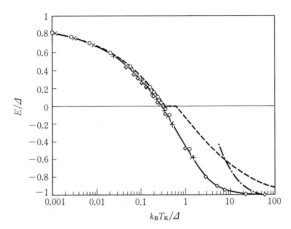

図 **4.15** E/Δ の $k_B T_K/\Delta$ 依存性. E は最低励起のエネルギー,Δ は不純物がない場合の超伝導エネルギーギャップである.さまざまな記号をつなぐ実線が数値繰り込み群の結果である.破線はMüller-Hartmann-Zittartz の理論,鎖線は松浦の理論である.

が,これは基底状態が 1 重項で,$k_B T_K/\Delta > 10$ で不純物の性格が急激に非磁性になることによる.当然ながら,$k_B T_K/\Delta > 0.3$ での 1 重項基底状態はノーマル状態でのスピン 1 重項基底状態と滑らかにつながっている.つまり,前節までに金属中の磁性不純物の基底状態がスピン 1 重項であることを見てきたが,それをここでの計算での $\Delta \to 0$ の極限として見ることもできるわけである.ついでながら,図 4.15 に書き入れてある Müller-Hartmann と Zittartz の理論[*25]は $k_B T_K/\Delta < 0.3$ の範囲でだけ信頼できる.基底状態がスピン 1 重項となる領域では数値繰り込み群の結果とは大きくくい違い,正しくないことを示している.

$k_B T_K/\Delta \sim 0.3$ を境にして,左,右で基底状態が異なり,不純物スピンの状態が違っている.$k_B T_K/\Delta < 0.3$ では,Δ の存在によって,絶対零度でもスピンが生きている.すなわち,もし不純物スピンの帯磁率を測れば,それは温度を下げていくと絶対零度へ向けて Curie 則に従って発散する.他方,$k_B T_K/\Delta > 0.3$ の場合は,絶対零度においてスピンは消失して,帯磁率は Van Vleck 常磁性的

[*25] E. Müller-Hartmann: *Magnetism* (ed. by H. Suhl, Academic, 1973) Vol. 5, p. 353.

な温度によらない一定値になる.

以上は理論的な話だけをしたが,走査トンネル顕微鏡,走査トンネル分光学の技術の進歩によって,不純物の上,あるいは,不純物の近傍での任意の位置での電子状態が観測可能になってきた.ここで述べたような不純物による束縛状態が直接観測されている[*26].

[*26] A. Yazdani, B. A. Jones, C. P. Lutz, M. F. Crommie and D. M. Eigler: Science **275**, 1767 (1997); S. H. Pan et al.: Nature **403**, 746 (2000)

電子相関の動的平均場理論

どのような多体系においても，平均場近似は最初に試みるべき，最も基本的な近似理論であるが，相関のある遍歴電子系の場合には平均場近似理論の定式化は自明ではない．よく知られた遍歴電子系の Hartree-Fock 近似はその基礎に問題がある．この章では，Hartree-Fock 近似と異なり，電子間相互作用の局所的効果を完全に取り込んだ近似理論を構成する．この理論では電子相関の局所的な動的効果が正確に扱われているので動的平均場近似(dynamical mean-field approximation)と呼ばれる．この近似理論は ∞ 次元の格子上の電子系に対して正確になり，現実の 3 次元系の電子相関効果のかなりの部分を取り入れていると思われる．

5.1 遍歴電子系に対する Hartree-Fock 近似と動的平均場近似

平均場近似(あるいは，分子場近似)は多体系の理論における代表的な近似法である．2 つの格子点 i,j にある局在スピン $\boldsymbol{S}_i, \boldsymbol{S}_j$ の間に強磁性的交換相互作用 $J_{ij} (\geqq 0)$ が働いている Heisenberg 模型

$$\mathcal{H} = -\sum_{(ij)} J_{ij} \boldsymbol{S}_i \cdot \boldsymbol{S}_j \tag{5.1.1}$$

を考えてみよう．ここで (ij) は格子点の対についての和を意味している．この系では，あるスピン $\boldsymbol{S}_i$ に着目すると，それには磁場 $\boldsymbol{H}_i \equiv \sum_j J_{ij}\boldsymbol{S}_j$ が働いている．$\boldsymbol{S}_j$ は変数であるから $\boldsymbol{H}_i$ もまた変動する．しかし，相互作用の相手の数 z が十分大きく，個々の相互作用 J_{ij} が

$$J_{ij} = \frac{J}{z} \tag{5.1.2}$$

で小さければ，$z \to \infty$ の極限では，強磁性の自発磁化 $\langle S \rangle$ を用いて，H_i は平均値 $\sum_j J_{ij}\langle S_j \rangle = J\langle S \rangle$ で置き換えることができ，この平均値からのずれは $z \to \infty$ の極限で無視できる．すなわち，z が十分大きいとき平均場近似はよい近似になっている．

それでは，遍歴電子系について同じような近似理論を構成するにはどうすればいいだろうか．それには1つの原子内の相互作用は近似せず正確に扱い，電子の原子間ホッピングに起因する効果を平均的に扱うようにすればよい．このような理論は遍歴電子系での Hartree-Fock 近似とは異なる．Hartree-Fock 近似では原子内の相互作用に対して**1体近似**をするからである．

この章で述べる遍歴電子系の動的平均場近似は ∞ 次元の格子上に並んだ原子間を電子がホッピングする場合に上に述べた局在スピン系と同じ意味で正確になる理論である[*1]．われわれが興味を持っているのは通常3次元系であるので，∞ 次元というのは非現実的と思うかもしれないが，少なくとも ∞ 次元の極限で信頼できる理論を持つ意義は，局在スピン系の平均場理論と同様に大きく，また，3次元系における電子相関効果の重要な点をつかんでいると思われる．∞ 次元の遍歴電子系は原子内の相互作用をフルに取り込んでいるので，そこから出てくる結果は決して自明ではない．さらに，∞ 次元系の振る舞いは1次元系と対照的である．

5.2　∞ 次元 Hubbard モデル

∞ 次元の Hubbard モデルは，d 次元の格子上の Hubbard モデル

$$\mathcal{H} = \sum_{(ij)\sigma} \left(t_{ij} c_{i\sigma}^\dagger c_{j\sigma} + \text{H.c.} \right) + U \sum_j n_{j\uparrow} n_{j\downarrow} \tag{5.2.1}$$

において，以下のような手順で $d \to \infty$ の極限を取って得られる．

[*1] W. Metzner and D. Vollhardt: Phys. Rev. Lett. **62**, 324 (1989). 総合報告としては，倉本義夫，酒井治：固体物理 **29**, 777 (1994), Th. Pruschke, M. Jarrell and J. K. Freericks: Adv. Phys. **44**, 187 (1995), A. Georges, G. Kotliar, W. Krauth and M. J. Rozenberg: Rev. Mod. Phys. **68**, 13 (1996) などがある．

まず，第 1 項のエネルギースペクトルの状態密度

$$D(\omega) = \frac{1}{N} \sum_{\boldsymbol{k}} \delta(\omega - \varepsilon_{\boldsymbol{k}})$$
$$= \int_{-\infty}^{\infty} \frac{dt}{2\pi} e^{it\omega} \langle e^{-it\varepsilon_{\boldsymbol{k}}} \rangle \qquad (5.2.2)$$

を求めよう．ここで $\langle \cdots \rangle$ は Brillouin ゾーン内での平均 $N^{-1}\sum_{\boldsymbol{k}} \cdots$ を意味する．N は格子点の総数である．

格子として d 次元に拡張された単純立方格子を考え，(5.1.2) に対応して $t_{ij} = -t/\sqrt{2d}$ と置き，以後 $t=1$ と選ぶ．このときスペクトル $\varepsilon_{\boldsymbol{k}}$ は

$$\varepsilon_{\boldsymbol{k}} = -\frac{2}{\sqrt{2d}} \sum_{\alpha=1}^{d} \cos k_\alpha \qquad (5.2.3)$$

で与えられる．ここで，格子定数 a は 1 に選んでいる．(5.2.2) の $\langle \exp(-it\varepsilon_{\boldsymbol{k}}) \rangle$ をキュムラント展開すると，

$$\langle \exp(-it\varepsilon_{\boldsymbol{k}}) \rangle = \exp\left(\langle e^{-it\varepsilon_{\boldsymbol{k}}} \rangle_c - 1\right) \qquad (5.2.4)$$

となる．$\langle \cdots \rangle_c$ はキュムラント平均である．$\varepsilon_{\boldsymbol{k}}$ の奇数べきの平均はゼロ，偶数べきは $d \to \infty$ の極限で，

$$\langle \varepsilon_{\boldsymbol{k}}^2 \rangle_c = \langle \varepsilon_{\boldsymbol{k}}^2 \rangle = \left(\frac{2}{\sqrt{2d}}\right)^2 \sum_\alpha \sum_\beta \langle \cos k_\alpha \cos k_\beta \rangle \to 1$$
$$\langle \varepsilon_{\boldsymbol{k}}^4 \rangle_c = \langle \varepsilon_{\boldsymbol{k}}^4 \rangle - 3\langle \varepsilon_{\boldsymbol{k}}^2 \rangle^2 \propto \frac{1}{d} \to 0$$
$$\langle \varepsilon_{\boldsymbol{k}}^{2n} \rangle_c \to 0 \qquad (n \geqq 3)$$

となる．結局，2 次のみが残り，4 次以上のキュムラントは消えるので，

$$D(\omega) = \int_{-\infty}^{\infty} \frac{dt}{2\pi} e^{it\omega - \frac{1}{2}t^2} = \frac{1}{\sqrt{2\pi}} e^{-\frac{1}{2}\omega^2} \qquad (5.2.5)$$

が得られる．すなわち，状態密度は Gauss 関数となる．この状態密度と 3 次元単純立方格子の状態密度の比較を図 5.1 に示してある．van Hove 異常がなくなっていること，バンド端が $-\infty$ から ∞ まで広がっていることに違いがあるが，それを除けば両者はほぼ同じである．

以上は単純立方格子の $d \to \infty$ の極限であったが，別の種類の格子を選ぶこ

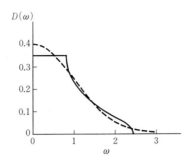

図 5.1 3次元単純立方格子(実線)と ∞ 次元超立方格子(破線)の状態密度

ともできる*². 例えば, 面心立方格子を d 次元に一般化すると

$$\varepsilon_{\bm{k}}^{\mathrm{fcc}} = \frac{4}{\sqrt{2d(d-1)}} \sum_{\alpha=2}^{d} \sum_{\beta=1}^{\alpha-1} \cos k_\alpha \cos k_\beta \tag{5.2.6}$$

となるが, $d \to \infty$ の極限では

$$\varepsilon_{\bm{k}}^{\mathrm{fcc}} = \frac{1}{\sqrt{2}} \left(\varepsilon_{\bm{k}}^2 - 1 \right) \tag{5.2.7}$$

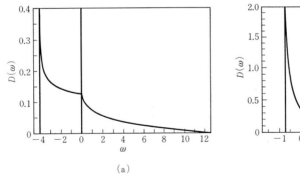

(a)

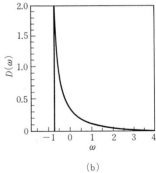

(b)

図 5.2 3次元面心立方格子 (a) と ∞ 次元面心立方格子 (b) の状態密度. (a) のエネルギーは (5.2.6) に $\sqrt{2d(d-1)}$ $(d=3)$ をかけたものを用いている. したがって, (a) と (b) の値を比較するには, (a) の図の ω の値を $\sqrt{12}$ で割り, 縦軸の値には $\sqrt{12}$ をかける必要がある.

---

*2 E. Müller-Hartmann: Z. Phys. B**74**, 507 (1989)

となる．右辺の $\varepsilon_{\boldsymbol{k}}$ は (5.2.3) に登場する量で，その分布（すなわち，状態密度）は $d \to \infty$ で Gauss 分布 (5.2.5) である．そのことを利用すると，$\varepsilon_{\boldsymbol{k}}^{\text{fcc}}$ の状態密度は

$$D(\omega) = \frac{1}{\sqrt{\pi}} \frac{1}{\sqrt{1+\sqrt{2}\omega}} e^{-\frac{1}{2}(1+\sqrt{2}\omega)} \tag{5.2.8}$$

で与えられることは容易に確かめられる．(5.2.8) の ω は $\omega \geqq -1/\sqrt{2}$ の範囲の値を取り，その範囲で規格化されている．(5.2.8) の状態密度は $\omega = -1/\sqrt{2}$ で発散し，非対称である．図 5.2 に 3 次元面心立方格子との比較を示すが，3 次元面心立方格子の特徴をある程度備えていることがわかるであろう．ただし，端での状態密度の発散は，3 次元面心立方格子では log 的発散であるのに対して，(5.2.8) ではそれより強い $-1/2$ 乗の発散になっている．

5.3 多体効果

多体効果を調べる手始めとして，U の 2 次の自己エネルギー部分を考えてみよう（図 5.3）．この量は，i と j が互いに最近接の格子点のときには 3 本の内線を持つので $d^{-3/2}t^3$ という因子がつく．よって，j について和をとると

$$d \times \frac{1}{d^{3/2}} = \frac{1}{d^{1/2}} \to 0$$

となって $d \to \infty$ の極限で無視できる．この最も簡単な例からわかるように，$d \to \infty$ では自己エネルギー部分への寄与のうち，異なる原子間の電子相関の寄与はゼロになり，1 つの原子内での電子相関のみが残る．この事情は U のより高次の寄与についても成り立つ．しかし，異なる原子間の相関が無視できるからといって自己エネルギー部分がサイトによらないことを意味しない．次節で

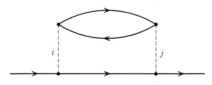

図 **5.3** 2 次の自己エネルギー部分の Feynman 図形．相互作用（破線）に付けた i, j は相互作用の起こるサイトを示す．

述べるように，自発的対称性の破れが起こり，サイトが非等価になる可能性があるからである．

こうして，$d \to \infty$ では多体効果は局所的電子相関を表す自己エネルギー部分 $\Sigma(\omega)$（この ω は無限小の正の虚数部分を含む）だけが残る．異なる原子間の相関は無視できる．したがって，自己エネルギー部分は k に依存しない．この理論が Hartree-Fock 理論と違うところは，局所的電子相関を表す $\Sigma(\omega)$ が ω に依存することである．この理由から**動的平均場理論**(dynamical mean-field theory)と呼ばれる．ω 依存性は，相互作用に伴う遅延効果，動的効果を意味している．動的平均場理論から出てくる ω 依存性は自己無撞着に決めねばならないから自明ではないが，自己エネルギー部分の k 依存性がないだけ取り扱いが簡単である．

5.4　1 電子 Green 関数の性質

前節で注意したように，∞ 次元の Hubbard モデルでは，一般に，長距離秩序が起こる可能性があり，$\Sigma(\omega)$ は一般には原子の位置とスピンに依存するので，$\Sigma_{j\sigma}(\omega)$ と書かねばならない．（超伝導の可能性まで考えるときには Σ は2行2列の行列になる．）具体的には，

(1) 常磁性状態：$\Sigma_{j\sigma}(\omega) = \Sigma(\omega)$　　$\Sigma_{j\sigma}$ は j, σ によらない．
(2) 強磁性状態：$\Sigma_{j\sigma}(\omega) = \Sigma_{\sigma}(\omega)$　　$\Sigma_{j\sigma}$ は j によらない．
(3) 反強磁性状態：

$$\Sigma_{j\sigma}(\omega) = \begin{cases} \Sigma_{A\sigma}(\omega) & (j = \text{A sublattice}) \\ \Sigma_{B\sigma}(\omega) & (j = \text{B sublattice}) \end{cases}$$

ここで，$\Sigma_{B\sigma}(\omega) = \Sigma_{A-\sigma}(\omega)$ である．

まず，常磁性状態を考えよう．このとき $\Sigma(\omega)$ は次のように決められる．原点を除き，残りのサイトを'媒質'と考える．この'媒質'の準位は自己エネルギー部分 $\Sigma(\omega)$ によって記述され，それは後に自己無撞着に決められる．原点にある原子については相互作用 U を正確に取り入れる．これは1個の'不純物問題'を解くことと同一である．すなわち，'媒質'の $\Sigma(\omega)$ が与えられたときの1サイトの不純物問題を解き，$\Sigma(\omega)$ を ω 依存性を含めて矛盾なく決めればよい．図 5.4 に $\Sigma(\omega)$ を決める関係式を示す．この考え方は合金の取り扱いでよく知られる

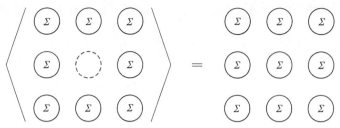

図 5.4 動的平均場理論の関係式の概念図．左辺の $\langle \cdots \rangle$ は，'媒質'原子に $\Sigma(\omega)$ を仮定し，原点の原子(破線の丸)についてはハミルトニアンの中の相互作用 U による多体効果を正確に計算することを意味している．

コヒーレント・ポテンシャル近似(coherent potential approximation; CPA)[*3]とまったく同じである．

図 5.4 の右辺に登場する原点から原点へのプロパゲーターは，$\Sigma(\omega)$ を用いて，

$$\bar{G}(\omega) = \frac{1}{N} \sum_{k} \frac{1}{\omega - \varepsilon_{k} - \Sigma(\omega)}$$

$$= \int_{-\infty}^{\infty} d\varepsilon D(\varepsilon) \frac{1}{\omega - \varepsilon - \Sigma(\omega)} \quad (5.4.1)$$

で与えられる．図 5.4 の左辺では原点にある原子については相互作用 U の効果を正しく扱わねばならない．したがって，多体効果を計算する際には，図 5.4 の関係式の左辺のように，原点には $\Sigma(\omega)$ がなく，まわりのサイトに $\Sigma(\omega)$ があるときの原点から原点へのプロパゲーター $G_0(\omega)$ を用いる．定義により，この $G_0(\omega)$ と $\bar{G}(\omega)$ の関係は

$$G_0(\omega) = \frac{\bar{G}(\omega)}{1 + \Sigma(\omega)\bar{G}(\omega)} \quad (5.4.2)$$

である．

$\bar{G}(\omega)$ あるいは $G_0(\omega)$ の具体的表式は，$D(\omega) = N^{-1}\sum_{k}\delta(\omega - \varepsilon_{k})$ から求まる．Gauss 型状態密度 $D(\omega) = (2\pi)^{-1/2} e^{-\omega^2/2}$ の場合は

[*3] 総合報告としては F. Yonezawa and K. Morigaki: Prog. Theor. Phys. Suppl. **53**, 1 (1973); R. J. Elliott, J. A. Krumhansl and P. L. Leath: Rev. Mod. Phys. **46**, 465 (1974) がある．

$$\bar{G}(\omega) = -i\sqrt{\frac{\pi}{2}} e^{-\frac{1}{2}\tilde{\omega}^2} \mathrm{erfc}\bigl(-i\tilde{\omega}/\sqrt{2}\bigr) \qquad (5.4.3)$$

となる．ここで，$\tilde{\omega} = \omega - \Sigma(\omega)$, $\mathrm{erfc}(z)$ は Gauss の誤差関数である．$G_0(\omega)$ は (5.4.2) から決まる．∞ 次元 Hubbard モデルとしてはこの Gauss 型状態密度を用いるべきであるが，現実の有限次元系ではバンド幅は有限であるので，その効果を取り入れるため，しばしば，半楕円型状態密度

$$D(\omega) = \frac{2}{\pi B^2}\sqrt{B^2 - \omega^2} \qquad (5.4.4)$$

($|\omega| > B$ のときは 0)が用いられる．Bethe 格子の場合にはこのような半楕円型状態密度になる．この半楕円型状態密度の場合の $\bar{G}(\omega)$ と $G_0(\omega)$ の表式は，ここでは示さないが，容易に求まる．

$G_0(\omega)$ が与えられると，相互作用の効果は 1 不純物 Anderson モデルと同じ問題になる．付録に記した経路積分法を用いれば，解くべき '有効 1 不純物問題' を記述する作用 S_{eff} は

$$\begin{aligned}S_{\mathrm{eff}} = &\sum_\sigma \int_0^\beta d\tau \int_0^\beta d\tau' \bar{\psi}_\sigma(\tau) G_0^{-1}(\tau - \tau') \psi_\sigma(\tau') \\ &- U \int_0^\beta d\tau \bar{\psi}_\uparrow(\tau)\bar{\psi}_\downarrow(\tau)\psi_\downarrow(\tau)\psi_\uparrow(\tau)\end{aligned} \qquad (5.4.5)$$

で与えられる．$G_0(\tau)$ は $G_0(\omega)$ に対応する温度 Green 関数 $G_0(i\omega_n)$ の Fourier 変換である．

'作用' で書くと簡単に見えるが，今の問題では電子の状態密度がエネルギーによって大きく変化しうるから，任意の状態密度について精度よく Anderson モデルを解く手法が必要であり，さらに，$\Sigma(\omega)$ を自己無撞着に決めねばならないので実際には数値計算が不可欠である．数値計算の方法としては，量子モンテカルロ法[4]，数値繰り込み群法[5]などが提案され，実行されている．第 1 の方法は有限温度での系の性質を調べるのに適し，第 2 の方法は $T = 0$ を調べるのに適している．

---

[4] M. Jarrell: Phys. Rev. Lett. **69**, 168 (1992); M. Jarrell and Th. Pruschke: Z. Phys. B**90**, 187 (1993); Th. Pruschke, M. Jarrell and D. Cox: Phys. Rev. B**47**, 3553 (1993)

[5] O. Sakai and Y. Kuramoto: Solid State Comm. **89**, 307 (1994); R. Bulla, A. C. Hewson and Th. Pruschke: J. Phys. Cond. Matter **10**, 8365 (1998)

このように動的平均場理論の解は Anderson モデルと関連しているが，実際，後に具体的に見るように，∞次元の Hubbard モデルには近藤効果に対応するピークが顔を出す．

5.5　2電子 Green 関数の性質

帯磁率のような 2 電子 Green 関数の Feynman 図形は，一般に，図 5.5(a) のような構造をもつ．

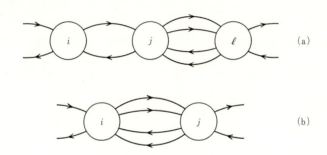

図 **5.5**　2 電子 Green 関数の構造．(a) 一般の寄与を表す Feynman 図形，(b) 異なるサイト$(i \neq j)$を 4 本の線で結ぶ寄与の Feynman 図形．

ところで，図 5.5(b) のような異なるサイトを 4 本の線でつなぐグラフは，$d \to \infty$ では

$$d \times t_{ij}^4 \propto d\left(\frac{1}{\sqrt{d}}\right)^4 \to 0$$

となって寄与しないので，中間の線は 2 本だけが許される．このことを考慮して，既約バーテックス部分(irreducible vertex part) Γ を導入する．既約バーテックス部分とは，2 電子 Green 関数の Feynman 図形において，2 本のライン

図 **5.6**　既約バーテックス部分と $d \to \infty$ で残る寄与．既約バーテックス部分をつなぐのは 2 本のラインだけである．

を切っても2つの部分に切り離せないバーテックス部分のことである（図5.6）.
Γ を用いると2電子 Green 関数は

$$\begin{aligned}
\tilde{\chi}_{ij}(i\omega_n, i\omega_m; i\nu) &= -\frac{1}{\beta^2}\int_0^\beta \cdots \int_0^\beta d\tau_1 d\tau_2 d\tau_3 d\tau_4 e^{-i\omega_m(\tau_1-\tau_2)-i\omega_n(\tau_3-\tau_4)} \\
&\quad \times e^{-i\nu(\tau_1-\tau_4)}\langle \mathrm{T}[c_{i\uparrow}(\tau_4)c_{i\downarrow}^\dagger(\tau_3)c_{j\downarrow}(\tau_2)c_{j\uparrow}^\dagger(\tau_1)]\rangle \\
&= \tilde{\chi}_{ij}^0(i\omega_n; i\nu)\delta_{nm} \\
&\quad + \frac{1}{\beta}\sum_{n'\ell}\tilde{\chi}_{i\ell}^0(i\omega_n; i\nu)\Gamma(i\omega_n, i\omega_{n'}; i\nu)\tilde{\chi}_{\ell j}(i\omega_{n'}, i\omega_m; i\nu)
\end{aligned} \tag{5.5.1}$$

と表せる. $\tilde{\chi}_{ij}^0$ はバーテックス部分をまったく含まない寄与である. 松原振動数 ν に対応する帯磁率は

$$\chi_{ij}(i\nu) = \frac{1}{\beta}\sum_{nm}\tilde{\chi}_{ij}(i\omega_n, i\omega_m; i\nu) \tag{5.5.2}$$

で与えられる. (5.5.1) を Fourier 分解して,

$$\begin{aligned}
\tilde{\chi}_q(i\omega_n, i\omega_{n'}; i\nu) &= \tilde{\chi}_q^0(i\omega_n; i\nu)\delta_{nn'} \\
&\quad + \frac{1}{\beta}\sum_{n''}\tilde{\chi}_q^0(i\omega_n; i\nu)\Gamma(i\omega_n, i\omega_{n''}; i\nu)\tilde{\chi}_q(i\omega_{n''}, i\omega_{n'}; i\nu)
\end{aligned} \tag{5.5.3}$$

となるが, これを行列の関係式として

$$\tilde{\chi}_q = \tilde{\chi}_q^0 + \tilde{\chi}_q^0 \Gamma \tilde{\chi}_q \tag{5.5.4}$$

と表すことにしよう. この式に $[\tilde{\chi}_q^0]^{-1}$ を左から, $[\tilde{\chi}_q]^{-1}$ を右から作用すると,

$$[\tilde{\chi}_q^0]^{-1} = [\tilde{\chi}_q]^{-1} + \Gamma \tag{5.5.5}$$

が得られる. Γ を求めるには, この量が単一サイトの量で, 局所帯磁率に入ってくる量であることに着目する. 局所帯磁率と結びついている2電子 Green 関数を

$$\begin{aligned}
\tilde{\chi}_{ii}(i\omega_n, i\omega_m; i\nu_\ell) &= -\frac{1}{\beta^2}\int_0^\beta \cdots \int_0^\beta d\tau_1 d\tau_2 d\tau_3 d\tau_4 e^{-i\omega_m(\tau_1-\tau_2)-i\omega_n(\tau_3-\tau_4)} \\
&\quad \times e^{-i\nu_\ell(\tau_1-\tau_4)}\langle \mathrm{T}[c_{i\uparrow}(\tau_4)c_{i\downarrow}^\dagger(\tau_3)c_{i\downarrow}(\tau_2)c_{i\uparrow}^\dagger(\tau_1)]\rangle
\end{aligned} \tag{5.5.6}$$

によって導入すると, この $\tilde{\chi}_{ii}$ は Γ を用いて

$$\tilde{\chi}_{ii}(i\omega_n, i\omega_{n'}; i\nu) = \tilde{\chi}_{ii}^0(i\omega_n; i\nu)\delta_{nn'}$$
$$+ \frac{1}{\beta}\sum_{n''}\tilde{\chi}_{ii}^0(i\omega_n; i\nu)\Gamma(i\omega_n, i\omega_{n''}; i\nu)\tilde{\chi}_{ii}(i\omega_{n''}, i\omega_{n'}; i\nu)$$
(5.5.7)

と書ける．これは行列の関係式としては

$$[\tilde{\chi}_{ii}^0]^{-1} = [\tilde{\chi}_{ii}]^{-1} + \Gamma \quad (5.5.8)$$

と表せる．(5.5.5) と (5.5.8) より Γ を消去すると，

$$[\tilde{\chi}_q]^{-1} = [\tilde{\chi}_q^0]^{-1} + ([\tilde{\chi}_{ii}]^{-1} - [\tilde{\chi}_{ii}^0]^{-1}) \quad (5.5.9)$$

となる．$\tilde{\chi}_{ii}$ を求めれば，これによって $\tilde{\chi}_q$ を決めることができる．

以上，少々めんどうなことを記したのは，ノーマル状態の不安定性を吟味するのに 2 電子 Green 関数が必要だからである．

5.6 具体的な問題への応用

5.6.1 常磁性状態での金属・絶縁体転移

原子あたりの電子数が 1 のハーフ・フィリングの場合を考える．系は常磁性状態にあると仮定する．このときの ∞ 次元 Hubbard モデルに対する動的平均場理論の結果を図 5.7 に示す．U が小さいときには Fermi エネルギーで状態密度が有限で，金属的である．注目すべき点は，U を大きくしていくと，状態密度はしだいに 3 ピーク構造に変わり，中央の Fermi エネルギーのところに図 4.7 に示した 1 不純物の場合の近藤ピークに対応するピークを生ずることである．そのピークの幅は U の増大とともにどんどん狭くなる．

∞ 次元では問題を自己無撞着に解かねばならないから，その解が U が十分大きいときどうなるかは自明ではない．U が限りなく大きくなったときの振る舞いとしては，(1) ただ幅が限りなく狭くなるだけで，臨界値が存在しない可能性，(2) ある臨界値で中央のピークが消失する可能性，の 2 つがある．半楕円形の状態密度のようにバンド幅が有限であれば，U を十分大きくすれば中央のピークは消失し，絶縁体となることは間違いないと思われる[*6]．というのは，

[*6] ∞ 次元の超立方格子のようにバンドが無限に広がっているときは自明ではないが，やはり，ある臨界値以上で絶縁体になるという報告がある．R. Bulla: Phys. Rev. Lett. **83**, 136 (1999)

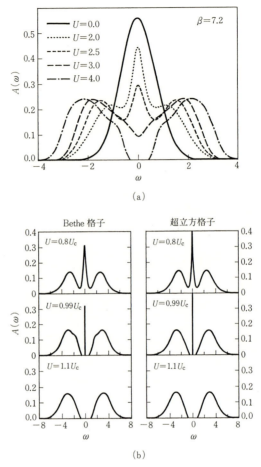

図 5.7 (a) 超立方格子(状態密度は(5.2.5))における Hubbard モデルの状態密度の相互作用による変化. 量子モンテカルロ法を用いた結果である. $\beta = 1/k_\mathrm{B}T$ は温度の逆数で, かなり大きいが有限の値 7.2 がとられている. なお, この図のエネルギーの単位は (5.2.5) の $\sqrt{2}$ 倍であることに注意. [M. Jarrell and Th. Pruschke: Z. Phys. B**90**, 187 (1993)] (b) 同じ問題を数値繰り込み群法で調べた結果. 超立方格子と Bethe 格子(状態密度は (5.4.4))上の Hubbard モデルの相互作用による状態密度の変化である. Bethe 格子のときは超立方格子とバンド幅が合うように $B=2$ を選んでいる. [R. Bulla: Phys. Rev. Lett. **83**, 136 (1999)]

すでに第2章で述べたように，Uが十分大きいとき，各サイトあたり1個の電子で占められている状態から出発して1つの電子を別のサイトに移動させるときのエネルギーの増加ΔEは

$$\Delta E = U - W \tag{5.6.1}$$

程度と予想されるからである．ここでWは全バンド幅である．第2項は電子の移動によって生じたホールと2重占有状態の運動による利得である．この場合，まわりのスピンの状態に依存する．最も利得が大きいのはスピンが完全にそろった強磁性状態の場合で，(5.6.1)は励起エネルギーの下限である．したがって，Uの小さい所の解はUがある臨界値を越えると不安定になり，Uの大きい領域では別の解(絶縁体状態)が出現する[*7]．

図5.7(a)に示すのは量子モンテカルロ法によって得られた超立方格子における状態密度の相互作用による変化である．比較のため(b)に数値繰り込み群による結果が示してある．Uが臨界値を超えるとFermiエネルギーにギャップが生じ，絶縁体になっている．臨界値U_cは，超立方格子では5.80，Bethe格子では5.88と評価されている．

臨界値での転移は連続的な2次転移であろうか，それとも1次転移であろうか，という疑問が生ずる．数値計算だけで判定するのは精度の制約から難しいが，$T=0$では2次転移のようである．しかし，これらの研究では絶縁体相，金属相両者に'常磁性状態'を仮定していることに注意する必要がある．現実の物質では，$T=0$であれば，絶縁体状態では反強磁性状態にあるのが普通であり，金属状態での磁気的秩序は絶縁体状態とは一般に異なるはずである．したがって，現実の金属・絶縁体転移は一般に1次転移であると思われる．

5.6.2 常磁性状態から反強磁性状態への転移

ハーフ・フィリングでは，d次元の単純立方格子を取ると，$\varepsilon_{k+Q} = -\varepsilon_k$(ここで$Q = (\pi/a, \pi/a, \cdots, \pi/a)$)が満たされ，ネスティング(nesting)が起こっているので，十分低温では反強磁性状態になるはずである．実際に反強磁性状態が実現することが量子モンテカルロ法により確認され，相図が決められている．

[*7] A. Georges, G. Kotliar, W. Krauth and M. J. Rozenberg: Rev. Mod. Phys. **68**, 13 (1996); R. Bulla: Phys. Rev. Lett. **83**, 136 (1999); R. Bulla et al.: cond-mat/0012329

図 5.8 に反強磁性帯磁率の温度変化の計算結果を示す．U が十分大きいところでは，各サイト 1 個の電子で占められている状態から出発して，ホッピング項について 2 次摂動で

$$\mathcal{H}_{\text{ex}} = 2J \sum_{(ij)} \left(\boldsymbol{S}_i \cdot \boldsymbol{S}_j - \frac{1}{4} \right) \tag{5.6.2}$$

となる．$\boldsymbol{S}_i$ は大きさ 1/2 のスピンである．交換相互作用 J は $J = 1/dU$ で与えられ，最近接格子点数が $2d$ あるので，$d \to \infty$ の極限では平均場近似が正確になる．この期待どおり，計算された臨界指数はよく知られた平均場近似の値になる．

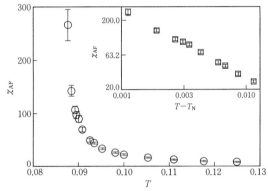

図 **5.8** ハーフ・フィリングで $U = 2.12$ の場合の反強磁性帯磁率 χ_{AF} の温度変化．転移温度は $T_{\text{N}} = 0.0866 \pm 0.0003$ と評価されている．$\chi_{\text{AF}} \propto (T - T_{\text{N}})^{-\gamma}$ で定義される臨界指数 γ は 0.99 ± 0.05 で誤差の範囲で平均場近似の値 1 に一致する．[M. Jarrell: Phys. Rev. Lett. **69**, 168 (1992)]

5.6.3 一般の電子密度のときの金属状態

電子密度がハーフ・フィリングからずれているときの真の基底状態はわかっていない．しかし，常磁性状態については調べられていて，予想されるように，Fermi 流体的振る舞いが見出されている．すなわち，ω_n の小さいところでは，$\Sigma(i\omega_n) \propto i\omega_n$ という振る舞いを示し，Green 関数は

$$G_{\bm{k}}(i\omega_n) = \frac{1}{i\omega_n - \varepsilon_{\bm{k}} - \Sigma(i\omega_n)}$$
$$\simeq \frac{z}{i\omega_n - z\varepsilon_{\bm{k}}} \tag{5.6.3}$$

となる.ここで $z = [1 - \partial \Sigma(i\omega)/\partial i\omega|_{\omega \to 0}]^{-1}$ である.z は有効質量の増強因子に対応する量である.

$d \to \infty$ の極限では異なるサイトにわたる量子揺らぎはゼロとなり,残るのは局所的な量子揺らぎのみである.このため,第7章で述べる d 波超伝導のような異方的超伝導状態は動的平均場近似では記述できないという限界がある.このように,動的平均場理論の結論には異なるサイトの相関について制約がある点に注意する必要がある.

5.6.4　金属強磁性問題への応用

金属強磁性問題においては電子相関効果は重要である.電子相関を無視すると常磁性状態は不安定になりやすく,金属強磁性への傾向は過大評価されることになる.電子相関効果は常磁性状態をより安定にするので,金属強磁性が実現するのはきわめて限られた場合になる.Hubbard モデル(あるいは関連するモデル)にもとづく金属強磁性のこれまでの研究から,単純立方格子のような bipartite lattice では強磁性は起こりにくく,3次元面心立方格子のように三角格子を構成要素として持つ non-bipartite lattice で電子濃度が適当な値の場合に強磁性が起こりやすいことが結論されている[*8].この問題は動的平均場理論でも調べられていて,$d = \infty$ 超立方格子については,強磁性が起こるにしても非現実的に大きい U を必要とすることが示されている[*9].一方,$d = \infty$ 面心立方格子(状態密度は (5.2.8))の場合は適当な電子密度と U で強磁性が起こる.図 5.9(a) に磁化,帯磁率の温度変化,図 5.9(b) に相図を示す.$d = \infty$ 面心立方格子は,3次元の面心立方格子に比べて,状態密度が $\omega^{-1/2}$ で発散しているので,強磁性がより実現しやすくなっているが,3次元面心立方格子の本質的な点をつかんでいると思われる.強磁性の出現は予想どおりであるが,この結果で注目すべき点は,Curie 温度がバンド幅や Coulomb 相互作用に比べて小さい

[*8] 巻末に挙げた 草部浩一,青木秀夫:多体電子論 I——強磁性(東大出版会,1998)を参照.
[*9] Th. Obermeier et al.: Phys. Rev. B**56**, R8479 (1997)

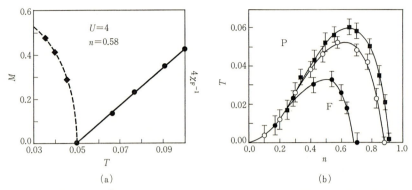

図 5.9 (a) $d = \infty$ 面心立方格子における $U = 4$,電子密度 $n = 0.58$ の場合の磁化(黒い四角)と帯磁率(黒丸)の温度変化.(b) U のさまざまな値に対する強磁性相(F)と常磁性相(P)の境界(Curie 温度)を示す.黒丸は $U = 2$,白丸は $U = 4$,黒い四角は $U = 5$ の場合の結果である.[M. Ulmke: Eur. Phys. J. B **1**, 301 (1998)]

ことである.単純な Hartree-Fock 近似で期待される値の 1/10 程度である.ここに電子相関効果が現れている.

5.6.5 発展の可能性

動的平均場理論は,上に述べた問題以外のさまざまな問題に応用,拡張が広がっているが,今後発展が予想される問題を 2 つだけ記しておきたい.

1つは,動的平均場近似が局所的な電子相関効果を取り入れている利点とバンド計算とを結び付けることである.第 1 章でも触れたように,バンド計算に電子相関をいかに取り入れるか,は長期的に見て重要な課題であるが,動的平均場理論と結び付けることによってその方向へ一歩進むことができると思われる.動的平均場近似は合金の CPA 理論とよく似ているということは前に述べた.バンド計算にもとづく CPA 理論はすでになされ,合金の電子状態をバンド計算のレベルで計算する 1 つの理論となっている[10].したがって,それとの類似性から動的平均場近似とバンド計算を統一することは原理的には可能と思われ,興味ある今後の問題である.線形化マフィンティン軌道法(LMTO 法)へ

---

[10] 実際の計算の例として H. Akai: J. Phys. Conden. Matter **1**, 8045 (1989) がある.

の動的平均場近似の応用がすでに始まっている[*11].

　もう1つは,動的平均場理論が $d \to \infty$ でのみ正確である,という限界をどうしたら克服できるか,という問題である. ∞ 次元から出発して,$1/d$ 補正を系統的に取り入れて現実の3次元電子系の理論を作ろうと努力がされているが,現時点では,それが可能かどうか明らかになっていない.ここでも合金の理論との対応が有益と思われる.合金では CPA 理論が単一サイトについて最良の理論であることはよく知られているが,これを拡張して,着目する原子だけでなくそのまわりの原子の分布まで取り入れる試みが古くからなされている.そのような努力の1つとして,1つの原子の代わりに複数原子からなるクラスターを単位として取り,それに対して CPA 理論を適用するという提案がある[*12].これと類似の発想から動的平均場理論を複数の原子を含むクラスターに適用する'動的クラスター近似(dynamical cluster approximation)' が提案されて,酸化物高温超伝導体を念頭においた2次元正方格子上の Hubbard モデルへの応用が試みられている[*13].

[*11] V. I. Anisimov et al.: J. Phys. Conden. Matter **9**, 7359 (1997); I. E. Nekrasov et al.: Eur. Phys. J. B**18**, 55 (2000); K. Held et al.: cond-mat/0010395

[*12] 例えば M. Tsukada: J. Phys. Soc. Jpn. **32**, 1478 (1972)

[*13] M. H. Hettler et al.: Phys. Rev. B**58**, R7475 (1998); Th. Maier et al.: Phys. Rev. Lett. **85**, 1524 (2000)

1次元系における電子相関

第4章ですでに述べたように，Fermi 流体は普遍的であるが，1次元電子系は例外である．Fermi 流体に代わる1次元電子系を記述する普遍的概念は '朝永-Luttinger 流体' である．現実の世界では，構造の特殊性のために一方向に伝導性がとくによく，準1次元電子系とみなせるような無機物質や有機物質の導体，量子細線と呼ばれる人工的1次元金属の中に1次元系が実現される．1次元系の理論的モデルの中には Bethe 仮説によって厳密に解けるモデル，あるいは，基底状態が厳密に決まるモデルがあり，そのような理論的観点からも興味が持たれている[*1]．

この章では，まず，電子相関の弱い極限を考え，朝永-Luttinger 流体について述べる．さらに，相補的な強相関極限から考察し，両者の関係を調べる．

6.1 弱相関極限から見た1次元電子系——ボソン化法

バンドエネルギー ε_k を Fermi エネルギー ε_F から測ることにすると，相互作用のない1次元電子系のハミルトニアンは

$$\mathcal{H}_0 = \sum_{k\sigma}(\varepsilon_k - \varepsilon_F)c^\dagger_{k\sigma}c_{k\sigma} \qquad (6.1.1)$$

で与えられる．相互作用が弱い場合には，基底状態の近傍では，Fermi エネルギーの近くの励起のみを考えればよい．そこで Fermi エネルギーの近傍で ε_k を

[*1] M. Takahashi: Thermodynamics of One-Dimensional Solvable Models (Cambridge U.P., 1999); V. E. Korepin and F. H. Essler (eds.): Exactly Solvable Models of Strongly Correlated Electrons (World Scientific, 1994); 川上則雄，梁成吉：共形場理論と1次元量子系(岩波書店，1997)

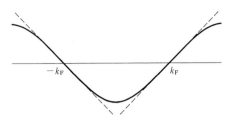

図 6.1 1次元電子系のスペクトル(実線)は Fermi 点 $\pm k_\mathrm{F}$ 近傍では直線(破線)で近似できる.

図 6.1 のように直線で近似する.速度が正の Fermi 点 k_F 近傍の部分と,負の $-k_\mathrm{F}$ 近傍の部分に分けて

$$\mathcal{H}_0 = \sum_{r=\pm}\sum_{k\sigma} v_\mathrm{F}(rk - k_\mathrm{F}) c^{(r)\dagger}_{k\sigma} c^{(r)}_{k\sigma} \tag{6.1.2}$$

と書ける.v_F は Fermi 速度である.$c^{(+)}_{k\sigma}$ は右へ動く電子(速度: v_F),$c^{(-)}_{k\sigma}$ は左へ動く電子(速度: $-v_\mathrm{F}$)の消滅演算子である.直線で近似したので (6.1.2) での k の和には注意が必要である.(6.1.1) でバンド ε_k には底があるから,$(rk-k_\mathrm{F}) > -K_\mathrm{c}$ というバンドの底に対応するカットオフ K_c を導入するのが 1 つの方法(朝永による[*2])である.もう 1 つの方法は,k についての和に制限を付けず,Fermi エネルギー以下が完全に詰まった状態を基準に取り,それからのずれだけに着目するものである(Mattis-Lieb による[*3]).本書では後者に従う.

1 次元系の Fermi エネルギー近傍の電子-ホール励起は,系に与えた波数 q が小さい領域では励起エネルギーは $\omega = v_\mathrm{F}|q|$ で与えられ,ω と q の関係は一義的に決まり,2 次元以上とは違って q の小さいところで連続励起を持たない(図 3.1(c)).この特徴のために,後に具体的に見るように,電子間に相互作用があるとき,いかにそれが弱くても 1 次元系の低エネルギーの励起は集団励起(Bose 統計に従う)によって完全に支配される.そこで,1 次元系に対してはボソン演算子を用いて系の励起を記述する**ボソン化法**(bosonization)が有効になる[*4].

[*2] S. Tomonaga: Prog. Theor. Phys. **5**, 544 (1950)
[*3] J. M. Luttinger: J. Math. Phys. **4**, 1154 (1963); D. C. Mattis and E. H. Lieb: J. Math. Phys. **6**, 304 (1965)
[*4] ボソン化法を中心とする 1 次元系の最近のよい解説として J. Voit: Rept. Prog. Phys. **57**, 977 (1994) がある.それ以前の解説として J. Sólyom: Adv. Phys. **28**, 201 (1979); F. D. M.

このボソン化法は相互作用の弱いケースを扱うものであるが，そこから出てくる結論の多くは相互作用の強いケースでも成り立つことを後に示す．

電子間相互作用 $\mathcal{H}'$ は Fermi エネルギー近傍では 4 つのプロセスに分類できる（図 6.2）．

$$\mathcal{H}' = \mathcal{H}_1 + \mathcal{H}_2 + \mathcal{H}_3 + \mathcal{H}_4 \tag{6.1.3}$$

$$\begin{aligned}\mathcal{H}_1 = \frac{1}{L} \sum_{k_1,k_2,p,\sigma} \Big(& g_{1\parallel} c^{(+)\dagger}_{k_1\sigma} c^{(-)\dagger}_{k_2\sigma} c^{(+)}_{k_2+2k_F+p\sigma} c^{(-)}_{k_1-2k_F-p\sigma} \\ & + g_{1\perp} c^{(+)\dagger}_{k_1\sigma} c^{(-)\dagger}_{k_2,-\sigma} c^{(+)}_{k_2+2k_F+p,-\sigma} c^{(-)}_{k_1-2k_F-p\sigma} \Big)\end{aligned} \tag{6.1.4}$$

$$\begin{aligned}\mathcal{H}_2 = \frac{1}{L} \sum_{k_1,k_2,p,\sigma} \Big(& g_{2\parallel} c^{(+)\dagger}_{k_1\sigma} c^{(-)\dagger}_{k_2\sigma} c^{(-)}_{k_2+p\sigma} c^{(+)}_{k_1-p\sigma} \\ & + g_{2\perp} c^{(+)\dagger}_{k_1\sigma} c^{(-)\dagger}_{k_2,-\sigma} c^{(-)}_{k_2+p,-\sigma} c^{(+)}_{k_1-p\sigma} \Big)\end{aligned} \tag{6.1.5}$$

$$\begin{aligned}\mathcal{H}_3 = \frac{1}{2L} \sum_{r,k_1,k_2,p,\sigma} \Big(& g_{3\parallel} c^{(r)\dagger}_{k_1\sigma} c^{(r)\dagger}_{k_2\sigma} c^{(-r)}_{k_2-2rk_F+p\sigma} c^{(-r)}_{k_1+2rk_F-rK-p\sigma} \\ & + g_{3\perp} c^{(r)\dagger}_{k_1\sigma} c^{(r)\dagger}_{k_2,-\sigma} c^{(-r)}_{k_2-2rk_F+p,-\sigma} c^{(-r)}_{k_1-2rk_F+rK-p\sigma} \Big)\end{aligned} \tag{6.1.6}$$

$$\begin{aligned}\mathcal{H}_4 = \frac{1}{2L} \sum_{r,k_1,k_2,p,\sigma} \Big(& g_{4\parallel} c^{(r)\dagger}_{k_1\sigma} c^{(r)\dagger}_{k_2\sigma} c^{(r)}_{k_2+p\sigma} c^{(r)}_{k_1-p\sigma} \\ & + g_{4\perp} c^{(r)\dagger}_{k_1\sigma} c^{(r)\dagger}_{k_2,-\sigma} c^{(r)}_{k_2+p,-\sigma} c^{(r)}_{k_1-p\sigma} \Big)\end{aligned} \tag{6.1.7}$$

ここで，$g_{i\parallel}$, $g_{i\perp}$ ($i=1,2,3,4$) は結合定数である．Hubbard モデルの場合は，$\mathcal{H}' = U\sum_j n_{j\uparrow}n_{j\downarrow}$ に対応させると，$g_{i\parallel}=0$, $g_{i\perp}=U$ ($i=1\sim 4$) である．しかし，当分の間，結合定数は一般の値にしておく．Fermi エネルギーの近傍の散乱を考えているので $g_{i\parallel}$ と $g_{i\perp}$ の波数依存性は無視する．L は格子定数 a で測った系の長さである．$\mathcal{H}_2$, $\mathcal{H}_4$ は前方散乱項，$\mathcal{H}_1$ は後方散乱項を表している．ただし，$g_{1\parallel}$ 項は同一スピンの電子間の散乱で，$g_{2\parallel}$ と区別できない．したがって，以後，$g_{1\parallel}$ は落とす．$\mathcal{H}_3$ はウムクラップ項である．$K=2\pi/a$ は逆格子ベクトルの大きさで，バンドがちょうど半分つまった場合（ハーフ・フィリング）には $4k_F=K$ が満たされ，$\mathcal{H}_3$ が欠かせない．結合定数の波数依存性が無視でき

Haldane: J. Phys. C**14**, 2585 (1981); H. J. Schulz: Int. J. Mod. Phys. B**5**, 57 (1991) がある．

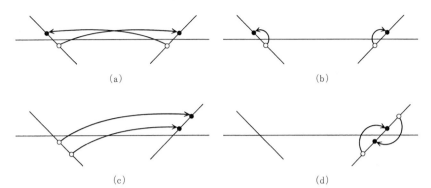

図 6.2 電子間相互作用の 4 つのプロセス：(a) $\mathcal{H}_1$ は後方散乱，(b) $\mathcal{H}_2$ と(d) $\mathcal{H}_4$ は前方散乱，(c) $\mathcal{H}_3$ はウムクラップ散乱．ただし，$\mathcal{H}_1$ の中の $g_{1\parallel}$ 項は同じスピンの電子間の散乱であるので，$g_{2\parallel}$ と区別がつかない．

るときには $g_{3\parallel} = g_{4\parallel} = 0$ である．

6.1.1 密度演算子

ε_F まで完全に詰まった状態からの電子–ホール対励起を記述するため，**密度演算子**

$$\rho_{r\sigma}(k) = \sum_p : c^{(r)\dagger}_{p+k\sigma} c^{(r)}_{p\sigma} : \tag{6.1.8}$$

を導入する．ここで $:\cdots:$ はノーマル積で，

$$: c^{(r)\dagger}_{p+k\sigma} c^{(r)}_{p\sigma} : = c^{(r)\dagger}_{p+k\sigma} c^{(r)}_{p\sigma} - \delta_{k0} \left\langle c^{(r)\dagger}_{p\sigma} c^{(r)}_{p\sigma} \right\rangle_0 \tag{6.1.9}$$

によって定義される．右辺第 2 項は相互作用のない場合の基底状態での平均値 $\langle \cdots \rangle_0$ を差し引くことを示している．$\langle c^{(r)\dagger}_{p\sigma} c^{(r)}_{p\sigma} \rangle_0 = \theta(k_\mathrm{F} - |p|)$（$\theta(x)$ は階段関数）であるから (6.1.9) は

$$: c^{(r)\dagger}_{p+k\sigma} c^{(r)}_{p\sigma} : = \begin{cases} c^{(r)\dagger}_{p+k\sigma} c^{(r)}_{p\sigma} & (|p| > k_\mathrm{F}) \\ -c^{(r)}_{p\sigma} c^{(r)\dagger}_{p+k\sigma} & (|p| < k_\mathrm{F}) \end{cases}$$

と等価である．ノーマル積を使うのは (6.1.2) の直線的なバンドを制限なしに用いるために生ずる無限大の量を避けるためである．

密度演算子の交換関係は

$$[\rho_{r\sigma}(k), \rho_{r'\sigma'}(-k')]$$
$$= \delta_{rr'}\delta_{\sigma\sigma'} \sum_p \left(c^{(r)\dagger}_{p+k\sigma} c^{(r)}_{p+k'\sigma} - c^{(r)\dagger}_{p+k-k'\sigma} c^{(r)}_{p\sigma} \right) \quad (6.1.10)$$

となる。右辺は，ノーマル積を使うと，

$$= \delta_{rr'}\delta_{\sigma\sigma'} \sum_p \left(: c^{(r)\dagger}_{p+k\sigma} c^{(r)}_{p+k'\sigma} : - : c^{(r)\dagger}_{p+k-k'\sigma} c^{(r)}_{p\sigma} : \right)$$
$$+ \delta_{rr'}\delta_{\sigma\sigma'} \sum_p \left(\left\langle c^{(r)\dagger}_{p+k\sigma} c^{(r)}_{p+k\sigma} \right\rangle_0 \delta_{kk'} - \left\langle c^{(r)\dagger}_{p\sigma} c^{(r)}_{p\sigma} \right\rangle_0 \delta_{kk'} \right) \quad (6.1.11)$$

であるが，ノーマル積の項は変数変換により互いに打ち消しあい，

$$= \delta_{rr'}\delta_{\sigma\sigma'}\delta_{kk'} \sum_p \left(\left\langle c^{(r)\dagger}_{p+k\sigma} c^{(r)}_{p+k\sigma} \right\rangle_0 - \left\langle c^{(r)\dagger}_{p\sigma} c^{(r)}_{p\sigma} \right\rangle_0 \right)$$
$$= -\delta_{rr'}\delta_{\sigma\sigma'}\delta_{kk'} \frac{rkL}{2\pi} \quad (6.1.12)$$

となる。すなわち，密度演算子の交換関係は定数である。

次に，$\rho_{r\sigma}$ から**電荷密度演算子**と**スピン密度演算子**を

$$\rho_r(k) = \frac{1}{\sqrt{2}} \left(\rho_{r\uparrow}(k) + \rho_{r\downarrow}(k) \right), \quad \sigma_r(k) = \frac{1}{\sqrt{2}} \left(\rho_{r\uparrow}(k) - \rho_{r\downarrow}(k) \right) \quad (6.1.13)$$

($r=\pm$) によって定義する。$\rho_r(k)$ と $\sigma_{r'}(k')$ とは互いに可換であり，(6.1.12) より

$$[\rho_r(k), \rho_{r'}(-k')] = -\delta_{rr'}\delta_{kk'} \frac{rkL}{2\pi} \quad (6.1.14)$$

$$[\sigma_r(k), \sigma_{r'}(-k')] = -\delta_{rr'}\delta_{kk'} \frac{rkL}{2\pi} \quad (6.1.15)$$

を満たすことがわかる。

(6.1.2) の $\mathcal{H}_0$ と $\rho_{r\sigma}(k)$ との交換関係は

$$[\mathcal{H}_0, \rho_{r\sigma}(k)] = rv_{\mathrm{F}} k \rho_{r\sigma}(k) \quad (6.1.16)$$

を満たすから，

$$\mathcal{H}_0 = \frac{\pi v_{\mathrm{F}}}{L} \sum_{r, k(\neq 0), \sigma} : \rho_{r\sigma}(k) \rho_{r\sigma}(-k) : + \text{const.} \quad (6.1.17)$$

と表すことができる。これは上の $\mathcal{H}_0$ が (6.1.16) を満たすことから確かめるこ

とができる．(6.1.17) の定数は実は重要な情報を含んでいるのであるが，これについては後に述べる．

$\rho_r(k)$ と $\sigma_r(k)$ を用いると，前方散乱項 $\mathcal{H}_2, \mathcal{H}_4$ は

$$\mathcal{H}_2 = \frac{2}{L} \sum_{k(\neq 0)} \left[g_{2\rho} \rho_+(k)\rho_-(-k) + g_{2\sigma} \sigma_+(k)\sigma_-(-k) \right] \quad (6.1.18)$$

$$\mathcal{H}_4 = \frac{1}{L} \sum_{r,k(\neq 0)} \left[g_{4\rho} : \rho_r(k)\rho_r(-k) : + g_{4\sigma} : \sigma_r(k)\sigma_r(-k) : \right] \quad (6.1.19)$$

のように 2 次形式として表せる．結合定数は

$$\begin{aligned} g_{2\rho} &= \frac{1}{2}(g_{2\parallel} + g_{2\perp}), & g_{2\sigma} &= \frac{1}{2}(g_{2\parallel} - g_{2\perp}), \\ g_{4\rho} &= \frac{1}{2}(g_{4\parallel} + g_{4\perp}), & g_{4\sigma} &= \frac{1}{2}(g_{4\parallel} - g_{4\perp}) \end{aligned} \quad (6.1.20)$$

である．

6.1.2　朝永–Luttinger モデル

後方散乱項 $\mathcal{H}_1$ とウムクラップ項 $\mathcal{H}_3$ はしばらく脇に置く．相互作用として前方散乱のみを考慮したモデル

$$\mathcal{H}_{\mathrm{TL}} = \mathcal{H}_0 + \mathcal{H}_2 + \mathcal{H}_4 \quad (6.1.21)$$

は朝永–Luttinger モデルと呼ばれる．$\mathcal{H}_{\mathrm{TL}}$ は電荷密度の部分とスピン密度の部分に完全に分離し，それぞれ 2 次形式で書かれているので対角化可能である．電荷密度の部分の対角化には，カノニカル変換

$$\rho_+(k) = \cosh\varphi_\rho \, \tilde{\rho}_+(k) + \sinh\varphi_\rho \, \tilde{\rho}_-(k) \quad (6.1.22)$$

$$\rho_-(k) = \cosh\varphi_\rho \, \tilde{\rho}_-(k) + \sinh\varphi_\rho \, \tilde{\rho}_+(k) \quad (6.1.23)$$

を用いればよい．$\tilde{\rho}_r(k)$ $(r = \pm)$ は $\rho_r(k)$ と同じ交換関係を満たす演算子である．変数変換のパラメータ φ_ρ は (6.1.22) と (6.1.23) を $\mathcal{H}_{\mathrm{TL}}$ に代入し，$\tilde{\rho}_+(k)\tilde{\rho}_-(-k)$ のタイプの項が消えるための条件

$$\tanh 2\varphi_\rho = -\frac{g_{2\rho}}{\pi v_{\mathrm{F}} + g_{4\rho}} \quad (6.1.24)$$

から決まる．スピン密度の部分もまったく同様で，$\rho_r(k) \to \sigma_r(k)$ と置き換え

ればよい．カノニカル変換も (6.1.22) と (6.1.23) と同様で，$\varphi_\rho \to \varphi_\sigma$ と置き換える．φ_σ は (6.1.24) の代わりに，

$$\tanh 2\varphi_\sigma = -\frac{g_{2\sigma}}{\pi v_F + g_{4\sigma}} \tag{6.1.25}$$

である．この結果，$\mathcal{H}_{\mathrm{TL}}$ は

$$\mathcal{H}_{\mathrm{TL}} = \frac{2\pi}{L} \sum_{r,k(>0)} \left[v_\rho : \tilde{\rho}_r(k)\tilde{\rho}_r(-k) : + v_\sigma : \tilde{\sigma}_r(k)\tilde{\sigma}_r(-k) : \right]$$
$$+ \text{const.} \tag{6.1.26}$$

$$v_\rho = v_F \sqrt{\left(1 + \frac{g_{4\rho}}{\pi v_F}\right)^2 - \left(\frac{g_{2\rho}}{\pi v_F}\right)^2} \tag{6.1.27}$$

$$v_\sigma = v_F \sqrt{\left(1 + \frac{g_{4\sigma}}{\pi v_F}\right)^2 - \left(\frac{g_{2\sigma}}{\pi v_F}\right)^2} \tag{6.1.28}$$

となる．v_ρ は電荷密度の速度，v_σ はスピン密度の速度である．Hubbard モデルの値を代入すると $v_\rho = v_F \sqrt{1 + U/\pi v_F}$, $v_\sigma = v_F \sqrt{1 - U/\pi v_F}$ となり，$U>0$ のとき $v_\rho > v_F > v_\sigma$ である．

(6.1.14) と (6.1.15) より，

$$\tilde{\rho}_+(-k) = \left(\frac{kL}{2\pi}\right)^{1/2} c_k, \quad \tilde{\rho}_-(k) = \left(\frac{kL}{2\pi}\right)^{1/2} c_{-k}$$

$$\tilde{\sigma}_+(-k) = \left(\frac{kL}{2\pi}\right)^{1/2} d_k, \quad \tilde{\sigma}_-(k) = \left(\frac{kL}{2\pi}\right)^{1/2} d_{-k}$$

($k>0$) によって演算子 c_k, d_k を定義すると，これらは電荷励起，スピン励起の消滅演算子で，

$$\mathcal{H}_{\mathrm{TL}} = \sum_k \left(v_\rho |k| c_k^\dagger c_k + v_\sigma |k| d_k^\dagger d_k \right) + \text{const.} \tag{6.1.29}$$

となり，励起エネルギーはそれぞれ $v_\rho |k|, v_\sigma |k|$ である．

ここで (6.1.17) と (6.1.26) の定数項について考えよう．これまでのボソンによる表示では電子数が一定の場合を対象としてきた．しかし，電子数が基底状態から変化する場合には，エネルギーも変化する．分枝の指数 r，スピン σ の電子数の基底状態からの変化を $N_{r\sigma}$ ($r=\pm$, $\sigma=\uparrow,\downarrow$) とすると，バンドエネルギー $\mathcal{H}_0$ の変化は

$$\frac{\pi v_{\mathrm{F}}}{L}\sum_{\sigma}(N_{+\sigma}^2+N_{-\sigma}^2)=\frac{\pi v_{\mathrm{F}}}{2L}\big[(N_\rho^2+J_\rho^2)+(N_\sigma^2+J_\sigma^2)\big]$$

である.ここで,$N_\rho \equiv N_{+\rho}+N_{-\rho}$, $J_\rho \equiv N_{+\rho}-N_{-\rho}$, $N_\sigma \equiv N_{+\sigma}+N_{-\sigma}$, $J_\sigma \equiv N_{+\sigma}-N_{-\sigma}$ ($N_{\pm\rho}\equiv(N_{\pm\uparrow}+N_{\pm\downarrow})/\sqrt{2}$, $N_{\pm\sigma}\equiv(N_{\pm\uparrow}-N_{\pm\downarrow})/\sqrt{2}$) を用いている.これらの量は,$N_\rho$ が電子総数の増加,J_ρ は電流,N_σ は磁化の増加,J_σ はスピンの流れ,という物理的意味を持っている.

同様にして,$\mathcal{H}_2$ と $\mathcal{H}_4$ の変化分は

$$\frac{2}{L}g_{2\rho}N_{+\rho}N_{-\rho}+\frac{1}{L}g_{4\rho}(N_{+\rho}^2+N_{-\rho}^2)$$
$$+\frac{2}{L}g_{2\sigma}N_{+\sigma}N_{-\sigma}+\frac{1}{L}g_{4\sigma}(N_{+\sigma}^2+N_{-\sigma}^2)$$

である.これらの総和が (6.1.26) の定数項に含まれている.よって,(6.1.26) は,これらの項まで書けば,

$$\begin{aligned}\mathcal{H}_{\mathrm{TL}}=&\frac{2\pi}{L}\sum_{r,k(>0)}v_\rho:\tilde{\rho}_r(k)\tilde{\rho}_r(-k):+\frac{\pi}{2L}\big(v_{N\rho}N_\rho^2+v_{J\rho}J_\rho^2\big)\\ &+\frac{2\pi}{L}\sum_{r,k(>0)}v_\sigma:\tilde{\sigma}_r(k)\tilde{\sigma}_r(-k):+\frac{\pi}{2L}\big(v_{N\sigma}N_\sigma^2+v_{J\sigma}J_\sigma^2\big)\end{aligned}$$
(6.1.30)

となる[*5].ここで

$$v_{N\rho}=v_{\mathrm{F}}+\frac{1}{\pi}(g_{4\rho}+g_{2\rho}), \quad v_{J\rho}=v_{\mathrm{F}}+\frac{1}{\pi}(g_{4\rho}-g_{2\rho}) \quad (6.1.31)$$
$$v_{N\sigma}=v_{\mathrm{F}}+\frac{1}{\pi}(g_{4\sigma}+g_{2\sigma}), \quad v_{J\sigma}=v_{\mathrm{F}}+\frac{1}{\pi}(g_{4\sigma}-g_{2\sigma}) \quad (6.1.32)$$

である.重要なことは

$$v_{N\rho}v_{J\rho}=v_\rho^2, \quad v_{N\sigma}v_{J\sigma}=v_\sigma^2 \tag{6.1.33}$$

が成り立つこと,また,v_ρ と $v_{N\rho}$ の比,v_σ と $v_{N\sigma}$ の比

$$K_\rho=\frac{v_\rho}{v_{N\rho}}=e^{2\varphi_\rho}, \quad K_\sigma=\frac{v_\sigma}{v_{N\sigma}}=e^{2\varphi_\sigma} \tag{6.1.34}$$

はカノニカル変換 (6.1.22), (6.1.23) の変換係数と関係していることである.K_ρ と K_σ は後に示すように,相関関数の指数を決める重要なパラメータである.こ

[*5] 定数項の重要性は F. D. M. Haldane: J. Phys. **C14**, 2585 (1981) で初めて指摘された.

うして，電子数の変化に対応するエネルギーの変化から，電荷密度の速度 v_ρ，スピン密度の速度 v_σ ばかりでなく，K_ρ と K_σ をも決めることができる．

6.1.3 フェルミオンの場の演算子のボソン演算子による表示

次に，フェルミオンの場の演算子

$$\psi_{r\sigma}(x) = \frac{1}{\sqrt{L}} \sum_k c_{k\sigma}^{(r)} e^{i(rk_F+k)x} \quad (r=+,-) \quad (6.1.35)$$

をボソン演算子で表す．フェルミオンとボソンは本来交換関係が異なるため，以下の議論は少し技巧的になる．まず，

$$J_\sigma^{(r)}(x) = -\frac{2\pi}{L} \sum_{p(\neq 0)} \frac{e^{-\alpha|p|/2}}{p} e^{-ipx} \rho_{r\sigma}(p) + \frac{2\pi i}{L} N_{r\sigma} \quad (6.1.36)$$

という量を定義する．α は適当な段階で $\alpha \to 0$ の極限をとることにする．天下り的であるが，この量を用いて，

$$\psi_{+,\sigma}(x) = \frac{1}{\sqrt{2\pi\alpha}} \eta_{+,\sigma} e^{ik_Fx + J_\sigma^{(+)}(x)} \quad (6.1.37)$$

$$\psi_{-,\sigma}(x) = \frac{1}{\sqrt{2\pi\alpha}} \eta_{-,\sigma} e^{-ik_Fx - J_\sigma^{(-)}(x)} \quad (6.1.38)$$

としてみよう．すると，$\alpha \to 0$ の極限をとって，

$$[\psi_{r\sigma}(x), \psi_{r\sigma}^\dagger(x')]_+ = \delta(x-x') \quad (6.1.39)$$

が成り立つ．ただし，$\eta_{r\sigma}$ は $J_\sigma^{(\pm)}$ とは可換で，$\eta_{r\sigma}^2 = 1$ を満たすとする．(6.1.39) は，同じ分枝の同じスピンの電子の場の演算子が確かに反交換性を満たしていることを示している．しかし，(6.1.37) と (6.1.38) を用い，さらに $\eta_{r\sigma}=1$ を仮定すると，分枝やスピンの異なる電子の場の演算子が互いに '可換' となってしまう．'反可換' にするには $\eta_{r\sigma}$ が反可換性を満たすよう選ばねばならない．それには

$$[\eta_{r\sigma}, \eta_{r'\sigma'}]_+ = 2\delta_{rr'} \delta_{\sigma\sigma'} \quad (6.1.40)$$

とすればよい．また $\eta_{r\sigma}^\dagger = \eta_{r\sigma}$ とする．このような演算子 $\eta_{r\sigma}$ は Majorana フェルミオン，あるいは，Klein 因子と呼ばれる．

6.1.4 後方散乱項, ウムクラップ散乱項

(6.1.37) と (6.1.38) を用いると, (6.1.4) の $\mathcal{H}_1$ は

$$\mathcal{H}_1 = \frac{2g_{1\perp}}{(2\pi\alpha)^2} \int dx \cos\left[\sqrt{8}\,\Phi_\sigma(x)\right] \quad (6.1.41)$$

と書ける. Φ_σ は

$$\Phi_\sigma(x) = -\frac{\pi i}{L} \sum_{p(\neq 0)} \frac{e^{-\alpha|p|/2 - ipx}}{p}\left[\sigma_+(p) + \sigma_-(p)\right] - \frac{\pi x}{L}(N_{+,\sigma} + N_{-,\sigma}) \quad (6.1.42)$$

である. 実は $g_{1\perp}$ には $\eta_{+\uparrow}\eta_{-\downarrow}\eta_{+\downarrow}\eta_{-\uparrow}$ という因子がかかるが, この因子の固有値は ± 1 であるので $g_{1\perp}$ に含めている. 前にも述べたように $g_{1\parallel}$ は前方散乱と区別がつかないので除いている. 場 $\Phi_\sigma(x)$ に正準共役な運動量は

$$\Pi_\sigma(x) = \frac{1}{L} \sum_{p(\neq 0)} e^{-\alpha|p|/2 - ipx}\left[\sigma_+(p) - \sigma_-(p)\right] + \frac{1}{L}(N_{+,\sigma} - N_{-,\sigma}) \quad (6.1.43)$$

で与えられ, $[\Phi_\sigma(x), \Pi_\sigma(x')] = i\delta(x-x')$ を満たしている.

同じように, 電荷密度演算子から対応する正準共役な量の組

$$\Phi_\rho(x) = -\frac{\pi i}{L} \sum_{p(\neq 0)} \frac{e^{-\alpha|p|/2 - ipx}}{p}\left[\rho_+(p) + \rho_-(p)\right] - \frac{\pi x}{L}(N_{+,\rho} + N_{-,\rho}) \quad (6.1.44)$$

$$\Pi_\rho(x) = \frac{1}{L} \sum_{p(\neq 0)} e^{-\alpha|p|/2 - ipx}\left[\rho_+(p) - \rho_-(p)\right] + \frac{1}{L}(N_{+,\rho} - N_{-,\rho}) \quad (6.1.45)$$

を定義できる. (6.1.6) のウムクラップ項は, Φ_ρ を用いて,

$$\mathcal{H}_3 = \frac{2g_{3\perp}}{(2\pi\alpha)^2} \int dx \cos\left[K - 4k_F + \sqrt{8}\,\Phi_\rho(x)\right] \quad (6.1.46)$$

と表せる. ここで $g_{3\parallel} = 0$ を使っている. 前の $g_{1\perp}$ の場合と同様に, $g_{3\perp}$ に $\eta_{+\uparrow}\eta_{+\downarrow}\eta_{-\downarrow}\eta_{-\uparrow}$ も含めている.

以上をまとめて, $\mathcal{H}_1$ と $\mathcal{H}_3$ を含む全ハミルトニアンは

$$\mathcal{H} = \mathcal{H}_0 + \mathcal{H}_2 + \mathcal{H}_4 + \mathcal{H}_1 + \mathcal{H}_3 = \mathcal{H}_\rho + \mathcal{H}_\sigma \tag{6.1.47}$$

$$\mathcal{H}_\rho = \int dx \left[\frac{\pi}{2} v_\rho K_\rho \Pi_\rho^2 + \frac{1}{2\pi} \frac{v_\rho}{K_\rho} \left(\frac{\partial \Phi_\rho}{\partial x}\right)^2 \right]$$

$$+ \frac{2g_{3\perp}}{(2\pi\alpha)^2} \int dx \cos\left[K - 4k_\mathrm{F} + \sqrt{8}\,\Phi_\rho(x)\right] \tag{6.1.48}$$

$$\mathcal{H}_\sigma = \int dx \left[\frac{\pi}{2} v_\sigma K_\sigma \Pi_\sigma^2 + \frac{1}{2\pi} \frac{v_\sigma}{K_\sigma} \left(\frac{\partial \Phi_\sigma}{\partial x}\right)^2 \right]$$

$$+ \frac{2g_{1\perp}}{(2\pi\alpha)^2} \int dx \cos\left[\sqrt{8}\,\Phi_\sigma(x)\right] \tag{6.1.49}$$

となる.$v_\rho, v_\sigma, K_\rho, K_\sigma$ は前節に登場した量である.(6.1.48) と (6.1.49) の積分から (6.1.30) の定数項も出てくることを注意しておく.このようにハミルトニアン $\mathcal{H}$ は,電荷部分 $\mathcal{H}_\rho$ とスピン部分 $\mathcal{H}_\sigma$ の和で書かれ,電荷とスピンの自由度が分離しているので**スピンと電荷の分離**という.これは,後に述べるように,相関関数に明瞭に反映する.

6.1.5　1 次元量子 sine-Gordon モデルへの繰り込み群の応用

まず,電子密度が一般の場合を考えよう.このときは $4k_\mathrm{F} \neq K$ であるので,低エネルギーに関しては $\mathcal{H}_\rho$ の cos 項は無視してよい.よって,電荷励起を記述する $\mathcal{H}_\rho$ は単純な 1 次元弾性体のハミルトニアンになっている.他方,$\mathcal{H}_\sigma$ は cos に依存する項が付いた **1 次元量子 sine-Gordon モデル**になる.cos 項は位相 $\sqrt{8}\Phi_\sigma$ を一定値に止めようとする項であり,その他の項は Φ_σ を変動させる項である.両者の間には競合がある.

1 次元量子 sine-Gordon モデル $\mathcal{H}_\sigma$ の低エネルギーの振る舞いを知りたい.そのために経路積分法による繰り込み群を適用しよう[*6].$\mathcal{H}$ に対応する作用 S は正準共役運動量 Π_σ の代わりに Φ_σ の虚数時間微分 $\partial\Phi_\sigma/\partial\tau$ を使って,

$$S = -\int_0^\beta d\tau \int dx \left[\frac{1}{2\pi} \frac{1}{v_\sigma K_\sigma} \left(\frac{\partial \Phi_\sigma}{\partial \tau}\right)^2 + \frac{1}{2\pi} \frac{v_\sigma}{K_\sigma} \left(\frac{\partial \Phi_\sigma}{\partial x}\right)^2 \right.$$

$$\left. + \frac{2g_{1\perp}}{(2\pi\alpha)^2} \cos(\sqrt{8}\,\Phi_\sigma) \right] \tag{6.1.50}$$

[*6] J. B. Kogut: Rev. Mod. Phys. **51**, 659 (1979). 別のアプローチとして S. -T. Chui and P. A. Lee: Phys. Rev. Lett. **35** 315 (1975) がある.

と表せる. $x \to v_\sigma x$, $\Phi_\sigma \to \sqrt{\pi K_\sigma}\Phi_\sigma$ と置き換えると

$$S = -\int_0^\beta d\tau \int dx \left[\frac{1}{2}\left(\frac{\partial \phi}{\partial \tau}\right)^2 + \frac{1}{2}\left(\frac{\partial \phi}{\partial x}\right)^2 + g\cos(\sqrt{8\pi K}\phi)\right] \quad (6.1.51)$$

となって,すっきりする.ここで $g = 2g_{1\perp}v_\sigma/(2\pi\alpha)^2$, $\phi = \Phi_\sigma$, $K = K_\sigma$ である. この S を用いると,分配関数は

$$Z = \int \mathcal{D}\phi e^{S\{\phi\}} \quad (6.1.52)$$

で与えられる.$\int \mathcal{D}\phi$ は $\phi(x,\tau)$ の経路についての経路積分を意味している.われわれは,とくに,低温極限 $\beta \to \infty$ に興味がある.そこで,(x,τ) の代わりに2次元座標 $\boldsymbol{r}=(x,y)$ を使うと,さらに見やすくなって,

$$S = -\int d\boldsymbol{r} \Big[\underbrace{\frac{1}{2}\left(\frac{\partial \phi}{\partial x}\right)^2 + \frac{1}{2}\left(\frac{\partial \phi}{\partial y}\right)^2}_{S_0} + \underbrace{g\cos(\sqrt{8\pi K}\phi)}_{S'}\Big] \quad (6.1.53)$$

となる*7.S_0 は調和的部分,S' は cos 項を表している.

$\phi(\boldsymbol{r})$ の Fourier 分解は

$$\phi(\boldsymbol{r}) = \frac{1}{L}\sum_q e^{i\boldsymbol{q}\cdot\boldsymbol{r}}\phi_q \quad (6.1.54)$$

である.2次元空間のサイズを L^2 としている.また,ϕ は実数であるので $\phi_{-q} = \phi_q^*$ が成り立っている.(6.1.54) を S_0 に代入すると

$$S_0 = -\frac{1}{2}\sum_q^{|q|<\Lambda} q^2|\phi_q|^2 \quad (6.1.55)$$

である.ここで波数 q の大きさの上限に対するカットオフ Λ を導入した.

これで準備ができたので,第3章の3.4節と同じように,波数の大きい(高エネルギーの)ϕ を逐次消去してゆく.すなわち,カットオフを Λ から $\Lambda' = \Lambda - d\Lambda$ へ減少させ,その間の部分の ϕ を積分し,それに伴う S の変化を調べる.S_0 を高エネルギー部分 $S_0^>$ と低エネルギー部分 $S_0^<$ に分けて

---

*7 ハーフ・フィリング ($4k_\mathrm{F} = K$) の場合の $\mathcal{H}_\rho$ の繰り込み群による解析にも (6.1.53) が使える.そのときは $g = 2g_{3\perp}v_\rho/(2\pi\alpha)^2$, $\phi = \Phi_\rho$, $K = K_\rho$ である.

$$S_0 = -\underbrace{\sum_q^{|q|<\Lambda'} \frac{1}{2}q^2|\phi_q|^2}_{S_0^<} - \underbrace{\sum_q^{\Lambda'<|q|<\Lambda} \frac{1}{2}q^2|\phi_q|^2}_{S_0^>} \tag{6.1.56}$$

と書くことにして，(6.1.52) の Z を書き直すと

$$\begin{aligned}
Z &= \int \mathcal{D}\phi_< \mathcal{D}\phi_> e^{S_0^< + S_0^> + S'} \\
&= \int \mathcal{D}\phi_< e^{S_0^<} \int \mathcal{D}\phi_> e^{S_0^>} e^{S'} \\
&= Z_0^> \int \mathcal{D}\phi_< e^{S_0^<} \left\langle e^{S'} \right\rangle_>
\end{aligned} \tag{6.1.57}$$

ここで $Z_0^> = \int \mathcal{D}\phi_> \exp(S_0^>)$ である．また，

$$\left\langle e^{S'} \right\rangle_> \equiv \frac{\int \mathcal{D}\phi_> e^{S_0^>} e^{S'}}{\int \mathcal{D}\phi_> e^{S_0^>}} \tag{6.1.58}$$

は 3.4 節で出てきたキュムラント展開を利用すると，

$$\left\langle e^{S'} \right\rangle_> = \exp\left[\langle S' \rangle_> + \frac{1}{2}\left(\langle (S')^2 \rangle_> - \langle S' \rangle_>^2 \right) + \cdots \right] \tag{6.1.59}$$

となる．

(6.1.59) の展開の各項を計算してみよう．まず，1 次の項は

$$\langle S' \rangle_> = g \int d\boldsymbol{r} \frac{1}{2}\left[e^{i\sqrt{8\pi K}\phi_<} \left\langle e^{i\sqrt{8\pi K}\phi_>} \right\rangle_> + \text{c.c.} \right] \tag{6.1.60}$$

であるが，$e^{S_0^>}$ は Gauss 分布であるので，

$$\left\langle e^{\pm i\sqrt{8\pi K}\phi_>} \right\rangle_> = \exp[-4\pi K G_>(0)] \tag{6.1.61}$$

となる．ここで $G_>(\boldsymbol{r}) \equiv \langle \phi_>(\boldsymbol{r})\phi_>(0) \rangle_>$ で，この量は具体的には

$$G_>(r) = \frac{1}{L} \sum_{q}^{\Lambda' < |q| < \Lambda} e^{iq \cdot r} \langle |\phi_q|^2 \rangle_>$$

$$= \frac{1}{L} \sum_{q}^{\Lambda' < |q| < \Lambda} e^{iq \cdot r} \frac{1}{q^2}$$

$$= \frac{1}{2\pi} \int_{\Lambda'}^{\Lambda} dq \frac{1}{q} J_0(qr) \tag{6.1.62}$$

である．$J_0(x)$ は 0 次の Bessel 関数である．とくに (6.1.61) に登場する $G_>(0)$ は

$$G_>(0) = \frac{1}{2\pi} \log\left(\frac{\Lambda}{\Lambda'}\right) \tag{6.1.63}$$

である．これを (6.1.60) に代入して

$$\langle S' \rangle_> = g \left(\frac{\Lambda}{\Lambda'}\right)^{-2K} \int d\mathbf{r} \cos(\sqrt{8\pi K} \phi_<) \tag{6.1.64}$$

となる．

2 次の項は

$$\langle (S')^2 \rangle_> - \langle S' \rangle_>^2$$
$$= g^2 \int d\mathbf{r} \int d\mathbf{r}' \Big[\big\langle \cos[\sqrt{8\pi K}(\phi_< + \phi_>)(\mathbf{r})] \cos[\sqrt{8\pi K}(\phi_< + \phi_>)(\mathbf{r}')] \big\rangle_>$$
$$\quad - \big\langle \cos[\sqrt{8\pi K}(\phi_< + \phi_>)(\mathbf{r})] \big\rangle_> \big\langle \cos[\sqrt{8\pi K}(\phi_< + \phi_>)(\mathbf{r}')] \big\rangle_> \Big]$$
$$= \frac{g^2}{4} \int d\mathbf{r} \int d\mathbf{r}' \sum_{\sigma = \pm} \sum_{\sigma' = \pm} e^{i\sqrt{8\pi K}(\sigma \phi_<(\mathbf{r}) + \sigma' \phi_<(\mathbf{r}'))}$$
$$\quad \times \Big[\big\langle e^{i\sqrt{8\pi K}(\sigma \phi_>(\mathbf{r}) + \sigma' \phi_>(\mathbf{r}'))} \big\rangle_> - \big\langle e^{i\sqrt{8\pi K} \sigma \phi_>(\mathbf{r})} \big\rangle_> \big\langle e^{i\sqrt{8\pi K} \sigma' \phi_>(\mathbf{r}')} \big\rangle_> \Big]$$
$$\tag{6.1.65}$$

であるが，右辺に登場する平均値は

$$\Big\langle e^{i\sqrt{8\pi K}(\sigma \phi_>(\mathbf{r}) + \sigma' \phi_>(\mathbf{r}'))} \Big\rangle_> = \exp\Big[-8\pi K \big(G_>(0) + \sigma \sigma' G_>(\mathbf{r} - \mathbf{r}')\big)\Big] \tag{6.1.66}$$

となる．ここで $A_>(\mathbf{r}) \equiv \exp[-4\pi K G_>(\mathbf{r})]$ と定義すると，

$$\frac{1}{2}\langle (S')^2\rangle_> - \langle S'\rangle_>^2$$
$$= \frac{1}{4}g^2 A_>(0)^2 \int d\bm{r}\int d\bm{r}'\Big[\cos\big[\sqrt{8\pi K}(\phi_<(\bm{r})+\phi_<(\bm{r}'))\big]\big(A_>^2(\bm{r}-\bm{r}')-1\big)$$
$$+\cos\big[\sqrt{8\pi K}(\phi_<(\bm{r})-\phi_<(\bm{r}'))\big]\big(A_>^{-2}(\bm{r}-\bm{r}')-1\big)\Big] \quad (6.1.67)$$

となる．$G_>(\bm{r})$ は $1/\varLambda$ 程度で減衰する関数なので，$|\bm{r}|$ が $1/\varLambda$ 程度以上になると $A_>(\bm{r})$ は 1 に近くなる．このことを念頭において (6.1.67) の右辺の $\phi_<(\bm{r}')$ を $\bm{r}$ で展開すると，第 2 項の $\cos[\sqrt{8\pi K}(\phi_<(\bm{r})-\phi_<(\bm{r}'))]$ は

$$\cos\big[\sqrt{8\pi K}(\phi_<(\bm{r})-\phi_<(\bm{r}+\bm{\xi}))\big] = 1 - \frac{1}{2}8\pi K\big[\bm{\nabla}\phi_<(\bm{r})\cdot\bm{\xi}\big]^2 \quad (6.1.68)$$

と近似できる．(6.1.68) を (6.1.65) に代入し，$\bm{\xi}$ について積分するとこの項は $S_0^<$ と同形になる．一方 (6.1.67) の第 1 項を同じように処理すると，$\cos(2\sqrt{8\pi K}\phi_<(\bm{r}))$ という高調波成分が誘起されることになるが，これはまったく新しいタイプの項であるので，g が小さいときには無視できる．

こうして，高エネルギー部分を積分した結果は，定数項を落すと，

$$Z = \int \mathcal{D}\phi_< e^{\tilde{S}_<\{\phi_<\}} \quad (6.1.69)$$

$$\tilde{S}_< = -\int d\bm{r}\frac{1}{2}\big(\bm{\nabla}\phi_<(\bm{r})\big)^2\Big[1 + \frac{g^2}{4}A_>^2(0)4\pi K\xi_0^2\Big]$$
$$- gA_>(0)\int d\bm{r}\cos(\sqrt{8\pi K}\phi_<) \quad (6.1.70)$$

となる．ここで

$$\xi_0^2 \equiv \int d\bm{\xi}\,\bm{\xi}^2\big[A_>^{-2}(\bm{\xi})-1\big] = 8\pi cK\frac{d\varLambda}{\varLambda^5} \quad (6.1.71)$$

である．ここで (6.1.62) を使っている．c は $c = \int_0 d\xi\,\xi^3 J_0(\xi)$ である．この積分はこのままでは J_0 の減衰が緩やかなので発散するが，なだらかなカットオフを使ったときの対応する量は発散しないので，有限な定数とみなす．

次にスケール変換

$$\phi_< \to \Big[1 + \frac{g^2}{4}A_>^2(0)4\pi K\xi_0^2\Big]^{-1/2}\phi \quad (6.1.72)$$

を行う．これによって (6.1.69) は (6.1.52), (6.1.53) と同形になるが，この際係

数 g と K が

$$g' = gA_>(0) = g\Bigl(1 - 2K\frac{d\Lambda}{\Lambda}\Bigr) \qquad (6.1.73)$$

$$K' = K\Bigl[1 - \frac{g^2}{4}A_>^2(0)4\pi K\xi_0^2\Bigr] \qquad (6.1.74)$$

と変更を受ける. g の代わりに $g_\perp = g/\Lambda^2$ を使い, $g'_\perp = g_\perp + dg_\perp$, $K' = K + dK$ とおくと, (6.1.73) と (6.1.74) は

$$dg_\perp = -2(K-1)g_\perp\frac{d\Lambda}{\Lambda} \qquad (6.1.75)$$

$$dK = -8\pi^2 cg_\perp^2\frac{d\Lambda}{\Lambda} \qquad (6.1.76)$$

に帰着する. 後で見るように $K=1$ が固定点になるので, 固定点の近傍を想定して (6.1.76) の右辺では $K=1$ と置いて簡単化している. g は (6.1.51) で導入されたが, カットオフ α は Λ^{-1} に対応している. したがって $g_\perp$ は $g_{1\perp}$ にほかならない. また, K は K_σ である. (6.1.75) と (6.1.76) は第 4 章の (4.3.13), (4.3.14) と本質的に同じである. 結果の流れ図を図 6.3 に示す. K_σ-$g_{1\perp}$ 面上の流れ図から, $g_{1\perp} \to 0$ へ繰り込まれるケースと, $g_{1\perp}$ が大きい値に繰り込まれるケースの 2 つに分類される. 前者では, 十分低エネルギーに関する限り,

$$\mathcal{H} \to \mathcal{H}_\rho + \mathcal{H}_\sigma^*$$

$$\mathcal{H}_\rho = \int dx\left[\frac{\pi}{2}v_\rho K_\rho \Pi_\rho^2 + \frac{1}{2\pi}\frac{v_\rho}{K_\rho}\Bigl(\frac{\partial \Phi_\rho}{\partial x}\Bigr)^2\right] \qquad (6.1.77)$$

$$\mathcal{H}_\sigma^* = \int dx\left[\frac{\pi}{2}v_\sigma K_\sigma \Pi_\sigma^2 + \frac{1}{2\pi}\frac{v_\sigma}{K_\sigma}\Bigl(\frac{\partial \Phi_\sigma}{\partial x}\Bigr)^2\right] \qquad (6.1.78)$$

で記述できることになる. ここで K_σ は繰り込まれた先の固定点の値である. 図 6.3 には $K_\sigma \to 1$ に繰り込まれてゆく 1 本の線がある. 後の相関関数の議論か

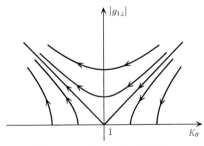

図 **6.3** 繰り込み群の流れ図

らわかるように，$K_\sigma = 1$ ではスピン空間の等方性が満たされている．Hubbard モデルはスピン空間で等方的であるので，$U > 0$ はこの $K_\sigma \to 1$ へ繰り込まれるケースに対応している[*8]．

低エネルギーの励起が $g_{1\perp} \to 0$ の朝永–Luttinger モデルと等価になる系では励起が波数 k の絶対値に比例するボソンで表されるので，**朝永–Luttinger 流体**と呼ばれる．多くの1次元系がこの朝永–Luttinger 流体に属する．例えば，1次元の最も典型的な系であるハーフ・フィリングからずれた1次元 Hubbard モデルは，十分低温，低エネルギー領域に関する限り，電荷励起とスピン励起がともに朝永–Luttinger 流体になっている．

次にハーフ・フィリングの場合を考える．このときは $4k_F = K$ であるので (6.1.48) の $\mathcal{H}_\rho$ の cos 項は無視できない．cos 項の効果を調べるには，$\mathcal{H}_\sigma$ についての議論で，$K_\sigma \to K_\rho$，$g_{1\perp} \to g_{3\perp}$ と置き換えればよい．斥力の場合には $K_\rho < 1$ であるので図 6.3 の流れ図より，$|g_{3\perp}|$ は大きい値に繰り込まれる．cos 項が大きいときには位相 Φ_ρ が固定されることになる．すなわち，電荷励起にエネルギーギャップが生じる．$\mathcal{H}_\sigma^*$ で記述されるスピン励起は k の絶対値に比例する．ハーフ・フィリングの場合はスピン励起だけが朝永–Luttinger 流体になる．

6.1.6 朝永–Luttinger 流体と相関指数

朝永–Luttinger 流体の最も重要な点は種々の相関関数がべき乗則に従って減衰し，その指数が K_ρ と K_σ によって決まることである．一般に，物理量 $\hat{O}(x)$ の相関関数を $\mathcal{H}_\rho + \mathcal{H}_\sigma^*$ の基底状態で平均すると，

$$\langle \hat{O}(x)^\dagger \hat{O}(0) \rangle \propto \frac{1}{|x|^\eta} \times (\text{振動部分}) \quad (6.1.79)$$

の形で書け，指数 η と振動部分（例えば，$e^{i2k_F x}$ のような因子である）は物理量 $\hat{O}$ が何であるかによる．(6.1.79) の平均は $\mathcal{H}_\rho + \mathcal{H}_\sigma^*$ が2つの独立な1次元調和振動のハミルトニアンであるから，具体的に計算するには，$\hat{O}(x)$ として (6.1.37) と (6.1.38) によるボソンでの表現を用いればよい．こうして計算された代表的な物理量の指数 η を表 6.1 に示す．この表から，$K_\sigma = 1$ のときには z 方向の

[*8] $U < 0$ の場合は $K_\sigma < 1$ の領域に対応し，$g_{1\perp}$ の効果は低エネルギーでむしろ大きくなる．これは引力 Hubbard モデルではスピン励起にエネルギーギャップがあることを表している．

表 6.1　朝永–Luttinger 流体における相関関数の指数

物理量	$\hat{O}(x)$	指数 η
$2k_F$ 電荷密度波	$\sum_\sigma \psi^\dagger_{+\sigma}(x)\psi_{-\sigma}(x)$	$K_\rho + K_\sigma$
$2k_F$ スピン密度波(S_{zz})	$\sum_\sigma \sigma\psi^\dagger_{+\sigma}(x)\psi_{-\sigma}(x)$	$K_\rho + K_\sigma$
$2k_F$ スピン密度波(S_{xx})	$\psi^\dagger_{+\uparrow}(x)\psi_{-\downarrow}(x)$	$K_\rho + K_\sigma^{-1}$
$4k_F$ 電荷密度波	$\psi^\dagger_{+\uparrow}(x)\psi^\dagger_{+\downarrow}(x)\psi_{-\downarrow}(x)\psi_{-\uparrow}(x)$	$4K_\rho$
1 重項超伝導	$\psi_{+\uparrow}(x)\psi_{-\downarrow}(x) - \psi_{+\downarrow}(x)\psi_{-\uparrow}(x)$	$K_\rho^{-1} + K_\sigma$
3 重項超伝導	$\psi_{+\uparrow}(x)\psi_{-\uparrow}(x)$	$K_\rho^{-1} + K_\sigma^{-1}$
運動量分布	$\psi_{+\uparrow}(x)$	$\frac{1}{4}(K_\rho + K_\rho^{-1})$ $+\frac{1}{4}(K_\sigma + K_\sigma^{-1})$

スピン相関関数と x 方向のスピン相関関数とが同じ指数を持つことがわかる. $U>0$ の Hubbard モデルは SU(2) 対称性を持つので $K_\sigma = 1$ に対応する.

k_F の近傍での運動量分布関数 $\langle n_{k\sigma} \rangle$ は, 表 6.1 により,

$$\langle n_{k\sigma} \rangle \propto |k - k_F|^{\eta - 1} \tag{6.1.80}$$

となる. 系が SU(2) 対称性を持つときには, 指数は $\eta - 1 = \frac{1}{4}(K_\rho + K_\rho^{-1}) - \frac{1}{2}$ である. Fermi 流体では $\langle n_{k\sigma} \rangle$ は k_F で不連続であるが, 朝永–Luttinger 流体ではべき的であり, そのべきは相互作用の強さに依存する (図 6.4).

これまでの議論から, SU(2) 対称性を持つ系では K_ρ だけが相関関数を決める唯一のパラメータであることがわかった. K_ρ を理論的に決めるにはいくつ

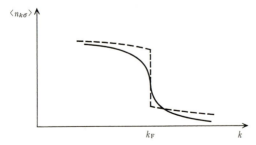

図 6.4　朝永–Luttinger 流体の運動量分布(実線)は k_F で連続だが, その近傍でべき的異常を示す. Fermi 流体の運動量分布(破線)は k_F で飛びがある.

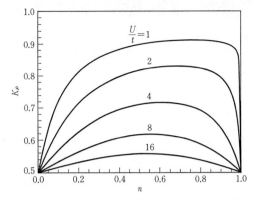

図 6.5 1 次元 Hubbard モデルでの K_ρ の値 [H. J. Schulz: Int. J. Mod. Phys. B**5**, 57 (1991)]

かの方法がある.まず,Bethe 仮説で厳密に解ける系(Hubbard モデルがその一例)では,Bethe 仮説解から K_ρ を決めることができる[*9]. 図 6.5 に 1 次元 Hubbard モデルの K_ρ の U 依存性,電子密度依存性を示す. U が 0 から ∞ まで増加するとき, K_ρ の値は 1 から 1/2 に単調に減少する.

Bethe 仮説による厳密解がない場合には,有限系についての数値計算から推定するのが 1 つの方法である.具体的には,(6.1.33) と (6.1.34) の関係から $v_\rho, v_{N\rho}, v_{J\rho}$ のうち 2 つを決めれば K_ρ を決定できることを用いて,有限の長さの系についてこれらの量を求め,その結果を適当な方法で無限系へ外挿して K_ρ を推定するのである.1 次元 t-J モデルに対してこのような方法で K_ρ が決められ,それをもとに相図が調べられている[*10].

(6.1.79) より,表 6.1 の指数の小さいものほど相関は遠くに及ぶ.斥力の場合は $K_\rho < 1$ であるから,最も大きいのは $2k_F$ 密度波の相関である.逆に,引力の場合は $K_\rho > 1$ であるので超伝導相関が最も重要になる.斥力の Hubbard モデルでは $K_\rho > 1$ であるから超伝導相関が強くなる可能性はないが,1 次元 t-J モデルでは $K_\rho > 1$ となるパラメータ領域が存在する.

[*9] N. Kawakami and S.-K. Yang: Phys. Lett. A**148**, 359 (1990); H. Frahm and V. E. Korepin: Phys. Rev. B**42**, 10553 (1990)

[*10] M. Ogata et al.: Phys. Rev. Lett. **66**, 2388 (1991) また M. Nakamura et al.: Phys. Rev. Lett. **79**, 3214 (1997) も参照のこと.

6.1.7 朝永–Luttinger 流体の帯磁率,圧縮率,Drude の重み

Fermi 流体との対比のため,ハーフ・フィリングからずれた朝永–Luttinger 流体での帯磁率などに触れておこう. $T=0$ の帯磁率 χ は磁化を増したときの基底エネルギーの増加から,また,圧縮率 κ は電子密度を増したときの基底エネルギーの増加から,それぞれ求まる.すなわち,(6.1.30) から

$$\frac{\chi}{\chi_0} = \frac{v_\mathrm{F}}{v_{N\sigma}} = \frac{v_\mathrm{F}}{v_\sigma}K_\sigma, \quad \frac{\kappa}{\kappa_0} = \frac{v_\mathrm{F}}{v_{N\rho}} = \frac{v_\mathrm{F}}{v_\rho}K_\rho \qquad (6.1.81)$$

が得られる.χ_0, κ_0 は相互作用のない場合の値である.前に述べたように,スピンの回転対称性があれば $K_\sigma = 1$ である.1 次元の弾性体の低温比熱は γT で与えられるので,低温比熱は,

$$\frac{\gamma}{\gamma_0} = \frac{1}{2}\left(\frac{v_\mathrm{F}}{v_\sigma} + \frac{v_\mathrm{F}}{v_\rho}\right) \qquad (6.1.82)$$

となる.γ_0 は相互作用がないときの値である.

さらにまた,Drude の重み D は (6.1.30) の定数項のうちの J_ρ^2 の係数に関係しているので,相互作用のないケースの値 D_0 との比は

$$\frac{D}{D_0} = \frac{v_{J\rho}}{v_\mathrm{F}} = \frac{v_\rho}{v_\mathrm{F}}K_\rho \qquad (6.1.83)$$

である.こうして,すべて,$v_\rho, v_\sigma, K_\rho, K_\sigma$ によって与えられる.

6.2 強相関極限から見た 1 次元電子系

次に,見方を変えて,1 次元系を強相関極限から考えてみよう.強相関極限は一般には極めて難しいが,1 次元系では特殊な事情があり摂動論により取扱い可能である[*11].

具体的に,1 次元 Hubbard モデルを取り,Coulomb 相互作用 U が t に比べ十分大きい場合 ($U/t \gg 1$) を考える.このときは,元の Hubbard モデルの代わりに,$U/t \gg 1$ での有効ハミルトニアンを用いるのが便利である.$U/t \gg 1$

[*11] M. Ogata and H. Shiba: Phys. Rev. B**41**, 2326 (1990); H. Shiba and M. Ogata: Int. J. Mod. Phys. B**5**, 31 (1991)

での有効ハミルトニアンは，例えば (2.5.4) 以下に記したカノニカル変換の方法をHubbardモデルに適用して求めることができる[*12]．その結果は

$$\tilde{\mathcal{H}} = -t \sum_{(ij)\sigma} \left(a_{i\sigma}^{\dagger} a_{j\sigma} + \text{H.c.}\right) + J \sum_{j} \sum_{\tau}^{\text{n.n.}} \sum_{\tau'}^{\text{n.n.}} \left[\left(a_{j+\tau}^{\dagger} \bm{S} a_{j+\tau'}\right) \cdot \left(a_{j}^{\dagger} \bm{S} a_{j}\right) \right.$$
$$\left. - \frac{1}{4} \left(a_{j+\tau}^{\dagger} a_{j+\tau'}\right) \left(a_{j}^{\dagger} a_{j}\right) \right] + O(t^3) \qquad (6.2.1)$$

となる．ここで $J = 2t^2/U$，また，$\left(a_j^{\dagger} \bm{S} a_\ell\right) \equiv \sum_{\sigma\sigma'} a_{j\sigma}^{\dagger} (\bm{S})_{\sigma\sigma'} a_{\ell\sigma'}$，$\left(a_j^{\dagger} a_\ell\right) \equiv \sum_{\sigma} a_{j\sigma}^{\dagger} a_{\ell\sigma}$ である．τ, τ' の和は j の最近接格子点についての和である．$a_{j\sigma}$ は通常のFermi粒子の消滅演算子ではなく，$a_{j\sigma} = c_{j\sigma}(1 - n_{j-\sigma})$ である．$(1 - n_{j-\sigma})$ は $-\sigma$ の電子が存在する状態を排除する演算子である．

最近接格子点間のみを電子がホップする1次元系においては，$U/t = \infty$（すなわち，$J/t = 2t/U = 0$）では，一度電子を並べると，最近接格子点間のホッピングによっては，そのスピン配列は変わらない．これは1次元系で最近接ホッピングの場合の特殊な事情である．$U = \infty$ では2つの電子が同じ原子上にくる可能性は完全に排除される．1次元系の場合，このハードコアの効果は'スピンのないFermi粒子'（スピンレス・フェルミオン）を用いて表すことができる．この段階ではスピンの配列はまったく任意だから，スピンに関して 2^{N_e} 重（N_e は電子総数）に縮退している．このスピンについての縮退は，摂動項である J 項によって解ける．この J 項は，元のHubbardハミルトニアンで U が大きいが有限である場合に，2重占有状態を経由して，電子の入れ替えが起こる効果を表している．

こうして，$U/t \to \infty$ の基底状態の波動関数は，縮退のある場合の摂動論によって，

$$\Psi = \phi_{\text{charge}} \chi_{\text{spin}} \qquad (6.2.2)$$

とおくことができる[*13]．ここで，ϕ_{charge} はスピンレス・フェルミオンの基底状態で，電子総数を N_e とすると，

[*12] 例えば K. A. Chao, J. Spalek and A. M. Olés: J. Phys. **C10**, L271; J. E. Hirsch: Phys. Rev. Lett. **54**, 1317 (1985)

[*13] $U/t \to \infty$ では，基底状態ばかりでなく，励起状態も (6.2.2) のタイプの波動関数で表せて，それを利用して励起スペクトルを直接計算できる．K. Penc et al.: Phys. Rev. **B55**, 15475(1997) を参照．

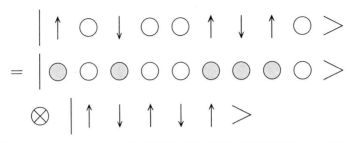

図 6.6 $U/t = \infty$ における波動関数(左辺)は電荷を表す部分(影のついた丸はスピンレス・フェルミオンを示す)と圧縮されたスピンの波動関数の積で書ける．白丸は電子のいないサイトを示す．

$$\phi_{\text{charge}} = \prod_k a_k^\dagger |0\rangle \tag{6.2.3}$$

で与えられる．$a_k^\dagger$ はスピンレス・フェルミオンの生成演算子，k は $-2k_\text{F} < k < 2k_\text{F}$ の範囲の波数である．$|0\rangle$ は真空，$k_\text{F} = \pi N_\text{e}/2N$ は '$U = 0$ の場合の Fermi 波数' である．(6.2.2) の χ_{spin} はスピンの波動関数で，以下のように決まる．

(6.2.3) の ϕ_{charge} で有効ハミルトニアン (6.2.1) の各項の期待値を求めると，

$$\begin{aligned}\langle \tilde{\mathcal{H}} \rangle_{\text{charge}} = &-\frac{2tN}{\pi}\sin(n_\text{e}\pi) \\ &+ 2J\frac{N}{N_\text{e}}\sum_{i'}\langle n_i n_{i+1}\rangle_{\text{SF}}\left(\boldsymbol{S}_{i'}\cdot\boldsymbol{S}_{i'+1} - \frac{1}{4}\right) \\ &- 2J\frac{N}{N_\text{e}}\sum_{i'}\langle n_i a_{i-1}^\dagger a_{i+1}\rangle_{\text{SF}}\left(\boldsymbol{S}_{i'}\cdot\boldsymbol{S}_{i'+1} - \frac{1}{4}\right)\end{aligned} \tag{6.2.4}$$

となる．ダッシュが付いている i' は，電子のいないサイトを除いて電子に番号付けをしたものである．図 6.6 が示すように，その場合には↑あるいは↓のスピンが並んだ '圧縮されたスピン系' でのスピンの順番になる．N は原子総数，$n_\text{e} \equiv N_\text{e}/N$ は電子密度である．第 2, 3 項にある $\langle\cdots\rangle_{\text{SF}}$ はスピンレス・フェルミオンの基底状態での期待値で，$a_i, a_i^\dagger$ はスピンレス・フェルミオンの演算子，$n_i = a_i^\dagger a_i$ である．(6.2.4) に登場する期待値を計算すると，

$$\langle n_i n_{i+1}\rangle_{\mathrm{SF}} = n_{\mathrm{e}}^2 - \frac{\sin^2(\pi n_{\mathrm{e}})}{\pi^2} \qquad (6.2.5)$$

$$\langle n_i a_{i-1}^\dagger a_{i+1}\rangle_{\mathrm{SF}} = n_{\mathrm{e}} \frac{\sin(2\pi n_{\mathrm{e}})}{2\pi} - \frac{\sin^2(\pi n_{\mathrm{e}})}{\pi^2} \qquad (6.2.6)$$

となる.これを代入すると,(6.2.4) は

$$\begin{aligned}\langle\tilde{H}\rangle_{\mathrm{charge}} &= -\frac{2tN}{\pi}\sin(n_{\mathrm{e}}\pi) \\ &\quad + 2J_{\mathrm{eff}}\frac{N}{N_{\mathrm{e}}}\sum_{i'}\left(\boldsymbol{S}_{i'}\cdot\boldsymbol{S}_{i'+1} - \frac{1}{4}\right)\end{aligned} \qquad (6.2.7)$$

に帰着する.第 2 項は '圧縮されたスピン系' で書かれ,Heisenberg ハミルトニアンと同じである.J_{eff} は '有効交換相互作用' と呼ぶべき量で

$$J_{\mathrm{eff}} \equiv J n_{\mathrm{e}}^2\left[1 - \frac{\sin(2n_{\mathrm{e}}\pi)}{2n_{\mathrm{e}}\pi}\right] \qquad (6.2.8)$$

である.とくに,$n_{\mathrm{e}} = 1$ のときには $J_{\mathrm{eff}} = J$ である.$n_{\mathrm{e}} < 1$ の場合には,電子のいないサイトの存在によって交換相互作用が薄められるため,n_{e} の減少とともに J_{eff} は小さくなる.

基底状態の波動関数 (6.2.3) のスピン部分 χ_{spin} は (6.2.7) の第 2 項が最低になるものであるべきであるから,それは 1 次元 Heisenberg モデルの基底状態のスピン波動関数にほかならない.こうして $U/t \to \infty$ における基底状態の波動関数が完全に決まったことになる.

基底エネルギー E は,1 次元 Heisenberg モデルの基底状態の波動関数で (6.2.7) の期待値を求めて,

$$\frac{E}{N} = -\frac{2t}{\pi}\sin(\pi n_{\mathrm{e}}) + 2J_{\mathrm{eff}}\left\langle \boldsymbol{S}_i\cdot\boldsymbol{S}_{i+1} - \frac{1}{4}\right\rangle_{\mathrm{H}} \qquad (6.2.9)$$

となる.ここで,$\langle\cdots\rangle_{\mathrm{H}}$ は 1 次元 $S=1/2$ Heisenberg モデルの基底状態における期待値で,厳密解によれば,

$$\left\langle \boldsymbol{S}_i\cdot\boldsymbol{S}_{i+1} - \frac{1}{4}\right\rangle_{\mathrm{H}} = -\log 2 \qquad (6.2.10)$$

である*14.

電子系の圧縮率 κ は, $\kappa^{-1} = n_e^2 \partial^2 (E/N)/\partial n_e^2$ より,

$$\kappa^{-1} = n_e^2 \left[2\pi t \sin(2\pi n_e) - \frac{t^2}{U} 4 \log 2 \{ 2(1 - \cos(2\pi n_e)) + 2\pi n_e \sin(2\pi n_e) \} \right] \quad (6.2.11)$$

である．また，スピン帯磁率 χ は 1 次元 $S=1/2$ Heisenberg 反強磁性体の帯磁率の結果*15から

$$\chi = \frac{n_e^2}{2\pi^2 J_{\text{eff}}} \quad (6.2.12)$$

となる．基底エネルギー，圧縮率，スピン帯磁率のこれらの結果は，当然ながら，Bethe 仮説による Hubbard モデルの厳密解の $U/t \gg 1$ での表式*16に一致する．

強相関極限の最も重要な点は基底状態（および励起状態）の波動関数が陽に与

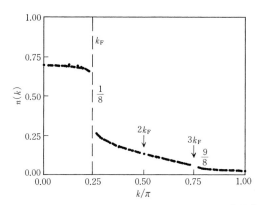

図 **6.7** 1 次元 $U/t \to \infty$ Hubbard モデルの基底状態における電子の運動量分布．ここでは電子密度として $n_e = 1/2$ を仮定している．$N_e = 4, 6, 8, \cdots, 26$ の結果がすべて示されている．[Th. Pruschke and H. Shiba: Phys. Rev. B**44**, 205 (1991)]

---

*14 H. Bethe: Z. Phys. **71**, 205 (1931); L. Hulthén: Arkiv. Mat. Astron. Fys. **26A**, No. 11 (1938)

*15 R. B. Griffiths: Phys. Rev. **133**, A768 (1964)

*16 H. Shiba: Phys. Rev. B**6**, 930 (1972); T. Usuki, N. Kawakami and A. Okiji: Phys. Lett. **135A**, 476 (1989)

えられていることである．スピン部分 $\chi_{\rm spin}$ は 1 次元 $S=1/2$ Heisenberg 反強磁性体の基底状態の波動関数であり，簡単な式では表せないが，その性質はわかっている．波動関数 (6.2.2) は通常の Slater 行列とはだいぶ違う．それでもこの波動関数からさまざまな相関関数を求めることができる．図 6.7 にこの波動関数から有限系に対して数値計算した運動量分布を示す．注目すべき点は，$U/t \to \infty$ であるにもかかわらず，相互作用の弱い場合と似ている点があることである．とくに，相互作用のない場合の Fermi 波数 $k_{\rm F}$ で異常を示すことがわかる．さらに，$3k_{\rm F}$ にも異常がある．$2k_{\rm F}$ には異常はない．運動量分布の $k_{\rm F}$ での異常を (6.1.80) によって解析すると $\eta - 1 = 1/8$ に近い値が得られる．この値は図 6.5 に示した Bethe 仮説から得られた値 $K_\rho = 1/2$ と表 6.1 の値から期待されるものと一致している[*17]．また，$3k_{\rm F}$ での異常の指数は $\eta - 1 = 9/8$ に近く，これもボソン化法から期待される値と一致している．

[*17] その他の相関関数については A. Parola and S. Sorella: Phys. Rev. Lett. **64**, 1831 (1990) と Y. Ren and P. W. Anderson: Phys. Rev. B**48**, 16662 (1993) を参照．

相関のある電子系における超伝導

　相互作用する電子系は十分低温においては何らかの秩序相へ相転移するのが普通である．すでに第3章で述べたように，何らかの機構で電子間に引力があれば十分低温で Fermi 流体は超伝導になる．一方，電子間に働いている Coulomb 相互作用による斥力は，適当な条件の下では，スピンの磁気的秩序（強磁性，反強磁性状態など）や電荷の分布の秩序（電荷の密度が空間的に波打った状態，すなわち，電荷密度波など）を実現する傾向がある．それでは，斥力的相互作用をしている電子系で超伝導は可能であろうか？ それはどのような機構によって可能になるのであろうか？ また，その場合の超伝導はどのような性格をもつであろうか？ それがこの章の中心問題である．

7.1 酸化物高温超伝導，重い電子系における磁性と超伝導

　相関のある電子系の超伝導の問題は，酸化物高温超伝導体や重い電子系と呼ばれる遍歴的 f 電子系での超伝導と密接に関係している．以下では，まず，酸化物高温超伝導など電子相関の強い系での磁性と超伝導の実験事実を簡単に概観する．銅酸化物高温超伝導では Cu の 3d ホールが超伝導の主役である．重い電子系においては 4f あるいは 5f 遍歴電子が超伝導になっている．これらの電子では電子相関が強く，相図に反強磁性秩序相と超伝導相が隣接しているケースがしばしば見られる[*1]．この事実から，物質の詳細にあまりよらず，一般に，電子相関が重要な電子系においては，磁性と超伝導とに関連があると推測する

[*1] 強磁性と超伝導の関係を示す1つの例として UGe_2 [S. S. Saxena et al.: Nature **406**, 587 (2000)] がある．

のは自然である. そのような超伝導は通常の s 波超伝導とは異なり, 異方的超伝導の可能性が高い. また, これらの物質で異方的超伝導を引き起こす機構は主として電子的機構と考えられる.

表 7.1 代表的な酸化物超伝導体

超伝導体	関連する磁性体	構造	T_c
$La_{2-x}Sr_xCuO_4$	La_2CuO_4	層状構造	~ 40 K
$Nd_{2-x}Ce_xCuO_4$	Nd_2CuO_4	同上	~ 24 K
$YBa_2Cu_3O_7$	$YBa_2Cu_3O_6$	同上	93 K
$Bi_2Sr_2CaCu_2O_8$	–	同上	125 K
Sr_2RuO_4	$SrRuO_3$ (遍歴強磁性体)?	同上	~ 1 K

銅酸化物高温超伝導体(表 7.1)についてはこれまでの実験からかなりの程度わかっている[*2]. $La_{2-x}Sr_xCuO_4$ では, キャリヤーのない Mott 絶縁体である La_2CuO_4 酸化物は反強磁性を示し, キャリヤーが適当量注入されると超伝導相が現れる(図 7.1). 3 価の La が部分的に 2 価の Sr で置換されることにより, ホールが注入されている. $Nd_{2-x}Ce_xCuO_4$ では, 3 価の Nd が 4 価の Ce で置換され, 電子が注入されて超伝導になる. これらの酸化物では, すべてに共通に存在する CuO_2 面の上で超伝導が起こっていて, ホールが注入された銅酸化物高温超伝導体では超伝導の性格はスピン 1 重項でその秩序パラメータは異方的な $d_{x^2-y^2}$ タイプであることが実験的に確立している[*3]. また, 電子が注入された $Nd_{2-x}Ce_xCuO_4$ でも d 波超伝導が実現しているとする説が有力である.

Sr_2RuO_4 は La_2CuO_4 と同じ構造で Cu の代わりに Ru を含む酸化物である. 超伝導転移温度は低いが, その超伝導はスピン 3 重項と推定されている[*4]. 超伝導の軌道部分の型は p 波に近いらしいが, その詳細はまだ完全には同定できていない.

[*2] 酸化物高温超伝導の総合報告としては D. M. Ginsberg (ed.): *Physical Properties of High Temperature Superconductors* Vol. 1〜5 (World Scientific, 1989〜1996); D. J. Scalapino: Phys. Rept. **250**, 329 (1995); T. Moriya and K. Ueda: Adv. Phys. **49**, 555 (2000)

[*3] D. J. Van Harlingen: Rev. Mod. Phys. **67**, 515 (1995); C. C. Tsuei and J. R. Kirtley: Rev. Mod. Phys. **72**, 969 (2000)

[*4] 例えば A. P. Mackenzie and Y. Maeno: Physica B**280**, 148 (2000)

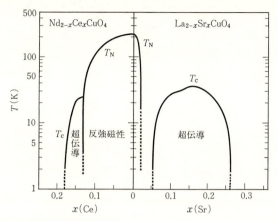

図 7.1 酸化物高温超伝導体 $La_{2-x}Sr_xCuO_4$ と $Nd_{2-x}Ce_xCuO_4$ の相図 [十倉好紀：固体物理 **25**, 618 (1990)]

　3d 電子よりも電子相関がさらに強いと思われる f 電子系では多くは磁性体になるが, 表 7.2 に示すように, Ce 化合物, U 化合物で超伝導体になるものがある[*5]. 注目すべきことは, f 電子系では圧力を加えると反磁性相が消失する臨界圧近くで超伝導相が出現する例がかなりあることである. $CePd_2Si_2$ の例を図 7.2 に示す. また, UGe_2 は常圧で Curie 温度 $T_c = 53$ K の金属強磁性体であるが, 加圧すると T_c は低下し, 強磁性消失直前に強磁性と共存する形で超伝導が現れる(図 7.2). UGe_2 は強磁性に関連して超伝導が出現する数少ないケースで注目に値する. また, UPt_3 はスピン 3 重項超伝導体と推定され, その超伝導相は複数ある. これらの物質ではスピンの揺らぎを示唆する実験が報告されている. 一般に, f 電子系の超伝導ではスピン軌道相互作用の役割を無視できないので, 3d 電子系に比べ状況は複雑になっている. このためミクロな理解は容易でないが, 相関のある電子系として 3d 電子系との共通性があることは明らかであろう.

[*5] 上田和夫, 大貫惇睦：重い電子系の物理(裳華房, 1998)を参照.

表 7.2 代表的な f 電子系超伝導体

超伝導体	構造	T_c
UPt$_3$	六方晶	0.5 K（0.45 K に第 2 の超伝導転移がある）
UBe$_{13}$	面心立方格子	0.9 K
UPd$_2$Al$_3$	六方晶	2 K（14.5 K 以下で反強磁性）
UGe$_2$	斜方晶	圧力下で強磁性と共存する超伝導
CeCu$_2$Si$_2$	ThCr$_2$Si$_2$ 型 (体心正方晶)	0.7 K
CeCu$_2$Ge$_2$	同上	圧力下で超伝導
CePd$_2$Si$_2$	同上	圧力下で反強磁性 → 超伝導
CeIn$_3$	立方晶	圧力下で反強磁性 → 超伝導

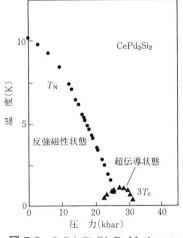
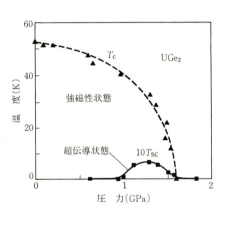

図 7.2 CePd$_2$Si$_2$ [N. D. Mathur et al.: Nature **394**, 39 (1998)] と UGe$_2$ [S. S. Saxena et al.: Nature **406**, 587 (2000)] の圧力–温度相図

有機導体においても似ているケースがある[*6]．例えば，2 次元的有機導体 κ-(BEDT-TTF)$_2$Cu[N(CN)$_2$]X (X=Br, Cl) では反強磁性相と隣接して超伝導相があり，その超伝導は異方的超伝導の徴候がある．

さらに，電子と同じ Fermi 粒子 ^{3}He からなる液体 ^{3}He は低温でスピン 3 重

[*6] T. Ishiguro, K. Yamaji and G. Saito: *Organic Superconductors*, 2nd ed. (Springer, 1998); K. Kanoda: Physica C**282-287**, 299 (1997)

項 p 波の超流動(本質的に超伝導と同じ)になるが,このスピン 3 重項超流動相の安定化に強磁性的スピンの揺らぎが効いている証拠がある*7. 液体 ^{3}He では Fermi 粒子 ^{3}He の密度が高く, 粒子間の斥力の効果が重要であり, 相関の強い電子と似た事情があるから, ^{3}He の超流動は, 強磁性的スピンの揺らぎがスピン 3 重項超伝導に有利に働くことを示唆している.

以上を総合して, 電子相関の強い系の実験は磁気的揺らぎによって異方的超伝導が起こることを強く示唆している. 個々の物質の超伝導には, 当然物質特有の問題があるが, その根底にはすべてに共通するシナリオがあると推測するのが自然であろう.

7.2 スピン, 電荷, 超伝導の揺らぎと感受率

前節で, 電子相関の重要な系において磁気的秩序相と超伝導相とが隣接して出現する場合が多いことを見た. この問題について理論的に考えよう. 問題を具体的にするため, 酸化物高温超伝導体を念頭において, 電子間に短距離の斥力相互作用が働いている 2 次元正方格子上の Hubbard モデルにおける超伝導の可能性を検討する.

電子系の種々の揺らぎと系の不安定性は次に定義する感受率に反映する. まず, 波数と松原振動数に依存するスピン帯磁率は次のように書ける.

$$\chi^{zz}(\boldsymbol{q}, i\omega_n) = \int_0^\beta d\tau e^{i\omega_n \tau} \langle S_{\boldsymbol{q}}^z(\tau) S_{-\boldsymbol{q}}^z(0) \rangle \tag{7.2.1}$$

$$\chi^{+-}(\boldsymbol{q}, i\omega_n) = \int_0^\beta d\tau e^{i\omega_n \tau} \langle S_{\boldsymbol{q}}^+(\tau) S_{-\boldsymbol{q}}^-(0) \rangle \tag{7.2.2}$$

ここで, $\omega_n = 2\pi n k_B T$ (n は整数)は松原振動数,

[*7] P. W. Anderson and W. F. Brinkman: *The Physics of Liquid and Solid Helium*, Part II ed. by K. H. Bennemann and J. B. Ketterson (Wiley, 1978), p.177; Y. Kuroda: Prog. Theor. Phys. **53**, 349 (1975).

$$S_q^z = \sum_k \frac{1}{2}\left(c_{k\uparrow}^\dagger c_{k+q\uparrow} - c_{k\downarrow}^\dagger c_{k+q\downarrow}\right) \qquad (7.2.3)$$

$$S_q^+ = \sum_k c_{k\uparrow}^\dagger c_{k+q\downarrow} = (S_{-q}^-)^\dagger \qquad (7.2.4)$$

である．電荷感受率は

$$\chi^c(\boldsymbol{q}, i\omega_n) = \int_0^\beta d\tau e^{i\omega_n \tau} \langle n_q(\tau) n_{-q}(0)\rangle \qquad (7.2.5)$$

となる．ここで，n_q は電子密度の揺らぎの演算子で

$$n_q = \frac{1}{2}\sum_k \left(c_{k\uparrow}^\dagger c_{k+q\uparrow} + c_{k\downarrow}^\dagger c_{k+q\downarrow}\right) \qquad (7.2.6)$$

である．$1/2$ の因子は S_q^z と対称な形にするために付けた．

また，全運動量 $\boldsymbol{q}$，スピン↑,↓の電子対の演算子

$$B_q = \sum_k g(\boldsymbol{k}) c_{\boldsymbol{k}-\frac{\boldsymbol{q}}{2}\uparrow} c_{-\boldsymbol{k}-\frac{\boldsymbol{q}}{2}\downarrow} \qquad (7.2.7)$$

を用いて超伝導感受率を

$$P(\boldsymbol{q}, i\omega_n) = \int_0^\beta d\tau e^{i\omega_n \tau} \langle B_q(\tau) B_q^\dagger(0)\rangle \qquad (7.2.8)$$

で定義しよう．通常は $P(0,0)$ の発散点が超伝導への転移点を与える．

(7.2.7) の $g(\boldsymbol{k})$ は電子対の軌道部分を表す．全運動量 $\boldsymbol{q}=0$ のとき，$g(\boldsymbol{k})$ が奇関数($g(\boldsymbol{k}) = -g(-\boldsymbol{k})$)であれば電子対はスピン 3 重項，$g(\boldsymbol{k})$ が偶関数($g(\boldsymbol{k}) = g(-\boldsymbol{k})$)であれば電子対はスピン 1 重項である．$g(\boldsymbol{k})$ は固体の点群の既約表現により分類できる．スピン 1 重項の場合，2 次元正方格子の持つ対称性から，面に垂直な軸に関する 4 回の回転で符号を変えないケース(s 波対)，変えるケース(d 波対)に分けることができ，z-x 面に関しての鏡映で不変なもの($d_{x^2-y^2}$ 型，たとえば $g(\boldsymbol{k}) \propto \cos(k_x a) - \cos(k_y a)$)，変えるもの($d_{xy}$ 型，たとえば $g(\boldsymbol{k}) \propto \sin(k_x a)\sin(k_y a)$)に分類される．

相互作用の効果を見る前に，相互作用のない場合の各感受率の特徴を見ておこう．以下では，相互作用のないときの χ^{+-}，P を χ_0，P_0 と書くことにしよう．電子のエネルギーとしては，2 次元正方格子で最近接格子点へのホッピング t，次近接格子点への小さいホッピング t' を考慮して

$$\varepsilon_{\bm{k}} = -2t\Big[\cos(k_x a) + \cos(k_y a)\Big] - 4t'\cos(k_x a)\cos(k_y a) \qquad (7.2.9)$$

を取るとしよう．$t'=0$ と $t'<0$ の場合の等エネルギー線を図7.3に示す．図の A 点 $(\pi/a, 0)$ と B 点 $(0, \pi/a)$ は鞍点（van Hove 特異点の一種）であり，そのため状態密度 $N(\varepsilon)$ はエネルギー $\varepsilon = 4t'$ のとき対数発散している．実際，(7.2.9) の $\varepsilon_{\bm{k}}$ の等エネルギー線を $\varepsilon = 4t'$ 近くで直線で近似して $N(\varepsilon)$ を求めると

$$N(\varepsilon) = \frac{1}{2\pi^2\sqrt{t^2 - 4t'^2}} \log\left[\frac{4\pi^2(t^2 - 4t'^2)}{|\varepsilon - 4t'|(\sqrt{t + 2t'} + \sqrt{t - 2t'})^2}\right] \qquad (7.2.10)$$

となり，$t' \neq 0$ であっても対数発散していることがわかる．

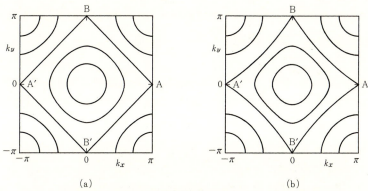

図 7.3 (7.2.9) の等エネルギー線の概略図．(a) は $t' = 0$ の場合，(b) は $t' = -0.16t$ の場合である．A と A′，B と B′ は逆格子ベクトルで結ばれるので等価な点である．[C. J. Halboth and W. Metzner: Phys. Rev. B **61**, 7364 (2000)]

まず，超伝導感受率は $\bm{q} = 0$ の場合が最も大きく，

$$\begin{aligned} P_0(0,0) &= \frac{1}{\beta}\sum_n\sum_{\bm{k}} |g(\bm{k})|^2 G_0(\bm{k}, i\varepsilon_n) G_0(-\bm{k}, -i\varepsilon_n) \\ &= \sum_{\bm{k}} |g(\bm{k})|^2 \frac{1 - 2f(\xi_{\bm{k}})}{2\xi_{\bm{k}}} \end{aligned} \qquad (7.2.11)$$

である．ここで

$$G_0(\bm{k}, i\varepsilon_n) = \frac{1}{i\varepsilon_n - \xi_{\bm{k}}} \qquad (7.2.12)$$

は相互作用のない 1 電子 Green 関数, $\varepsilon_n = (2n+1)\pi/\beta$ は電子の松原振動数, $\xi_{\bm{k}} = \varepsilon_{\bm{k}} - \mu$ は化学ポテンシャルから測った電子のエネルギーである. $f(\xi)$ は Fermi 分布関数である. (7.2.11) は, $N(\varepsilon_{\mathrm{F}})$ が有限のとき, $T \to 0$ で

$$P_0(0,0) \simeq \langle |g(\bm{k})|^2 \rangle_{\mathrm{F}} N(\varepsilon_{\mathrm{F}}) \log\left(\frac{\varepsilon_{\mathrm{c}}}{k_{\mathrm{B}}T}\right) \qquad (7.2.13)$$

と対数発散する. ここで, $\langle |g(\bm{k})|^2 \rangle_{\mathrm{F}}$ は Fermi 面上での平均を, ε_{c} はカットオフを表す. $\mu = 4t'$ のときは $N(\varepsilon_{\mathrm{F}})$ も対数発散するので, $P_0(0,0)$ は $\log^2$ に比例し, 発散は強くなる. それ以外では log 的発散である. (7.2.13) の対数発散は Fermi 面の形状によらないので, 何らかの引力をもたらす機構があれば超伝導が必然的に起こることになる. これが超伝導が金属で普遍的に起こる理由である.

スピン帯磁率, 電荷感受率は

$$\begin{aligned}\chi_0(\bm{q},0) &= -\frac{1}{\beta}\sum_n \sum_{\bm{k}} G_0(\bm{k}, i\varepsilon_n) G_0(\bm{k}+\bm{q}, i\varepsilon_n) \\ &= \sum_{\bm{k}} \frac{f(\xi_{\bm{k}}) - f(\xi_{\bm{k}+\bm{q}})}{\xi_{\bm{k}+\bm{q}} - \xi_{\bm{k}}}\end{aligned} \qquad (7.2.14)$$

である. この量は超伝導感受率と異なり, $\bm{q}$ の値, Fermi 面の形状, 化学ポテンシャルの位置に敏感に依存する.

最初に $t' = 0$ の場合を検討する. $\chi_0(\bm{q},0)$ が最大となるのは $\mu = 0$(ハーフ・フィリング), $\bm{q} = \bm{Q} \equiv (\pi/a, \pi/a)$ のときである. $\varepsilon_{\bm{k}+\bm{Q}} = -\varepsilon_{\bm{k}}$ が成り立つので,

$$\chi_0(\bm{Q},0) = \sum_{\bm{k}} \frac{1 - 2f(\xi_{\bm{k}})}{2\xi_{\bm{k}}} \simeq \frac{1}{4\pi^2 t} \log^2\left(\frac{\pi^2 t}{k_{\mathrm{B}}T}\right) \qquad (7.2.15)$$

となり, 超伝導感受率と同じように, $T \to 0$ で $\log^2$ の発散を与える. ハーフ・フィリングからずれて $\mu \neq 0$ となると, (7.2.15) の分母の $k_{\mathrm{B}}T$ は $k_{\mathrm{B}}T/|\mu| \ll 1$ において $|\mu|$ で置き換えられ, 有限の値

$$\chi_0(\bm{Q},0) \simeq \frac{1}{4\pi^2 t} \log^2\left(\frac{\pi^2 t}{|\mu|}\right) \qquad (7.2.16)$$

になる.

より一般的な $t' \neq 0$ の場合には, $|t'/t| \ll 1$ では, 化学ポテンシャルが鞍点に一致するとき($\mu = 4t'$)

$$\chi_0(\boldsymbol{Q},0) \simeq \frac{1}{4\pi^2 t} \log\left(\frac{\pi^2 t}{k_{\rm B}T}\right) \log\left(\frac{t}{t'}\right) \tag{7.2.17}$$

となり，$\log^2$ ではなく，$\log$ に比例して低温で増大する．

7.3 弱相関領域

これから電子間の短距離の斥力的相互作用の影響を考える．簡単のため，電子と格子振動との相互作用などは無視する．電子と格子振動との相互作用が効かないという訳ではなく，超伝導について純粋に電子的機構を追究するのがここでの目的だからである．電子間相互作用としては，理論を制御するのが容易な弱相関領域を考える．これは銅酸化物高温超伝導体の問題では，キャリヤーのドープ量が多いところ (overdoping) から考えることに対応するが，弱相関領域と強相関領域とが相図の上で連続的につながっているならば，弱相関からの理論は強相関での本質をある程度つかんでいるはずである．

7.3.1 乱雑位相近似

相互作用が弱いときには，相互作用のないときの感受率の大きいものが，相互作用によって発散的に増強されて長距離秩序をもたらすと期待される．その観点からは，一般の電子密度では，引力さえあれば，超伝導は常に可能である．一方，スピン帯磁率もハーフ・フィリング近くでは (7.2.15) あるいは (7.2.17) のように大きくなる．したがって両者の関係が問題になる．磁気的な揺らぎは電子間の相互作用を媒介するから，超伝導と磁性の関係は単純な競合ではない．したがって，さまざまな揺らぎが絡んでいる問題を考えねばならない．

まず，スピン，電荷，超伝導揺らぎをまったく独立に考え，最も簡単な近似として**乱雑位相近似**(random phase approximation; **RPA**) を適用すると (図 7.4)，

$$\chi^{zz}(\boldsymbol{Q},0) = \frac{1}{2}\frac{\chi_0(\boldsymbol{Q},0)}{1-U\chi_0(\boldsymbol{Q},0)} \tag{7.3.1}$$

$$\chi^{c}(\boldsymbol{Q},0) = \frac{1}{2}\frac{\chi_0(\boldsymbol{Q},0)}{1+U\chi_0(\boldsymbol{Q},0)} \tag{7.3.2}$$

$$P(0,0) = \sum_{\bm{k}} |g(\bm{k})|^2 \frac{1}{\beta} \sum_n G_0(\bm{k}, i\varepsilon_n) G_0(-\bm{k}, -i\varepsilon_n)$$

$$+ \left| \sum_{\bm{k}} g(\bm{k}) \frac{1}{\beta} \sum_n G_0(\bm{k}, i\varepsilon_n) G_0(-\bm{k}, -i\varepsilon_n) \right|^2$$

$$\times \frac{U}{1 + U\chi_{\text{pp}}(0,0)} \quad (7.3.3)$$

が得られる．$G_0(\bm{k}, i\varepsilon_n)$ は (7.2.12) の無摂動 Green 関数である．ここで，$\bm{Q} = (\pi/a, \pi/a)$ であり，

$$\chi_{\text{pp}}(\bm{q}, i\omega_m) = \frac{1}{\beta} \sum_n \sum_{\bm{k}} G_0(\bm{k}, i\varepsilon_n) G_0(-\bm{k} + \bm{q}, -i\varepsilon_n + i\omega_m) \quad (7.3.4)$$

は図 7.4(b) に示した'粒子-粒子ダイヤグラム'の一部を表している．$\chi_{\text{pp}}(0,0)$ は (7.2.11) の $P_0(0,0)$ において $g(\bm{k})$ を 1 としたものに等しい．

低温では $\chi_0(\bm{Q},0)$ と $\chi_{\text{pp}}(0,0)$ はともに大きくなる．しかし，(7.3.1)〜(7.3.3) が示すように，$U > 0$ のときには $\chi^{zz}(\bm{Q},0)$ のみが U によって増幅されて，

$$U\chi_0(\bm{Q},0) = 1 \quad (7.3.5)$$

が満たされるとき，波数 $\bm{Q}$ に対応する反強磁性が起こると期待される．この近似では電子対には短距離の斥力 U が働いているだけだから (7.3.3) の $P(0,0)$ が

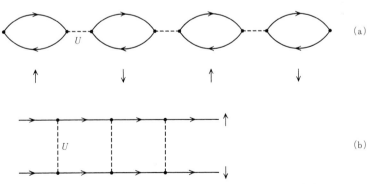

図 **7.4** RPA でのスピン，電荷の揺らぎ(a)，超伝導揺らぎ(b)の Feynman 図形．実線は電子の Green 関数を，破線は U を表す．↑,↓ は電子のスピンを示す．

発散することはない．(7.2.15) を (7.3.5) に代入すると

$$k_{\rm B}T_{\rm N} = \pi^2 t \exp\left(-\sqrt{4\pi^2 t/U}\right) \tag{7.3.6}$$

が Néel 温度として得られる．

ここまでの取扱いでは，$U > 0$ のときは電子対の直接の相互作用が斥力であるので，(7.3.3) の第 2 項の分母が示すように，超伝導感受率が大きくなる可能性はない．しかし，スピンの揺らぎが大きくなることがわかったので，次に，電子対の相互作用へのスピンの揺らぎの効果を考慮する．この効果を最初に議論したのは Berk と Schrieffer である[*8]．彼らは Pd を念頭において，強磁性的スピンの揺らぎが大きいときは s 波の超伝導はスピンの揺らぎによって抑制されることを示した．同時に，この理論から，強磁性的スピンの揺らぎが p 波の超伝導を助けることもわかる[*9]．この**パラマグノン機構**は液体 ^{3}He の超流動の p 波超流動に適用できると考えられている．

この Berk-Schrieffer の考えを拡張して，反強磁性的スピンの揺らぎが支配的な場合に応用しよう[*10]．Berk-Schrieffer の考え方では，スピンの揺らぎを乱雑位相近似で求め，そのスピンの揺らぎを交換することによる電子間の相互作用を考慮に入れる．図 7.5(a)〜(c) に示すのは RPA での揺らぎを媒介とする ↑, ↓ の電子対の有効相互作用である．これを式で書くと，

$$V_{\rm eff}^{(-)}(\bm{q}, i\omega_m) = U + \frac{U^2 \chi_0}{1 - U\chi_0} + \frac{U^3 \chi_0^2}{1 - (U\chi_0)^2} \tag{7.3.7}$$

である．ここで χ_0 は $\chi_0(\bm{q}, i\omega_m)$ を意味している．第 1, 2, 3 項は図 7.5 の (a), (b), (c) に対応する寄与である．U の低次の寄与で重複して数えないように注意が払われている．第 3 項で分母に $(U\chi_0)^2$ という偶数べきが現れるのは，スピン↑と↓の間の相互作用であるためである．(7.3.7) は次のように書き直せる．

[*8] N. F. Berk and J. R. Schrieffer: Phys. Rev. Lett. **17**, 433 (1966)
[*9] S. Nakajima: Prog. Theor. Phys. **50**, 1101 (1973)
[*10] 先駆的論文は K. Miyake, S. Schmitt-Rink and C. M. Varma: Phys. Rev. B**34**, 6554 (1986); D. J. Scalapino, E. Loh and J. E. Hirsch: Phys. Rev. B**34**, 8190 (1986); T. Moriya, Y. Takahashi and K. Ueda: J. Phys. Soc. Jpn. **59**, 2905 (1990); P. Monthoux, A. V. Balatsky and D. Pines: Phys. Rev. Lett. **67**, 3448 (1991) である．

$$V_{\text{eff}}^{(-)}(\boldsymbol{q}, i\omega_m) = U + U^2\chi_0 + \frac{3}{2}U^2\chi_0\left(\frac{1}{1-U\chi_0} - 1\right)$$
$$- \frac{1}{2}U^2\chi_0\left(\frac{1}{1+U\chi_0} - 1\right) \quad (7.3.8)$$

第3項はスピンの揺らぎの寄与で 3/2 がかかっているが,その内訳は 1/2 が縦の揺らぎ χ^{zz} の寄与,残りの 1 が横の揺らぎ χ^{+-} の寄与である.第4項は電荷の揺らぎを媒介にする相互作用で,スピン揺らぎの寄与と符号が逆になっていることに注意してほしい.図 7.5 に示すように同種の寄与が電子の自己エネルギー部分 $\Sigma(\boldsymbol{k}, i\varepsilon_n)$ にある.それは

$$\Sigma(\boldsymbol{k}, i\varepsilon_n) = \frac{1}{\beta}\sum_m\sum_{\boldsymbol{q}} V_{\text{eff}}^{(+)}(\boldsymbol{q}, i\omega_m) G_0(\boldsymbol{k}+\boldsymbol{q}, i\varepsilon_n + i\omega_m) \quad (7.3.9)$$

$$V_{\text{eff}}^{(+)}(\boldsymbol{q}, i\omega_m) = U + \frac{U^3\chi_0^2}{1-U\chi_0} + \frac{U^2\chi_0}{1-(U\chi_0)^2} \quad (7.3.10)$$

である.(7.3.10) の第 1, 2, 3 項は図 7.5 の (d), (e), (f) に対応している.$V_{\text{eff}}^{(-)}$ と同様に,$V_{\text{eff}}^{(+)}$ は

$$V_{\text{eff}}^{(+)}(\boldsymbol{q}, i\omega_m) = U + U^2\chi_0 + \frac{3}{2}U^2\chi_0\left(\frac{1}{1-U\chi_0} - 1\right)$$
$$+ \frac{1}{2}U^2\chi_0\left(\frac{1}{1+U\chi_0} - 1\right) \quad (7.3.11)$$

と書き直せる.$V_{\text{eff}}^{(-)}$ との違いは電荷揺らぎの寄与を表す第4項の符号だけである.自己エネルギー $\Sigma(\boldsymbol{k}, i\varepsilon)$ をふくめた 1 電子 Green 関数は

$$G(\boldsymbol{k}, i\varepsilon_n) = \frac{1}{i\varepsilon_n - \xi_{\boldsymbol{k}} - \Sigma(\boldsymbol{k}, i\varepsilon)} \quad (7.3.12)$$

である.

電子対の有効相互作用が $V_{\text{eff}}^{(-)}$,全運動量 0 の電子対の Green 関数が $G(\boldsymbol{k}, i\varepsilon_n) \times G(-\boldsymbol{k}, -i\varepsilon_n)$ であるので,超伝導感受率の発散点を決める式は

$$\phi(\boldsymbol{k}, i\varepsilon_n) = -\frac{1}{\beta}\sum_{n'}\sum_{\boldsymbol{k}'} V_{\text{eff}}^{(-)}(\boldsymbol{k}-\boldsymbol{k}', i\varepsilon_n - i\varepsilon_{n'})$$
$$\times G(\boldsymbol{k}', i\varepsilon_{n'})G(-\boldsymbol{k}', -i\varepsilon_{n'})\phi(\boldsymbol{k}', i\varepsilon_{n'}) \quad (7.3.13)$$

で与えられる.

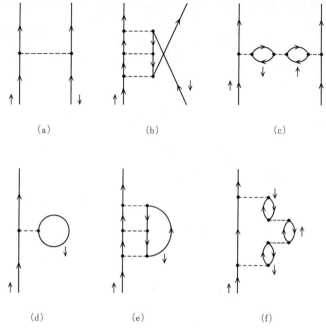

図 **7.5** 揺らぎを媒介とする電子対の有効相互作用の Feynman 図形 (a)〜(c) と対応する 1 電子の自己エネルギー部分への寄与 (d)〜(f). (b), (c), (e), (f) では重複しない範囲で無限次まで和を取る．破線は U に対応する．

積分方程式 (7.3.13) の解を求めるには数値的解法しかないが，(7.3.13) を次のように少し簡単化すれば解のようすがわかる．まず，(7.3.13) で

$$\phi(\bm{k}, i\varepsilon_n) \sim \phi(\bm{k}, 0) \qquad (7.3.14)$$

$$V_{\text{eff}}^{(-)}(\bm{q}, i\omega_m) \sim V_{\text{eff}}^{(-)}(\bm{q}, 0) \qquad (7.3.15)$$

$$G(\bm{k}, i\varepsilon_n) \sim G_0(\bm{k}, i\varepsilon_n) \qquad (7.3.16)$$

と近似しよう．この近似は揺らぎとの結合が弱い場合に適用できると思われる．この近似式を代入すると

$$\phi(\boldsymbol{k},0) = -\sum_{\boldsymbol{k}'} V_{\text{eff}}^{(-)}(\boldsymbol{k}-\boldsymbol{k}',0)\phi(\boldsymbol{k}',0)$$
$$\times \frac{1}{\beta}\sum_{n'}\frac{1}{(i\varepsilon_{n'}-\xi_{\boldsymbol{k}'})(-i\varepsilon_{n'}-\xi_{-\boldsymbol{k}'})}$$
$$= -\sum_{\boldsymbol{k}'} V_{\text{eff}}^{(-)}(\boldsymbol{k}-\boldsymbol{k}',0)\frac{\tanh(\beta\xi_{\boldsymbol{k}'}/2)}{2\xi_{\boldsymbol{k}'}}\phi(\boldsymbol{k}',0)$$

(7.3.17)

が得られる. $V_{\text{eff}}^{(-)}(\boldsymbol{q},0)$ は Coulomb 相互作用が強いときには, 基本的に, 正の量である. したがって, $\phi(\boldsymbol{k},0)$ が定符号の関数であれば, 左辺と右辺は互いに異符号になるから解にはならない. $\phi(\boldsymbol{k},0)$ は超伝導のギャップ関数に対応する量であるので, $\phi(\boldsymbol{k},0)$ が符号を変えないケースというのは本質的に s 波超伝導に対応している. よって, s 波超伝導の可能性はない. これはもちろん予想された結果である. こうして, (7.3.17) が解を持つためには $\phi(\boldsymbol{k},0)$ が Fermi 面上で符号を変える関数でなければならないことがわかる. (7.3.8) の表式から, $\boldsymbol{q}\sim(\pi/a,\pi/a)$ あるいは $(-\pi/a,\pi/a)$ のとき $V_{\text{eff}}^{(-)}(\boldsymbol{q},0)$ は正で大きい値を取る. 図 7.6 に示す Fermi 面の形の場合には, 図の A 点と A' 点の近くでの $\phi(\boldsymbol{k},0)$ と B 点と B' 点の近くでの $\phi(\boldsymbol{k},0)$ とが異符号であるような関数が解であると推測される. なぜなら, B 点と A 点を結ぶベクトルはちょうど $(-\pi/a,\pi/a)$ に等しく, A 点と B' 点を結ぶベクトルは $(\pi/a,-\pi/a)$ に等しいからである. こうして $\phi(\boldsymbol{k},0)$ は c 軸回りの $90°$ 回転で符号を変える d 波超伝導が最も有利であることがわかった. $\phi(\boldsymbol{k},0)$ は x 軸から $\pm 45°$ の方向で符号を変えるから, 正確に言えば d 波超伝導のうちでも $\mathrm{d}_{x^2-y^2}$ 対称性の超伝導である.

以上では (7.3.13) を簡単化した (7.3.17) の解を議論した. (7.3.13) の方程式の場合には数値的に解かねばならないが, そのような計算からも $\mathrm{d}_{x^2-y^2}$ 対称性の超伝導が実現するという結論は得られている. 当然ながら超伝導転移温度はモデルに依存する[*11].

[*11] 例えば, T. Moriya and K. Ueda: Adv. Phys. **49**, 555 (2000) を参照.

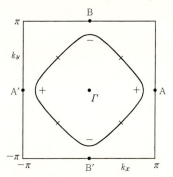

図 7.6 $d_{x^2-y^2}$ 波超伝導の場合の Fermi 面上での $\phi(\bm{k},0)$ の符号

7.3.2 揺らぎ交換近似

以上の議論では，物理的考察から，スピンの揺らぎを媒介とする電子間相互作用を求めている．これを電子間相互作用 U についての摂動展開として見たときには，同じ摂動の次数のさまざまな項の中で一部の項のみを取り入れていることになるが，それにはどういう根拠があるのか，という疑問が生ずる．何らかの基礎づけがなされることが望ましい．そのような基礎づけの 1 つとして以下に述べる**揺らぎ交換近似**(fluctuation exchange approximation; **FLEX**)がある[*12]．

FLEX は，Green 関数がエネルギー保存則，運動量保存則を満たすためには，どのようなものでなければならないか，という問題に関する Baym の一般論[*13]に基礎をおいている．この理論では上に述べた保存則を満たすような近似は，外線のないダイヤグラムのセット $\varPhi$ を与えることによって指定される．Baym の理論で注意すべき点は，ダイヤグラムの各線は無摂動 Green 関数 $G_0(\bm{k},i\varepsilon_n)$ ではなく，これから自己無撞着に決めるべき Green 関数 $G(\bm{k},i\varepsilon_n)$ を表していることである．すなわち，$\varPhi$ は G の汎関数 $\varPhi(G)$ になっている．この $\varPhi$ を $G(\bm{k},i\varepsilon_n)$ で汎関数微分をしたものが $\varSigma(\bm{k},i\varepsilon_n)$ であるとする．すなわち，

[*12] N. E. Bickers, D. J. Scalapino and S. R. White: Phys. Rev. Lett. **62**, 961 (1989); N. E. Bickers and D. J. Scalapino: Ann. Phys. (N.Y.) **193**, 206 (1989)

[*13] G. Baym: Phys. Rev. **127**, 1391 (1962)

$$\Sigma(\boldsymbol{k}, i\varepsilon_n) = \frac{\delta \Phi}{\delta G(\boldsymbol{k}, i\varepsilon_n)} \qquad (7.3.18)$$

を満たすように $G(\boldsymbol{k}, i\varepsilon_n)$ を選ばねばならない,というのが条件である.正確に言えば $G(\boldsymbol{k}, i\varepsilon_n)$ はスピン σ の Green 関数であり,(7.3.18) の $\Sigma(\boldsymbol{k}, i\varepsilon_n)$ も同じスピン σ の自己エネルギー部分である.汎関数微分というのは,Feynman 図形において 'Φ の中の G の線を 1 本切る' ことに対応し,あらゆる可能な切り方について和を取らねばならない.

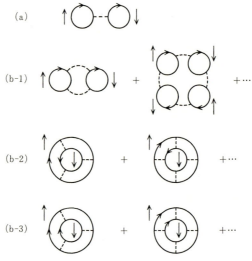

図 7.7 FLEX での Φ と対応する自己エネルギー部分 Σ. 破線は相互作用 U に対応する.

最も簡単な例を挙げると,Φ として図 7.7 の (a) を選んだときの Σ は普通の Hartree-Fock 近似である.すなわち,Hartree-Fock 近似が再現できる.次に,Φ として (b-1), (b-2), (b-3) も加えてみよう.ここでは同じタイプの項は無限次まで和を取る.(b-1), (b-2), (b-3) では種々の揺らぎの寄与が独立に考慮されている.(b-1) は図 7.5 の (f) をリング状に閉じたもので,(b-2) では図 7.5 の (e) のように 2 本の線が互いに逆方向に走っている.(b-1) はスピンの縦の揺らぎと電荷の揺らぎを,(b-2) はスピンの横の揺らぎを表している.(b-3) では 2 本の線は互いに平行に走っているが,これは図 7.4 の (b) と同じで,超伝導揺らぎに対応している.(b-3) を省略すれば,超伝導揺らぎを無視した近似になる.

この (a), (b-1), (b-2), (b-3) を Φ として考慮する近似を '揺らぎ交換近似' と呼ぶ. Φ は外線のない Feynman 図形に対応するので，相互作用 U を表す破線が n 本ある n 次のダイヤグラムには $1/n$ という係数が付く. この係数は自己エネルギー部分を求める (7.3.18) の汎関数微分の際出てくる n という因子によって打ち消される. 揺らぎ交換近似の自己エネルギー部分を具体的に書くと

$$\Sigma(\bm{k}, i\varepsilon_n) = \frac{1}{\beta} \sum_m \sum_{\bm{q}} V_{\text{eff}}^{(+)}(\bm{q}, i\omega_m) G(\bm{k}+\bm{q}, i\varepsilon+i\omega_m)$$
$$+ \frac{1}{\beta} \sum_m \sum_{\bm{q}} V_{\text{pp}}(\bm{q}, i\omega_m)$$
$$\times G(-\bm{k}+\bm{q}, -i\varepsilon+i\omega_m) \qquad (7.3.19)$$

となる. ここで $V_{\text{eff}}^{(+)}$ はスピン，電荷揺らぎとの結合を表し，V_{pp} は超伝導揺らぎとの結合の強さを表す. 具体的には

$$V_{\text{eff}}^{(+)}(\bm{q}, i\omega_m) = U + U^2 \bar{\chi}_0 + \frac{3}{2} U^2 \bar{\chi}_0 \left(\frac{1}{1-U\bar{\chi}_0} - 1 \right)$$
$$+ \frac{1}{2} U^2 \bar{\chi}_0 \left(\frac{1}{1+U\bar{\chi}_0} - 1 \right) \qquad (7.3.20)$$

$$V_{\text{pp}}(\bm{q}, i\omega_m) = -U^2 \bar{\chi}_{\text{pp}} \left[\frac{1}{1+U\bar{\chi}_{\text{pp}}} - 1 \right] \qquad (7.3.21)$$

で与えられる. $\bar{\chi}_0$ は前節での χ_0 において G_0 を G で置き換えたもの，$\bar{\chi}_{\text{pp}}$ は (7.3.4) において G_0 を G で置き換えたもの，すなわち

$$\bar{\chi}_0(\bm{q}, i\omega_m) = -\frac{1}{\beta} \sum_n \sum_{\bm{k}} G(\bm{k}, i\varepsilon_n) G(\bm{k}+\bm{q}, i\varepsilon_n+i\omega_m) \qquad (7.3.22)$$

$$\bar{\chi}_{\text{pp}} = \frac{1}{\beta} \sum_n \sum_{\bm{k}} G(\bm{k}, i\varepsilon_n) G(-\bm{k}+\bm{q}, -i\varepsilon_n+i\omega_m) \qquad (7.3.23)$$

で定義されている.

(7.3.19) の自己エネルギー部分はほとんど (7.3.9), (7.3.10) と同じである. その意味で揺らぎ交換近似は前節の近似理論の別の導出になっている. ただし，違いもある. 1つは，FLEX ではスピンの揺らぎによる1電子 Green 関数の修正を自己無撞着に考慮する点である. これは式の上では χ_0 が $\bar{\chi}_0$ で置き換えられているところに反映している. 物理的には，スピンの揺らぎによる電子の散乱の効果とそれに対応するエネルギーのずれが取り入れられていることにな

る．もう1つの違いは，超伝導の揺らぎが考慮されていることである．それは (7.3.19) の第2項である．しかし，(7.3.21) からわかるように，ここでは電子対の相互作用は U である．(7.3.19) の第2項を無視して $\bar{\chi}_0 \to \chi_0$ とすれば前節の結果と一致する．

これまでの議論はノーマル状態だけを考えてきたが，超伝導状態への拡張も可能である．それによって電子の散乱が超伝導になると抑えられる効果(フィードバック効果)が調べられている[*14]．

(7.3.21) の超伝導揺らぎの効果は小さいが，これは電子対の相互作用が U とされているためである．すでに見たように，スピンの揺らぎによって d 波の超伝導が安定化されるから，その効果を電子対の相互作用として取り入れるよう (7.3.21) を改良する必要があることは容易にわかる．そのような方向への理論の拡張も提案されている[*15]．酸化物高温超伝導体には '擬ギャップ' の問題など，単純な '揺らぎ交換近似' では説明困難な問題があり，超伝導揺らぎをも考慮する方向へ理論の拡張が進んでいる[*16]．

7.4　繰り込み群から見た弱相関電子系の超伝導

2次元正方格子 Hubbard モデルにおいて，相互作用が無視できるとき，$\chi_0(\boldsymbol{Q},0)$ と $\chi_{\mathrm{pp}}(0,0)$ が低温で大きくなるということを見た．図7.4の Feynman 図形を用いると，$\chi_0(\boldsymbol{q},i\omega_m)$ は2本の電子線が互いに逆方向に走る '粒子-ホールダイヤグラム' に，$\chi_{\mathrm{pp}}(\boldsymbol{q},i\omega_m)$ は2本の電子線が同じ方向に走る '粒子-粒子ダイヤグラム' に対応する．前者では $\boldsymbol{q}=\boldsymbol{Q}$, $\omega=0$ のとき低温で大きくなり，後者では $\boldsymbol{q}=0$, $\omega=0$ のとき大きくなる，というのが前の計算からの結論である．相互作用の効果を摂動論によって系統的に取り入れるには，このことを考慮し，$\chi_0(\boldsymbol{q},i\omega)$ と $\chi_{\mathrm{pp}}(\boldsymbol{q},i\omega)$ の組み合わせから生ずる低温で増大する項をすべて取り込まねばならない．この点で '揺らぎ交換近似' は完全とは言えない．このように反強磁性，超伝導が互いに同等に登場する問題には繰り込み群が最良と思わ

[*14]　C. -H. Pao and N. E. Bickers: Phys. Rev. Lett. **72**, 1870 (1994); P. Monthoux and D. J. Scalapino: Phys. Rev. Lett. **72**, 1874 (1994)

[*15]　T. Dahm, D. Manske and L. Tewordt.: Phys. Rev. B**55**, 15274(1997)

[*16]　例えば，柳瀬陽一，重城貴信，山田耕作：固体物理 **35**, 485 (2000)

れる．繰り込み群の方法は本質的に低エネルギーの現象を記述する有効ハミルトニアンを導くのに適していて，理論の中から根拠のない近似を除けるからである．ただし，計算を具体的に実行するのは現時点では弱相関領域に限られている．

このような繰り込み群の応用は Schulz と Dzyaloshinskii により最初になされた[*17]．以下ではその理論についてやや詳しく述べる．最近，この繰り込み群理論をさらに発展させて酸化物高温超伝導とそれに関連する問題を解明しようとする研究が進んでいるが，Schulz らの理論はそれらの出発点になっているからである．

第 2 章において Fermi 流体論の基礎づけを繰り込み群理論によって行ったが，そこでは簡単のため 3 次元(あるいは 2 次元)の等方的系を考えたので，Fermi 面は球(あるいは円)であった．そのようなモデルはハーフ・フィリング近くで起こる反強磁性を記述できないから，銅酸化物高温超伝導の議論には適当でない．ここでは銅酸化物高温超伝導の最も簡単なモデルとして 2 次元正方格子上の Hubbard モデルを用い，繰り込み群を適用して，斥力から超伝導が起こる機構を探る．

2 次元 Hubbard モデルの繰り込み群による解析は電子の分散関係，Fermi エネルギー，Fermi 面の形に依存する．一般の Fermi 面の場合は繰り込み群理論は少し複雑になり，数値計算が避けがたい．ここでは完全に解析的に扱える簡単な場合を中心に述べる．

電子の分散関係 (7.2.9) において $t'=0$ とし，ハーフ・フィリング($\mu=0$)の場合をまず考えよう．このとき Fermi エネルギーは図 7.3(a) の鞍点 A, B に一致する．エネルギーが鞍点 A, B に一致するとき状態密度が対数的に発散し，その近くで状態密度が高いことに注意しよう．すでに見たように，相互作用がないとき，A 点と B 点を結ぶ波数ベクトル Q に一致する波数のスピン感受率と電荷感受率が $\log^2$ に比例して大きくなり，また，超伝導感受率が $\log^2$ に比例して大きくなる．そこで，電子の状態として A 点と B 点の近傍に限ることにする．このとき電子間相互作用は

[*17] H. J. Schulz: Europhys. Lett. **4**, 609 (1987); I. E. Dzyaloshinskii: Sov. Phys. JETP **66**, 848 (1987); P. Lederer et al.: J. Physique **48**, 1613 (1987)

$$\mathcal{H}' = G_1 \sum_{\alpha\beta} c^\dagger_{B\alpha} c^\dagger_{A\beta} c_{B\beta} c_{A\alpha}$$
$$+ \frac{1}{2} G_2 \sum_{\alpha\beta} \left(c^\dagger_{A\alpha} c^\dagger_{A\beta} c_{A\beta} c_{A\alpha} + c^\dagger_{B\alpha} c^\dagger_{B\beta} c_{B\beta} c_{B\alpha} \right)$$
$$+ \frac{1}{2} G_3 \sum_{\alpha\beta} \left(c^\dagger_{B\alpha} c^\dagger_{B\beta} c_{A\beta} c_{A\alpha} + c^\dagger_{A\alpha} c^\dagger_{A\beta} c_{B\beta} c_{B\alpha} \right)$$
$$+ G_4 \sum_{\alpha\beta} c^\dagger_{A\alpha} c^\dagger_{B\beta} c_{B\beta} c_{A\alpha} \tag{7.4.1}$$

と書ける．α, β はスピンの向きを示す．記法を簡略化するため，(7.4.1) では電子の波数ベクトルを省略している．例えば，G_1 項は，正確には，

$$G_1 \sum_{k_1 \sim k_4} \sum_{\alpha\beta} c^\dagger_{Bk_1\alpha} c^\dagger_{Ak_2\beta} c_{Bk_3\beta} c_{Ak_4\alpha} \hat{\delta}_{k_1+k_2, k_3+k_4} \tag{7.4.2}$$

である．$G_1 \sim G_4$ はそれぞれの相互作用定数で，元の相互作用が U であっても繰り込みによって変化して違った値になるので，別々の定数を用いている．$\hat{\delta}_{k_1+k_2, k_3+k_4}$ は $k_1 + k_2 = k_3 + k_4$ のほかに，任意の逆格子ベクトル K を付け加えた $k_1 + k_2 = k_3 + k_4 + K$（ウムクラップ過程）も許す一般化されたデルタ関数である．(7.2.13) と (7.2.16) より，$\log^2$ の発散は図 7.8 に示す 4 つのプロセスで起こる．したがって，摂動の各次数で $\log^2$ を最も高いべきで含むのは図 7.8 のプロセスを最大限含むものである．この点が以下の議論で重要になる．

第 3 章の 3.4 節で述べた繰り込み群を適用しよう．すなわち，(7.2.9) の電子

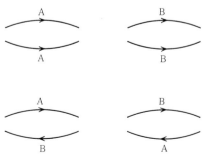

図 **7.8** $\log^2$ の発散を与える 4 つのプロセス．
A, B は A 点, B 点近傍の電子を示す．

状態の中でFermiエネルギーから遠い高エネルギーの状態を逐次消去し，それに伴う相互作用 $\mathcal{H}'$ の変化を調べる[*18]．いろいろな方法で具体的計算が可能であるが，例えば，3.4節で用いた経路積分法による計算を適用すればよい．まず，ε_k にカットオフ ε_c を導入する．(ε_c の初期値は $|\varepsilon_k - \mu|$ の最大値と取ればよい．) 経路積分に登場する作用 S は電子のホッピング項

$$S_0 = \sum_{nk\alpha}^{|\varepsilon_k-\mu|<\varepsilon_c} \left[(i\varepsilon_n - \varepsilon_{Ak} + \mu)\bar{c}_{Ak\alpha}c_{Ak\alpha} + (i\varepsilon_n - \varepsilon_{Bk} + \mu)\bar{c}_{Bk\alpha}c_{Bk\alpha}\right] \tag{7.4.3}$$

と相互作用 (7.4.1) に対応する作用 S_I からなる．(7.4.3) で $c, \bar{c}$ は Grassmann 数である．

カットオフ ε_c を $\varepsilon_c - d\varepsilon_c$ に減少させ，$\varepsilon_c - d\varepsilon_c < |\varepsilon_k - \mu| < \varepsilon_c$ の状態を積分して消去し，このときの相互作用の変化を調べる．相互作用が弱いときは最低次のプロセスは相互作用の 2 次である．具体的計算を示すため，(7.4.1) のうち，G_3 項だけがあるとしよう．G_3 の 2 次のプロセス (図 7.9) で中間状態が $\varepsilon_c - d\varepsilon_c < |\varepsilon_k| < \varepsilon_c$ に属する状態を積分すると，

$$\frac{1}{2}G_3^2 \sum \left[\frac{1}{\beta}\sum_n \sum_k^> \frac{1}{i\varepsilon_n - \varepsilon_{Ak} + \mu} \frac{1}{-i\varepsilon_n - \varepsilon_{A-k} + \mu} \bar{c}_{B\alpha}\bar{c}_{B\beta}c_{B\beta}c_{B\alpha} \right.$$
$$\left. + \frac{1}{\beta}\sum_n \sum_k^> \frac{1}{i\varepsilon_n - \varepsilon_{Bk} + \mu} \frac{1}{-i\varepsilon_n - \varepsilon_{B-k} + \mu} \bar{c}_{A\alpha}\bar{c}_{A\beta}c_{A\beta}c_{A\alpha}\right]$$
$$- G_3^2 \sum \left[-\frac{1}{\beta}\sum_n \sum_k^> \frac{1}{i\varepsilon_n - \varepsilon_{Ak} + \mu} \frac{1}{i\varepsilon_n - \varepsilon_{Bk} + \mu}\right] \bar{c}_{A\alpha}\bar{c}_{B\beta}c_{B\beta}c_{A\alpha} \tag{7.4.4}$$

となる．ここで $\sum_k^>$ は $\varepsilon_c - d\varepsilon_c < |\varepsilon_k - \mu| < \varepsilon_c$ についての和である．なお，(7.4.1) と同様に Grassmann 数の波数ベクトルを書くべきところを，省略している．(7.4.4) の第 1 項は G_2 への繰り込み，第 2 項は G_4 への繰り込みである．

(7.4.4) の $\varepsilon_c - d\varepsilon_c < |\varepsilon_k - \mu| < \varepsilon_c$ についての和を $T = 0$ の場合について実行すると

[*18] この考え方は 4.3 節の近藤効果のスケーリング理論とも同じである．

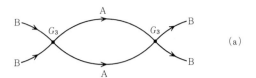

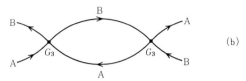

図 **7.9** G_3 の 2 次のプロセス.
(a): G_2 への繰り込み，(b): G_4 への繰り込み.

$$\frac{1}{\beta}\sum_n \sum_k^> \frac{1}{i\varepsilon_n - \varepsilon_{Ak} + \mu} \frac{1}{-i\varepsilon_n - \varepsilon_{A-k} + \mu} = \sum_k^> \frac{1 - 2f(\varepsilon_{Ak} - \mu)}{2(\varepsilon_{Ak} - \mu)}$$
$$= N(\varepsilon_c)\frac{d\varepsilon_c}{2\varepsilon_c} \quad (7.4.5)$$

が得られる．最後の式を導くには $\mu = 0$ を使っている．状態密度 $N(\varepsilon)$ は (7.2.10) で $t' = 0$ とおいたものである．同様に，$\varepsilon_{Ak} = -\varepsilon_{Bk}$ を用いて，

$$-\frac{1}{\beta}\sum_n \sum_k^> \frac{1}{i\varepsilon_n - \varepsilon_{Ak} + \mu} \frac{1}{i\varepsilon_n - \varepsilon_{Bk} + \mu} = \sum_k^> \frac{1 - 2f(\varepsilon_{Ak} - \mu)}{2\varepsilon_{Ak}}$$
$$= N(\varepsilon_c)\frac{d\varepsilon_c}{2\varepsilon_c} \quad (7.4.6)$$

である．ここでも最後の式では $\mu = 0$ を使っている．ε_c の代わりに

$$\ell \equiv \frac{1}{2\pi}\log^2\left(\frac{\pi^2 t}{\varepsilon_c}\right) \quad (7.4.7)$$

という量を定義すると，(7.4.5) と (7.4.6) の右辺は

$$N(\varepsilon_c)\frac{d\varepsilon_c}{2\varepsilon_c} = -\frac{d\ell}{4\pi t} \quad (7.4.8)$$

と書ける．したがって，(7.4.4) は G_2 への繰り込み $-G_3^2(d\ell/4\pi t)$, G_4 への繰り込み $G_3^2(d\ell/4\pi t)$ に等しい．

以上の議論を (7.4.1) のすべての相互作用について行うと，スケーリング方程式

$$\frac{dg_1}{dx} = -2g_1(g_1 - g_4) \tag{7.4.9}$$

$$\frac{dg_2}{dx} = -g_2^2 - g_3^2 \tag{7.4.10}$$

$$\frac{dg_3}{dx} = -2g_3(g_1 + g_2 - 2g_4) \tag{7.4.11}$$

$$\frac{dg_4}{dx} = g_3^2 + g_4^2 \tag{7.4.12}$$

が得られる．ここで $g_i \equiv G_i/U$ は無次元の結合定数，$x \equiv \ell \times (U/4\pi t)$ である．この連立方程式の初期条件は $g_i(x=0) = 1$ である．(7.4.9)〜(7.4.12) では，U についての摂動展開において，図 7.8 のタイプの Feynman 図形の組み合わせから得られるすべての寄与が取り入れられている．その例を図 7.10 に挙げる．図 7.10 のタイプの図形を '寄せ木細工図形'(parquet diagram) という．すなわち，(7.4.9)〜(7.4.12) は parquet diagram の総和と等価である．ここで取り入れている寄与の中には揺らぎ交換近似では取り入れられていないタイプがあることに注意してほしい．

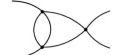 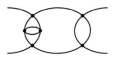

図 **7.10** 繰り込み群の式 (7.4.9)〜(7.4.12) で取り入れられている寄与の Feynman 図形．典型的なものを 2 つだけ示す．黒丸は相互作用，実線は電子の Green 関数を表す．

この一見複雑な連立方程式は次のような方法で解析的に解けることが稲垣によって示された[*19]．まず，g_1〜g_4 を x でべき展開し，(7.4.9)〜(7.4.12) に代入すると

$$g_1(x) = \frac{1}{2}\bigl[g_2(x) + g_2(-x)\bigr] \tag{7.4.13}$$

$$g_3(x) = \bigl[g_1(x)\bigr]^3 \tag{7.4.14}$$

$$g_4(x) = g_2(-x) \tag{7.4.15}$$

[*19] S. Inagaki: J. Phys. Soc. Jpn. **66**, 408 (1997)

が成り立つことが示せる．これを利用すると連立方程式は g_2 だけの方程式

$$\frac{dg_2(x)}{dx} = -\left[g_2(x)\right]^2 - \frac{1}{64}\left[g_2(x)+g_2(-x)\right]^6 \tag{7.4.16}$$

に帰着する．この式で x を $-x$ で置き換えると，

$$\frac{dg_2(-x)}{dx} = \left[g_2(-x)\right]^2 + \frac{1}{64}\left[g_2(x)+g_2(-x)\right]^6 \tag{7.4.17}$$

が得られるので，(7.4.16) と (7.4.17) から dx を消去すると，

$$\frac{dg_2(x)}{dg_2(-x)} = -\frac{\left[g_2(x)\right]^2 + \frac{1}{64}\left[g_2(x)+g_2(-x)\right]^6}{\left[g_2(-x)\right]^2 + \frac{1}{64}\left[g_2(x)+g_2(-x)\right]^6} \tag{7.4.18}$$

となる．この方程式は積分できて，

$$\frac{g_2(x)g_2(-x)}{g_2(x)+g_2(-x)} + \frac{1}{64}\frac{1}{5}\left[g_2(x)+g_2(-x)\right]^5 = \frac{3}{5} \tag{7.4.19}$$

が得られる．ここで初期条件 $g_2(x=0)=1$ を用いている．

$$u(x) = \frac{1}{2}\left(g_2(x)+g_2(-x)\right) \tag{7.4.20}$$

$$v(x) = \frac{1}{2}\left(g_2(x)-g_2(-x)\right) \tag{7.4.21}$$

で定義される関数 $u(x), v(x)$ を導入すると，(7.4.16) と (7.4.17) は

$$\frac{du}{dx} = -2uv \tag{7.4.22}$$

$$\frac{dv}{dx} = -(u^2+v^2) - u^6 \tag{7.4.23}$$

となる．初期条件は $u(0)=1,\ v(0)=0$ である．(7.4.23) の右辺は負であるから，$x>0$ で $v<0$ である．これを使って，(7.4.19) から求まる

$$v = -\frac{1}{\sqrt{5}}\sqrt{u(u^5+5u-6)} \tag{7.4.24}$$

を (7.4.22) に代入して積分すると，

$$x = \frac{\sqrt{5}}{2}\int_1^u \frac{du}{\sqrt{u^3(u^5+5u-6)}} \tag{7.4.25}$$

が得られ，$u(x)$ が求まったことになる．$v(x)$ は (7.4.24) より決まる．u と v によって $g_1 \sim g_4$ は

$$g_1(x) = u(x) \tag{7.4.26}$$

$$g_2(x) = u(x) + v(x) \tag{7.4.27}$$

$$g_3(x) = u(x)^3 \tag{7.4.28}$$

$$g_4(x) = u(x) - v(x) \tag{7.4.29}$$

で与えられるので，すべて決まったことになる．(7.4.25) より，x が 0 から増加すると u は 1 から増加し，$x = x_\mathrm{c}$ で u は発散する．x_c は

$$x_\mathrm{c} = \frac{\sqrt{5}}{2} \int_1^\infty \frac{du}{\sqrt{u^3(u^5 + 5u - 6)}} \simeq 0.483 \tag{7.4.30}$$

である．同じ点で v も $-\infty$ に発散し，結合定数 $g_1 \sim g_4$ はすべて $x = x_\mathrm{c}$ で発散する．

d 波超伝導，s 波超伝導，反強磁性(波数 $\bm{Q} = (\pi/a, \pi/a)$ のスピン密度波)，波数 $\bm{Q}$ の電荷密度波への不安定化の程度を与える有効結合定数は $g_1 \sim g_4$ の組み合わせによって与えられる．d 波超伝導の有効結合定数は $g_\mathrm{SCd} \equiv -2(g_2 - g_3)$，s 波超伝導のそれは $g_\mathrm{SCs} \equiv -2(g_2 + g_3)$，さらに，反強磁性状態(波数 $\bm{Q}$ のスピン密度波)の結合定数は $g_\mathrm{SDW} \equiv 2(g_3 + g_4)$，波数 $\bm{Q}$ の電荷密度波状態の結合定数は $g_\mathrm{CDW} \equiv -2(2g_1 + g_3 - g_4)$ である．例えば，d 波超伝導の場合は，(7.2.7) から $B_0 = \sum_{\bm{k}}(c_{A\bm{k}\uparrow}c_{A-\bm{k}\downarrow} - c_{B\bm{k}\uparrow}c_{B-\bm{k}\downarrow})$ が電子対の演算子である．これに対応して超伝導感受率 $P(0,0)$ が与えられる．$P(0,0)$ を電子間相互作用 (7.4.1) を摂動としてその 1 次まで計算すると

$$P(0,0) = \frac{1}{4\pi^2 t} \log^2\left(\frac{\varepsilon_\mathrm{c}}{k_\mathrm{B}T}\right) \left[1 - (g_2 - g_3)\frac{U}{4\pi t}\frac{1}{2\pi}\log^2\left(\frac{\varepsilon_\mathrm{c}}{k_\mathrm{B}T}\right)\right] \tag{7.4.31}$$

となる．この式から相互作用による $P(0,0)$ の増大を特徴づける'有効結合定数'が $-(g_2 - g_3)$ に比例することがわかる．s 波超伝導の場合は $B_0 = \sum_{\bm{k}}(c_{A\bm{k}\uparrow}c_{A-\bm{k}\downarrow} + c_{B\bm{k}\uparrow}c_{B-\bm{k}\downarrow})$，スピン密度波の場合は $S_{\bm{Q}}^+ = \sum_{\bm{k}}(c_{A\bm{k}\uparrow}^\dagger c_{B\bm{k}\downarrow} + c_{B\bm{k}\uparrow}^\dagger c_{A\bm{k}\downarrow})$，電荷密度波の場合は $n_{\bm{Q}} = \frac{1}{2}\sum_{\bm{k}\sigma}(c_{A\bm{k}\sigma}^\dagger c_{B\bm{k}\sigma} + c_{B\bm{k}\sigma}^\dagger c_{A\bm{k}\sigma})$ に注意して，同じ計算をすればよい．

これらの結合定数の繰り込みによる変化は (7.4.26)～(7.4.29) から決まる．図 7.11 にそれを示す．ここでは $t' = 0$ で $\mu = 0$ を考えているから，当然予想さ

れるように，最も発散が強いのは反強磁性である．しかし，d 波超伝導も繰り込みによって増大していることは注目に値する．g_{SCd} は初期値は 0 であるが，g_{SDW} の増大によって増大している．すなわち，反強磁性的スピンの揺らぎの助けによって大きくなっている．g_{SCs} は負であるので，これは斥力的相互作用によって相互作用のないときの値より抑えられることを意味する．

次に $\mu \neq 0$ の場合を考えよう．その場合は (7.4.9)～(7.4.12) をそのまま使うことはできない．(7.4.5) は，一般の μ の場合には，

$$\frac{1}{2}\Big[N(\mu+\varepsilon_c)+N(\mu-\varepsilon_c)\Big]\frac{d\varepsilon_c}{2\varepsilon_c} \tag{7.4.32}$$

になるので，$|\mu| \ll \varepsilon_c$ の場合は $N(\varepsilon_c)d\varepsilon_c/2\varepsilon_c$ となるが，$|\mu| > \varepsilon_c$ では

$$N(\mu)\frac{d\varepsilon_c}{2\varepsilon_c} \tag{7.4.33}$$

となる．これは (7.2.13) の log 発散に対応するものである．一方，(7.4.6) は，一般の μ では，

$$\frac{1}{2}\left[\frac{N(\mu+\varepsilon_c)}{2(\mu+\varepsilon_c)}-\frac{N(\mu-\varepsilon_c)}{2(\mu-\varepsilon_c)}\right]d\varepsilon_c \tag{7.4.34}$$

となり，$|\mu| \ll \varepsilon_c$ では $N(\varepsilon_c)d\varepsilon_c/(2\varepsilon_c)$ であるが，$|\mu| > \varepsilon_c$ では

$$-N(\mu)\frac{\varepsilon_c d\varepsilon_c}{2\mu^2} \tag{7.4.35}$$

となって小さい量になる．これは (7.2.16) に対応するものである．

以上の結果から次のことがわかる．ε_c を $\varepsilon_c - d\varepsilon_c$ へと逐次的に減少していくとき，$\varepsilon_c > |\mu|$ である間は $\mu=0$ と本質的には変わらない．しかし，$\varepsilon_c < |\mu|$ となると，超伝導のみが重要になる．$\mu=0$ の場合のスピン密度波の転移温度を T_{SDW} とすると，$|\mu| < k_B T_{SDW}$ までは $\mu=0$ と変わりないが，$|\mu| > k_B T_{SDW}$ となるとスピン密度波の相関は有限値に留まり，超伝導相関の方は $\varepsilon_c \sim |\mu|$ までの繰り込みによって生じている引力的相互作用によって超伝導が実現することになる．このようすは図 7.11 の挿入図に示されている．

以上の議論は定性的には正しいと思われるが，次の点で不満足なものである．第 1 に，$\mu \neq 0$ の場合の議論が継ぎはぎになっていること，第 2 には，ここでは 2 次元 Hubbard モデルの Fermi 面を鞍点 A, B の 2 点の近傍だけを取り出

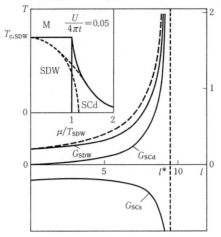

図 **7.11** 種々の秩序に対する結合定数の繰り込み．
[H. J. Schulz: Europhys. Lett. **4**, 609 (1987)] こ
こでは $U/4\pi t = 0.05$ を選んでいる．破線は G_{SDW}
に対する RPA の結果である．ここでの結合定数は
本文の結合定数 g と $G = g \cdot U/4\pi t$ の関係にある．
挿入図は T_c あるいは T_{SDW} の μ 依存性で，実線は
ここでの簡単化された計算結果を示し，破線は予想
される正しい結果である．

していることである．実際の Fermi 面を記述するには，2 点だけでなく Fermi 面上のすべての点を考慮する必要がある．最近，繰り込み群理論の厳密な定式化[20]を用いて，以上の 2 点を克服する研究が進みつつある[21]．反強磁性的揺らぎによって $\mathrm{d}_{x^2-y^2}$ 波超伝導が安定化されるという結論はそのような研究からも支持されている．繰り込み群理論にもとづく研究は今後さらに進展があると期待される[22]．

---

[20] M. Salmhofer: *Renormalization——An Introduction* (Springer, 1999)
[21] C. J. Halboth and W. Metzner: Phys. Rev. B**61**, 7364 (2000); D. Zanchi and H. J. Schulz: Phys. Rev. B**61**, 13609 (2000)
[22] 例えば，N. Furukawa and T. M. Rice: J. Phys. Condens. Matter **10**, L381 (1998); N. Furukawa, T. M. Rice and M. Salmhofer: Phys. Rev. Lett. **81**, 3195 (1998)

7.5 強相関領域からのアプローチ

銅酸化物超伝導体はキャリヤーを注入しないときは Mott 絶縁体の反強磁性体であるから，絶縁体相を記述するには第 2 章で述べた強相関からのアプローチが適当である．しかし，金属状態を強相関から記述するのは，以下に見るように，決して容易ではない．

強相関領域では Hubbard モデルから $1/U$ で展開した有効ハミルトニアンである t-J モデルあるいはそれに近いモデルから出発するのが標準的である．すでに第 2 章で述べたように，酸素の p 軌道を考慮した Zhang-Rice 1 重項から t-J モデル (2.5.38) が得られる．普通，t-J モデルは

$$\mathcal{H} = -\sum_{(ij)\sigma} t_{ij}\left(\tilde{c}_{i\sigma}^\dagger \tilde{c}_{j\sigma} + \text{H.c.}\right) + J\sum_{(ij)} \left(\boldsymbol{S}_i \cdot \boldsymbol{S}_j - \frac{1}{4} n_i n_j\right) \quad (7.5.1)$$

と表したものが用いられる．$\boldsymbol{S}_i$ はサイト i のスピン演算子，n_i はサイト i の電子数を表す．$-(1/4)n_i n_j$ はハーフ・フィリングの場合に (2.3.3) を再現するように加えた項である．$\tilde{c}_{i\sigma}$ は通常のフェルミオンの消滅演算子 $c_{i\sigma}$ とは異なり，$-\sigma$ の電子が同じサイトにいないという制約の付いた演算子

$$\tilde{c}_{i\sigma} \equiv c_{i\sigma}(1 - n_{i-\sigma}), \qquad \tilde{c}_{i\sigma}^\dagger \equiv c_{i\sigma}(1 - n_{i-\sigma}) \quad (7.5.2)$$

である．この制約は $U \to \infty$ という条件からくるものである．その反交換子は

$$\left[\tilde{c}_{i\sigma}, \tilde{c}_{i\sigma'}^\dagger\right]_+ = 1 - n_{i-\sigma} \quad (7.5.3)$$

$$\left[\tilde{c}_{i\uparrow}, \tilde{c}_{i\downarrow}^\dagger\right]_+ = c_{i\downarrow}^\dagger c_{i\uparrow} \quad (7.5.4)$$

である．

(7.5.1) は通常のフェルミオン演算子 $c_{i\sigma}$ を使って次のように書き直すこともできる．

$$\mathcal{H} = P_\text{G}\left[-\sum_{(ij)\sigma} t_{ij}\left(c_{i\sigma}^\dagger c_{j\sigma} + \text{H.c.}\right) + J\sum_{(ij)}\left(\boldsymbol{S}_i \cdot \boldsymbol{S}_j - \frac{1}{4}n_i n_j\right)\right] P_\text{G} \quad (7.5.5)$$

ここで $P_\text{G} = \prod_i (1 - n_{i\uparrow} n_{i\downarrow})$ は各サイトで電子の 2 重占有を完全に排除する

Gutzwiller の射影演算子である.

$\tilde{c}_{i\sigma}$ という演算子は**補助粒子**を導入して

$$\tilde{c}_{i\sigma} = a_{i\sigma} h_i^\dagger \tag{7.5.6}$$

と表してもよい. h_i は電子がまったくいない状態を記述するための補助粒子の消滅演算子で, $a_{i\sigma}$ は電子が1つあるときのスピン状態を記述する. 各サイトは 'a 粒子' か 'h 粒子' の1つによって必ず占められている, という拘束条件

$$h_i^\dagger h_i + \sum_\sigma a_{i\sigma}^\dagger a_{i\sigma} = 1 \tag{7.5.7}$$

がすべての i に課せられる. $a_{i\sigma}$ と h_i の統計はユニークには決まらず, 選び方に任意性がある.

[1] スレイブ・ボソン

h_i をボソン演算子, $a_{i\sigma}$ をフェルミオン演算子に選ぶ. 'h 粒子' をスレイブ・ボソン(slave boson)と呼ぶ. 拘束条件 (7.5.7) がすべてのサイトで満たされているとき (7.5.2) と (7.5.6) は等価である.

[2] スレイブ・フェルミオン

h_i をフェルミオンの演算子, $a_{i\sigma}$ をボソン演算子に選ぶ. 'h 粒子' をスレイブ・フェルミオン(slave fermion)と呼ぶ. このとき $a_{i\sigma}$ は量子力学の角運動量の理論でなじみの Schwinger ボソンにほかならない. スレイブ・ボソンの場合と同様, この場合も拘束条件 (7.5.7) を無視すると (7.5.2) と (7.5.6) は等価にならない.

拘束条件 (7.5.7) のために, 'a 粒子' と 'h 粒子' は自由に動くことはできない. 'h 粒子' は 'a 粒子' が動くとき, その抜けた後を埋めるように動くだけである. このことを「補助粒子は常に '閉じ込められている(confinement)'[*23]」ということがある. $U \to \infty$ の極限では各サイトで取りうる状態は3つに限られる. 電子のいない状態($h_i^\dagger h_i = 1$), ↑電子だけがいる状態($a_{i\uparrow}^\dagger a_{i\uparrow} = 1$), ↓電子だけがいる状態($a_{i\downarrow}^\dagger a_{i\downarrow} = 1$)で, これは拘束条件 (7.5.7) により保証されていることである. もし, 拘束条件をより緩やかな '大域的拘束条件'

[*23] F. J. Ohkawa: Phys. Rev. B **59**, 8930 (1999); C. Nayak: Phys. Rev. Lett. **85**, 178 (2000)

$$\sum_i \left[h_i^\dagger h_i + \sum_\sigma a_{i\sigma}^\dagger a_{i\sigma} \right] = N \tag{7.5.8}$$

に置き換えると[*24], a 粒子と h 粒子は自由に動けることになり，各サイトの取りうる状態は非常に多くなる．そのうちの大部分は本来排除すべき非物理的状態である．よって，大域的拘束条件を使うと系のエントロピーは真の値よりも過大に評価され，エネルギーも真実の値とは大きく食い違うことになる[*25]．さらに，h 粒子をボソンと仮定するか，フェルミオンと仮定するかで，結論が違うという非物理的結果になる．この困難を克服する解析的理論はまだできていない．

数値的取扱いでは拘束条件を正確に満たす近似理論は可能で，その 1 つが変

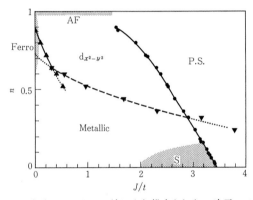

図 **7.12** 変分モンテカルロ法により推定された 2 次元 t-J モデルの相図．'$d_{x^2-y^2}$' と記された部分が $d_{x^2-y^2}$ 波超伝導の期待される領域である．'Metallic' と書いてある部分では変分モンテカルロ法で超伝導が確認できない領域であるが，転移温度の低い超伝導の起こる可能性は排除できない．'$d_{x^2-y^2}$' と 'Metallic' の境界線は 2 本あるが，これは数値計算からの外挿法の違いである．また，'P.S.' は相分離が起こっている領域，$n \sim 0$ の 'S' はある種の s 波超伝導が期待される領域，$n \sim 1$ の 'AF' は反強磁性，$J \sim 0$ の 'Ferro' は強磁性が期待される領域である．[H. Yokoyama and M. Ogata: J. Phys. Soc. Jpn. **65**, 3615 (1996) の図を若干簡略化した．]

[*24] G. Baskaran, Z. Zou and P. W. Anderson: Solid State Comm. **63**, 973 (1987)
[*25] R. Hlubina et al.: Phys. Rev. B**46**, 11224 (1992)

分モンテカルロ法である[*26]．変分理論では仮定する波動関数の良否が結果を左右するので注意が必要であるが，図7.12に横山と小形によって決められた1つの相図を示す．相図の細部は恐らく信用できないが，重要な点はこの計算からハーフ・フィリングの近くに $d_{x^2-y^2}$ 波のスピン1重項超伝導が見出されていることである．この結論は弱相関領域の結論とつながるものである．U が非常に大きい強相関領域が弱相関領域と連続的につながっているということはおおいにありうることである．前節までに述べた弱相関からのアプローチが相関の強さによらず本質をつかんでいると思われる．

[*26] H. Yokoyama and M. Ogata: J. Phys. Soc. Jpn. **65**, 3615 (1996)

Green 関数と経路積分

本書では Green 関数や経路積分法を用いているので,その基本的性質をまとめておこう[*1]. なお,都合により,ここでの Green 関数の表記は本文と少し違っている. 本文での $G(\bm{k}, i\varepsilon_n)$, $G_0(\bm{k}, i\varepsilon_n)$ は以下では,それぞれ,$G_{\bm{k}\sigma}(i\varepsilon_n)$, $G^{(0)}_{\bm{k}\sigma}(i\varepsilon_n)$ と表記されている.

A.1 温度 Green 関数

温度 Green 関数(松原-Green 関数,虚数時間 Green 関数などとも呼ばれる)は,次のような優れた特徴を持つ.

[1] Feynman 図形が使える. すなわち,摂動展開に便利であり,また,展開の部分和を取るにも便利.

[2] 解析接続をして**遅延 Green 関数**を求め,動的な物理量を求めることができる.

[3] 経路積分法とも結合できる.

A.1.1 定義

以下では,ハミルトニアン $\mathcal{H}$ から μN を引いた $\mathcal{H} - \mu N$ を $\mathcal{H}$ と書くことに

[*1] Green 関数の参考書としては,A. A. Abrikosov, L. P. Gorkov and I. E. Dzyaloshinskii: *Methods of Quantum Field Theory in Statistical Physics* (Dover, 1975) がよく知られた名著である. G. D. Mahan: *Many-Particle Physics* 3rd ed. (Kluwer/Plenum, 2000), 西川恭治, 森弘之: 統計物理学(朝倉書店, 2000)も有用である. Grassmann 数を用いる経路積分の計算は,J. W. Negele and H. Orland: *Quantum Many-Particle Systems* (Addison-Wesley, 1987) が詳しい. 崎田文二,吉川圭二: 経路積分による多自由度の量子力学(岩波書店, 1986)もよい本である. また, R. Shankar: Rev. Mod. Phys. **66**, 129 (1994) はわかりやすい入門的解説である.

する. 温度 Green 関数は次のように定義される.

$$G_{\bm{k}\sigma}(\tau) = -\left\langle \mathrm{T}[c_{\bm{k}\sigma}(\tau)c_{\bm{k}\sigma}^{\dagger}(0)]\right\rangle \tag{A.1.1}$$

ここで, $c_{\bm{k}\sigma}$, $c_{\bm{k}\sigma}^{\dagger}$ は電子の消滅, 生成演算子である. T は(虚数)時間の順序に並べ替える時間順序演算子(time ordering operator)で, 並べ替える際には, Fermi 粒子のときはその反交換性のために,

$$G_{\bm{k}\sigma}(\tau) = \begin{cases} -\langle c_{\bm{k}\sigma}(\tau)c_{\bm{k}\sigma}^{\dagger}(0)\rangle & (\tau > 0) \\ \langle c_{\bm{k}\sigma}^{\dagger}(0)c_{\bm{k}\sigma}(\tau)\rangle & (\tau < 0) \end{cases} \tag{A.1.2}$$

のように符号が変わる. (A.1.2) において

$$A(\tau) = e^{\tau\mathcal{H}}Ae^{-\tau\mathcal{H}}, \qquad \langle\cdots\rangle = \mathrm{Tr}[e^{-\beta\mathcal{H}}\cdots]/\mathrm{Tr}[e^{-\beta\mathcal{H}}]$$

で, τ は虚数時間である.

(A.1.1) の Green 関数は, 物理的には, 電子の伝播を記述する量で, **1 電子 Green 関数**あるいは **1 体 Green 関数**と呼ばれる. (A.1.1) で c や $c^{\dagger}$ の代わりに, 生成, 消滅演算子 2 個の組み合わせを選び, 同じように **2 電子 Green 関数**を定義できる.

1 電子 Green 関数の運動方程式は, (A.1.1) の定義より,

$$-\frac{\partial}{\partial \tau}G_{\bm{k}\sigma}(\tau) = \delta(\tau) - \left\langle \mathrm{T}[[c_{\bm{k}\sigma}, \mathcal{H}]_{-}(\tau)c_{\bm{k}\sigma}^{\dagger}(0)]\right\rangle \tag{A.1.3}$$

である. $[A, B]_{-} = AB - BA$ は交換子である.

A.1.2 周期性

$-\beta < \tau < 0$ のとき (A.1.2) の定義から

$$G_{\bm{k}\sigma}(\tau) = -G_{\bm{k}\sigma}(\beta + \tau) \tag{A.1.4}$$

が成り立つ. $\beta > \tau > -\beta$ の外側については周期 2β の周期関数であると仮定すると, (A.1.4) より, $G(\tau)$ は周期 β の反周期関数で, すべての τ について

$$G_{\bm{k}\sigma}(\tau) = -G_{\bm{k}\sigma}(\beta + \tau) \tag{A.1.5}$$

を満たす. この反周期性は (A.1.2) の符号の変化, すなわち, Fermi 統計に由来する.

A.1.3 Fourier 分解

反周期性 (A.1.5) より，$G_{k\sigma}(\tau)$ は Fourier 分解

$$G_{k\sigma}(\tau) = \frac{1}{\beta} \sum_n e^{-i\varepsilon_n \tau} G_{k\sigma}(i\varepsilon_n) \quad (A.1.6)$$

ができる．反周期性から ε_n は

$$\varepsilon_n = (2n+1)\frac{\pi}{\beta} \quad (n:整数) \quad (A.1.7)$$

である．ε_n は **Fermi** 粒子の松原振動数と呼ばれる．(A.1.6) の逆変換は

$$G_{k\sigma}(i\varepsilon_n) = \int_0^\beta d\tau e^{i\varepsilon_n \tau} G_{k\sigma}(\tau) \quad (A.1.8)$$

である．

A.1.4 スペクトル分解

ハミルトニアン $\mathcal{H}$ の固有値を E_m，その固有関数を $|m\rangle$ とすると

$$\mathcal{H}|m\rangle = E_m|m\rangle$$

であるので，(A.1.8) は

$$G_{k\sigma}(i\varepsilon_n) = \frac{1}{Z} \sum_{m\ell} \langle m|c_{k\sigma}|\ell\rangle\langle \ell|c_{k\sigma}^\dagger|m\rangle \frac{e^{-\beta E_m} + e^{-\beta E_\ell}}{i\varepsilon_n - E_\ell + E_m} \quad (A.1.9)$$

となる．$Z = \sum_m e^{-\beta E_m}$ は状態和である．ここでスペクトル密度

$$A_{k\sigma}(\omega) = \frac{1}{Z} \sum_{m\ell} \langle m|c_{k\sigma}|\ell\rangle\langle \ell|c_{k\sigma}^\dagger|m\rangle$$
$$\times \left(e^{-\beta E_m} + e^{-\beta E_\ell}\right)\delta(\omega - E_\ell + E_m) \quad (A.1.10)$$

を定義すると，

$$G_{k\sigma}(i\varepsilon_n) = \int_{-\infty}^\infty d\omega \frac{A_{k\sigma}(\omega)}{i\varepsilon_n - \omega} \quad (A.1.11)$$

と表すことができる．(A.1.11) をスペクトル分解という．$T=0$ では，(A.1.10) より，

$$A_{k\sigma}(\omega) = \sum_m \left(\left|\langle m|c_{k\sigma}^\dagger|0\rangle\right|^2 \delta(\omega - E_m + E_0) \right.$$
$$\left. + \left|\langle m|c_{k\sigma}|0\rangle\right|^2 \delta(\omega - E_0 + E_m) \right) \quad (A.1.12)$$

と表せる．ここで，$|0\rangle$ は基底状態，E_0 は基底エネルギーである．$A_{k\sigma}(\omega)$ は，$\omega > 0$ では系に電子を 1 個付け加えたときのスペクトルを，$\omega < 0$ では系から電子を 1 個取り去るときのスペクトルを表していることがわかる．

A.1.5 遅延 Green 関数との関係

遅延 Green 関数は実時間での系の応答に対応する Green 関数である．遅延 Green 関数は温度 Green 関数と密接な関係があり，後者から求めることができる．遅延 Green 関数は

$$G_{k\sigma}^{(r)}(t) \equiv (-i)\theta(t)\left\langle \left[c_{k\sigma}(t), c_{k\sigma}^\dagger(0)\right]_+ \right\rangle \quad (A.1.13)$$

で定義される．ここで，$c_{k\sigma}(t) = e^{i\mathcal{H}t} c_{k\sigma} e^{-i\mathcal{H}t}$（$\hbar = 1$ としている），$[A,B]_+ = AB + BA$，$\theta(t)$ は階段関数 $\theta(t) = 1$（$t > 0$ のとき），0（$t < 0$ のとき）である．$G_{k\sigma}^{(r)}(t)$ の Fourier 変換

$$G_{k\sigma}^{(r)}(\omega + i\delta) = \int_{-\infty}^{\infty} dt\, e^{i(\omega + i\delta)t} G_{k\sigma}^{(r)}(t) \quad (A.1.14)$$

（上式および以後において δ が現れるところでは $\delta \to +0$ の極限をとる）を求めると

$$G_{k\sigma}^{(r)}(\omega + i\delta) = \int_{-\infty}^{\infty} d\omega' \frac{A_{k\sigma}(\omega')}{\omega + i\delta - \omega'} \quad (A.1.15)$$

であることがわかる．

したがって，複素数 z の関数

$$G_{k\sigma}(z) \equiv \int_{-\infty}^{\infty} d\omega' \frac{A_{k\sigma}(\omega')}{z - \omega'} \quad (A.1.16)$$

を定義すると，温度 Green 関数はこの関数の虚軸上の $z = i\varepsilon_n$ での値に対応し，遅延 Green 関数は実軸の少し上 $z = \omega + i\delta$ での値に対応している．よって，温度 Green 関数がわかれば，$i\varepsilon_n \to \omega + i\delta$ へと解析接続することによって遅延

Green 関数が得られる.

(A.1.15) より, $G_{k\sigma}^{(r)}(\omega + i\delta)$ がわかれば, スペクトル密度はその虚部から,

$$A_{k\sigma}(\omega) = -\frac{1}{\pi} \mathrm{Im}\, G_{k\sigma}(\omega + i\delta) \qquad (\text{A.1.17})$$

によって求まることがわかる.

A.1.6　Green 関数の簡単な例

相互作用のない電子系

ハミルトニアンが $\mathcal{H} = \sum_{k\sigma}(\varepsilon_k - \mu)c_{k\sigma}^\dagger c_{k\sigma}$ で与えられ, 電子間相互作用がないときには, この $\mathcal{H}$ を (A.1.3) に代入し Fourier 分解すると, Green 関数は

$$G_{k\sigma}^{(0)}(i\varepsilon_n) = \frac{1}{i\varepsilon_n - \varepsilon_k + \mu} \qquad (\text{A.1.18})$$

となる. (A.1.17) より, スペクトル密度は

$$A_{k\sigma}(\omega) = \delta(\omega - \varepsilon_k + \mu) \qquad (\text{A.1.19})$$

である.

Hubbard モデルの原子極限

Hubbard モデルで, 原子間の飛び移りが無視できる場合(原子極限)を考える. 1つの原子のハミルトニアンを

$$\mathcal{H} = (\varepsilon_\mathrm{d} - \mu)(n_\uparrow + n_\downarrow) + U n_\uparrow n_\downarrow \qquad (\text{A.1.20})$$

と書くことにする. ε_d は1電子準位である. このとき Green 関数は波数 k に依存しないので k を落とすことにする. 運動方程式 (A.1.3) から,

$$G_\sigma(i\varepsilon_n) = \frac{\langle 1 - n_{-\sigma}\rangle}{i\varepsilon_n - \varepsilon_\mathrm{d} + \mu} + \frac{\langle n_{-\sigma}\rangle}{i\varepsilon_n - \varepsilon_\mathrm{d} - U + \mu} \qquad (\text{A.1.21})$$

が得られる. $\langle 1 - n_{-\sigma}\rangle$ は $-\sigma$ の電子の存在しない確率, $\langle n_{-\sigma}\rangle$ は $-\sigma$ の電子の存在する確率である. スペクトル関数は

$$A_\sigma(\omega) = \langle 1 - n_{-\sigma}\rangle \delta(\omega - \varepsilon_\mathrm{d} + \mu) + \langle n_{-\sigma}\rangle \delta(\omega - \varepsilon_\mathrm{d} - U + \mu) \qquad (\text{A.1.22})$$

となる.

A.1.7　摂動展開

ハミルトニアンが無摂動ハミルトニアン $\mathcal{H}_0$, 摂動ハミルトニアン $\mathcal{H}'$ の和

で与えられるとする．時間発展の演算子 $e^{-\tau\mathcal{H}}$ を無摂動ハミルトニアンによる部分とそれからのずれに分けて

$$e^{-\tau\mathcal{H}} = e^{-\tau\mathcal{H}_0}S(\tau) \tag{A.1.23}$$

と書いてみよう．$S(\tau)$ を求めるには (A.1.23) の両辺を τ で微分して得られる関係

$$\frac{\partial S(\tau)}{\partial \tau} = -\mathcal{H}'(\tau)S(\tau) \tag{A.1.24}$$

を利用し，$S(0)=1$ を初期条件として積分すれば，

$$S(\tau) = \mathrm{T}\exp\left(-\int_0^\tau d\tau' \mathcal{H}'(\tau')\right) \tag{A.1.25}$$

となる．ただし，$\mathcal{H}'(\tau)$ は $\mathcal{H}'$ の相互作用表示

$$\mathcal{H}'(\tau) = e^{\tau\mathcal{H}_0}\mathcal{H}'e^{-\tau\mathcal{H}_0} \tag{A.1.26}$$

である．一方，$e^{\tau\mathcal{H}}$ は

$$e^{\tau\mathcal{H}} = S^{-1}(\tau)e^{\tau\mathcal{H}_0} \tag{A.1.27}$$

と表せる．S^{-1} は S の逆演算子である．よって

$$e^{\tau\mathcal{H}}ae^{-\tau\mathcal{H}} = S^{-1}(\tau)a(\tau)S(\tau) \tag{A.1.28}$$

である．$a(\tau)$ は相互作用表示である．これを (A.1.1) に代入すると

$$G_{k\sigma}(\tau) = -\frac{\mathrm{Tr}\left[e^{-\beta\mathcal{H}_0}\mathrm{T}S(\beta)S^{-1}(\tau)c_{k\sigma}(\tau)S(\tau)c_{k\sigma}(0)\right]}{\mathrm{Tr}\left[e^{-\beta\mathcal{H}_0}S(\beta)\right]} \tag{A.1.29}$$

となる．さらに $S(\beta)S^{-1}(\tau) \equiv S(\beta,\tau)$ とおくと，$S(\tau)$ を求めたときと同様にして，

$$S(\beta,\tau) = \mathrm{T}\exp\left(-\int_\tau^\beta d\tau' \mathcal{H}'(\tau')\right) \tag{A.1.30}$$

であることがわかる．これを代入して，

$$G_{k\sigma}(\tau) = -\frac{\langle\mathrm{T}[c_{k\sigma}(\tau)c_{k\sigma}^\dagger(0)S(\beta,0)]\rangle_0}{\langle S(\beta,0)\rangle_0} \tag{A.1.31}$$

と表すことができる．$\langle\cdots\rangle_0$ は無摂動ハミルトニアンについての平均

$$\langle\cdots\rangle_0 = \frac{\mathrm{Tr}[e^{-\beta\mathcal{H}_0}\cdots]}{\mathrm{Tr}[e^{-\beta\mathcal{H}_0}]} \tag{A.1.32}$$

である. (A.1.31) の S を $\mathcal{H}'$ について展開すると Green 関数の摂動計算ができる. また, 展開の各項は Feynman 図形で表せる.

A.1.8 自己エネルギー部分と Dyson 方程式

Green 関数 $G_{k\sigma}(i\varepsilon_n)$ の摂動展開を見ると, (A.1.18) の無摂動の Green 関数 $G_{k\sigma}^{(0)}(i\varepsilon_n)$ によって,

$$\begin{aligned}
G_{k\sigma}(i\varepsilon_n) &= G_{k\sigma}^{(0)}(i\varepsilon_n) + G_{k\sigma}^{(0)}(i\varepsilon_n)\Sigma_\sigma(\boldsymbol{k},i\varepsilon_n)G_{k\sigma}^{(0)}(i\varepsilon_n) + \cdots \\
&= G_{k\sigma}^{(0)}(i\varepsilon_n) + G_{k\sigma}^{(0)}(i\varepsilon_n)\Sigma_\sigma(\boldsymbol{k},i\varepsilon_n)G_{k\sigma}(i\varepsilon_n) \tag{A.1.33} \\
&= \frac{1}{i\varepsilon_n - \varepsilon_{\boldsymbol{k}} + \mu - \Sigma_\sigma(\boldsymbol{k},i\varepsilon_n)} \tag{A.1.34}
\end{aligned}$$

のようにまとめることができる. $\Sigma_\sigma(\boldsymbol{k},i\varepsilon_n)$ を**自己エネルギー部分**(self-energy part), (A.1.33) を **Dyson 方程式**という. 相互作用の効果は $\Sigma_\sigma(\boldsymbol{k},i\varepsilon_n)$ に入っている.

$\Sigma_\sigma(\boldsymbol{k},i\varepsilon_n)$ は, (A.1.11) に対応して,

$$\Sigma_\sigma(\boldsymbol{k},i\varepsilon_n) = \Sigma_\sigma^\infty(\boldsymbol{k}) + \int_{-\infty}^{\infty} d\omega \frac{\varGamma_\sigma(\boldsymbol{k},\omega)}{i\varepsilon_n - \omega} \tag{A.1.35}$$

$$\varGamma_\sigma(\boldsymbol{k},\omega) = -\frac{1}{\pi}\mathrm{Im}\,\Sigma_\sigma(\boldsymbol{k},\omega+i\delta) \tag{A.1.36}$$

と表すことができる. $\Sigma_\sigma^\infty(\boldsymbol{k})$ は $\varepsilon_n \to \infty$ でも残る項で, Hartree-Fock 近似の寄与である. したがって, (A.1.35) の第 2 項が電子相関効果を表している. $\varGamma_\sigma$ は電子のスペクトルの幅を表す量である. $i\varepsilon_n \to \varepsilon + i\delta$ と置き換えると, (A.1.35) より,

$$\mathrm{Re}\,\Sigma_\sigma(\boldsymbol{k},\varepsilon+i\delta) = \Sigma_\sigma^\infty(\boldsymbol{k}) + \mathrm{P}\int_{-\infty}^{\infty} d\omega \frac{\varGamma_\sigma(\boldsymbol{k},\omega)}{\varepsilon - \omega} \tag{A.1.37}$$

($\delta \to +0$) となる. P は積分の主値を取ることを示す. これは Kramers-Kronig の関係式で, $\varGamma_\sigma(\boldsymbol{k},\omega)$ と $\Sigma_\sigma^\infty(\boldsymbol{k})$ から $\Sigma_\sigma(\boldsymbol{k},\varepsilon+i\delta)$ が完全に決まることを示す. $\Sigma_\sigma(\boldsymbol{k},\varepsilon+i\delta)$ を用いると, (A.1.19) のスペクトル密度は

$$A_{k\sigma}(\varepsilon) = \frac{\varGamma_\sigma(\boldsymbol{k},\omega)}{\left[\varepsilon - \varepsilon_{\boldsymbol{k}} - \mathrm{Re}\,\Sigma_\sigma(\boldsymbol{k},\varepsilon+i\delta)\right]^2 + \left[\pi\varGamma_\sigma(\boldsymbol{k},\omega)\right]^2} \tag{A.1.38}$$

で与えられる．

A.1.9 自己エネルギー部分の例――2次摂動

Green 関数を用いる摂動計算の具体例として，Hubbard モデルを例にとって，自己エネルギー部分の摂動展開の 2 次の寄与 $\Sigma_\sigma^{(2)}(\boldsymbol{k}, i\varepsilon_n)$ を求めてみよう．Feynman 図形を用いると，それは図 A.1 で与えられる．

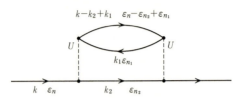

図 A.1 自己エネルギー部分への 2 次摂動の寄与の Feynman 図形

$$\Sigma_\sigma^{(2)}(\boldsymbol{k}, i\varepsilon_n) = -U^2 \frac{1}{\beta} \sum_{n_1} \frac{1}{\beta} \sum_{n_2} \frac{1}{N^2} \sum_{\boldsymbol{k}_1 \boldsymbol{k}_2} G_{\boldsymbol{k}_2 \sigma}^{(0)}(i\varepsilon_{n_2}) G_{\boldsymbol{k}_1 -\sigma}^{(0)}(i\varepsilon_{n_1})$$
$$\times G_{\boldsymbol{k}-\boldsymbol{k}_2+\boldsymbol{k}_1 -\sigma}^{(0)}(i\varepsilon_n - i\varepsilon_{n_2} + i\varepsilon_{n_1}) \qquad (\text{A.1.39})$$

がその結果である．n_1 についての和は図 A.2 に示す積分路を選ぶ複素積分で表し，積分を実行すればよい．

$$\frac{1}{\beta} \sum_{n_1} \frac{1}{\beta} \frac{1}{i\varepsilon_{n_1} - \xi_{\boldsymbol{k}_1}} \frac{1}{i\varepsilon_n + i\varepsilon_{n_1} - i\varepsilon_{n_2} - \xi_{\boldsymbol{k}+\boldsymbol{k}_1-\boldsymbol{k}_2}}$$
$$= \int_C \frac{dz}{2\pi i} f(z) \frac{1}{z - \xi_{\boldsymbol{k}_1}} \frac{1}{i\varepsilon_n - i\varepsilon_{n_2} + z - \xi_{\boldsymbol{k}+\boldsymbol{k}_1-\boldsymbol{k}_2}}$$
$$= \frac{f(\xi_{\boldsymbol{k}_1}) - f(\xi_{\boldsymbol{k}+\boldsymbol{k}_1-\boldsymbol{k}_2})}{i\varepsilon_n - i\varepsilon_{n_2} + \xi_{\boldsymbol{k}_1} - \xi_{\boldsymbol{k}+\boldsymbol{k}_1-\boldsymbol{k}_2}} \qquad (\text{A.1.40})$$

ここで $\xi_{\boldsymbol{k}} = \varepsilon_{\boldsymbol{k}} - \mu$ であり，$f(x) = 1/(e^{\beta x} + 1)$ は Fermi 分布関数である．同じように，n_2 についての和を取り，整理すると，

$$\Sigma_\sigma^{(2)}(\boldsymbol{k}, i\varepsilon_n) = U^2 \frac{1}{N^2} \sum_{\boldsymbol{k}_1 \boldsymbol{k}_2} \frac{1}{i\varepsilon_n + \xi_{\boldsymbol{k}_1} - \xi_{\boldsymbol{k}_2} - \xi_{\boldsymbol{k}+\boldsymbol{k}_1-\boldsymbol{k}_2}}$$
$$\times \Big[f(\xi_{\boldsymbol{k}_1})(1 - f(\xi_{\boldsymbol{k}_2}))(1 - f(\xi_{\boldsymbol{k}+\boldsymbol{k}_1-\boldsymbol{k}_2}))$$
$$+ (1 - f(\xi_{\boldsymbol{k}_1})) f(\xi_{\boldsymbol{k}_2}) f(\xi_{\boldsymbol{k}+\boldsymbol{k}_1-\boldsymbol{k}_2}) \Big] \qquad (\text{A.1.41})$$

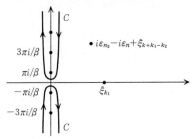

図 **A.2** (A.1.40) の積分路 C. C に囲まれた黒丸は $f(z)$ の 1 位の極の位置を示す．

となる．この式の意味は明瞭である．Fermi 分布関数の積は Fermi 統計による制限を表し，2 つの項があるのは Green 関数が電子とホール両方のプロセスを含むためである．$\Gamma_\sigma(\bm{k},\varepsilon)$ は (A.1.36) の関係から決まる．電子の寿命の逆数は $1/\tau_\sigma(\bm{k},\varepsilon) = (2\pi/\hbar)\Gamma_\sigma(\bm{k},\varepsilon)$ で与えられる．

A.2 Fermi 粒子系の経路積分法

多電子系の量子力学に経路積分法が用いられることがある．分配関数，Green 関数は経路積分法によって求めることができる[*2]．

A.2.1 Grassmann 数とフェルミオンのコヒーレント表示

$\hat{\psi}$, $\hat{\psi}^\dagger$ を 1 つの状態にある Fermi 粒子の消滅，生成演算子としよう．数演算子 $\hat{N} = \hat{\psi}^\dagger\hat{\psi}$ は $\hat{N}^2 = \hat{N}$ を満たし，その固有値は 0 または 1 である．$\hat{N}$ の固有状態を $|0\rangle$, $|1\rangle$ と書くことにすると，$|1\rangle = \hat{\psi}^\dagger|0\rangle$, $|0\rangle = \hat{\psi}|1\rangle$ を満たす．

ここで，次のような性質を持つ **Grassmann 数**という c 数を導入する．

[1] すべての Grassmann 数は互いに反可換，また，フェルミオン演算子とも反可換である．

[2] 反可換性より，Grassmann 数の 2 乗はゼロである．

Grassmann 数 ψ によって次のような状態を定義し，これをフェルミオン・コ

[*2] ここでの記述は R. Shankar: Rev. Mod. Phys. **66**, 129 (1994) に従っている．

ヒーレント状態と呼ぶ.
$$|\psi\rangle = |0\rangle - \psi|1\rangle \tag{A.2.1}$$
$|\psi\rangle$ は消滅演算子の固有状態である. 実際,
$$\hat{\psi}|\psi\rangle = \psi|\psi\rangle \tag{A.2.2}$$
を満たすからである. 消滅演算子の固有状態は, Bose 粒子の場合でも Fermi 粒子の場合でもコヒーレント状態と呼ばれる. $|\psi\rangle$ は, また,
$$|\psi\rangle = e^{\hat{\psi}^\dagger \psi}|0\rangle \tag{A.2.3}$$
とも表せる.

同じように
$$\langle \bar{\psi}| = \langle 0| - \langle 1|\bar{\psi} \tag{A.2.4}$$
を定義する. $\bar{\psi}$ は ψ とは関係ない, 別の Grassmann 数である. このとき,
$$\langle \bar{\psi}|\hat{\psi}^\dagger = \langle \bar{\psi}|\bar{\psi} \tag{A.2.5}$$
を満足し, $\langle \bar{\psi}|$ と $|\psi\rangle$ の内積は
$$\langle \bar{\psi}|\psi\rangle = \exp(\bar{\psi}\psi) \tag{A.2.6}$$
である.

Grassmann 数の任意の関数 $F(\psi)$ は
$$F(\psi) = F_0 + F_1\psi \tag{A.2.7}$$
と展開できる. Grassmann 数の 2 乗はゼロだからである.

Grassmann 数の積分を次の式によって定義する.
$$\int \psi d\psi = 1, \quad \int 1 d\psi = 0 \tag{A.2.8}$$
$d\psi$ もまた Grassmann 数である. したがって,
$$\int d\psi\, \psi = -1 \tag{A.2.9}$$
が成り立つ. 応用として,
$$\int \bar{\psi}\psi d\psi d\bar{\psi} = 1, \quad \int \bar{\psi}\psi d\bar{\psi}d\psi = -1 \tag{A.2.10}$$
が得られる. 実用上重要な積分は
$$\int e^{-a\bar{\psi}\psi} d\bar{\psi}d\psi = \int (1 - a\bar{\psi}\psi) d\bar{\psi}d\psi = a \tag{A.2.11}$$

である.

ここまでは,簡単のため,1つの状態だけを考えてきた.しかし,通常は状態が複数ある(それを μ で指定する).そのときは Grassmann 数を多成分に拡張すればよい.すなわち,$\bar{\psi} \to (\bar{\psi}_1, \bar{\psi}_2, \cdots)$ と置き換える.ψ についても同様である.すると,例えば,コヒーレント状態 (A.2.3) は

$$|\psi\rangle = e^{\sum_\mu \hat{\psi}_\mu^\dagger \psi_\mu} |0\rangle \tag{A.2.12}$$

(A.2.11) は

$$\int e^{-\sum_{\mu\nu} \bar{\psi}_\mu M_{\mu\nu} \psi_\nu} [d\bar{\psi} d\psi] = \det M \tag{A.2.13}$$

のようになる.ここで,$[d\bar{\psi} d\psi] \equiv \prod_\mu d\bar{\psi}_\mu d\psi_\mu$ である.そのほかの関係も容易に拡張できる.

フェルミオン・コヒーレント表示の完全性は,I を恒等演算子として,

$$I = \int |\psi\rangle\langle\bar{\psi}| e^{-\bar{\psi}\psi} d\bar{\psi} d\psi \tag{A.2.14}$$

と表せる.証明は右辺の Grassmann 数の積分を実行すればよい.

フェルミオン演算子を偶数含む演算子 $\hat{O}$ の対角和の Grassmann 数の積分表示は

$$\text{Tr}\,\hat{O} = \int \langle -\bar{\psi}|\hat{O}|\psi\rangle e^{-\bar{\psi}\psi} d\bar{\psi} d\psi \tag{A.2.15}$$

である.これも証明は簡単である.

A.2.2 経路積分表示

分配関数

$$Z = \text{Tr}\,e^{-\beta\mathcal{H}} \tag{A.2.16}$$

は,Trotter 公式

$$e^{-\beta\mathcal{H}} = \lim_{N\to\infty} \left(e^{-\frac{\beta}{N}\mathcal{H}}\right)^N = \lim_{N\to\infty} (1 - \varepsilon\mathcal{H})^N \tag{A.2.17}$$

($\varepsilon = \beta/N$) と (A.2.15) を用いて,

$$Z = \lim_{N\to\infty} \int \langle -\bar{\psi}_1|1-\varepsilon\mathcal{H}|\psi_{N-1}\rangle e^{-\bar{\psi}_{N-1}\psi_{N-1}}$$
$$\times \langle \bar{\psi}_{N-1}|1-\varepsilon\mathcal{H}|\psi_{N-2}\rangle e^{-\bar{\psi}_{N-2}\psi_{N-2}}\ldots$$
$$\times \langle \bar{\psi}_2|1-\varepsilon\mathcal{H}|\psi_1\rangle e^{-\bar{\psi}_1\psi_1} \prod_{i=1}^{N-1} d\bar{\psi}_i d\psi_i \quad (\text{A.2.18})$$

と表せる．ここで ψ_i の番号 i は虚数時間に対応する番号である．$\varepsilon \to 0$ の極限で，行列要素が

$$\langle \bar{\psi}_{i+1}|1-\varepsilon\mathcal{H}(\hat{\psi}^\dagger,\hat{\psi})|\psi_i\rangle = \langle \bar{\psi}_{i+1}|1-\varepsilon\mathcal{H}(\bar{\psi}_{i+1},\psi_i)|\psi_i\rangle$$
$$= e^{\bar{\psi}_{i+1}\psi_i - \varepsilon\mathcal{H}(\bar{\psi}_{i+1},\psi_i)} \quad (\text{A.2.19})$$

のように表せることを使い，

$$\bar{\psi}_N = -\bar{\psi}_1, \quad \psi_N = -\psi_1 \quad (\text{A.2.20})$$

によって $\bar{\psi}_N$, ψ_N を導入すると，

$$Z = \lim_{N\to\infty} \int \prod_{i=1}^{N-1} e^{[-\bar{\psi}_{i+1}\frac{1}{\varepsilon}(\psi_{i+1}-\psi_i) - \mathcal{H}(\bar{\psi}_{i+1},\psi_i)]\varepsilon} \prod_{i=1}^{N-1} d\bar{\psi}_i d\psi_i$$
$$= \int \exp\left[S(\bar{\psi},\psi)\right][d\bar{\psi}d\psi] \quad (\text{A.2.21})$$

ここで，作用 $S(\bar{\psi},\psi)$ は，$\varepsilon \to 0$ の極限で，

$$S = \int_0^\beta d\tau \left[-\bar{\psi}(\tau)\frac{\partial}{\partial\tau}\psi(\tau) - \mathcal{H}(\bar{\psi}(\tau),\psi(\tau))\right] \quad (\text{A.2.22})$$

で与えられる．

固体中の電子の場合には，電子の位置の自由度も考慮して，

$$\psi(\tau) \to \psi(\boldsymbol{r}_i,\tau), \quad \bar{\psi}(\tau) \to \bar{\psi}(\boldsymbol{r}_i,\tau) \quad (\text{A.2.23})$$

と置き換えねばならない．作用 S は (A.2.22) の代わりに

$$S = \int_0^\beta d\tau \sum_i \left[-\bar{\psi}(\boldsymbol{r}_i,\tau)\frac{\partial}{\partial\tau}\psi(\boldsymbol{r}_i,\tau) - \mathcal{H}(\bar{\psi}(\boldsymbol{r}_i,\tau),\psi(\boldsymbol{r}_i,\tau))\right]$$
$$(\text{A.2.24})$$

となる．$\psi(\boldsymbol{r},\tau)$ と $\bar{\psi}(\boldsymbol{r},\tau)$ に対して Fourier 分解

$$\psi(\boldsymbol{r},\tau) = \Big(\frac{1}{\beta N}\Big)^{1/2} \sum_{n\boldsymbol{k}} e^{i\boldsymbol{k}\cdot\boldsymbol{r}-i\varepsilon_n\tau} a(\boldsymbol{k}\varepsilon_n) \qquad (\text{A.2.25})$$

$$\bar{\psi}(\boldsymbol{r},\tau) = \Big(\frac{1}{\beta N}\Big)^{1/2} \sum_{n\boldsymbol{k}} e^{-i\boldsymbol{k}\cdot\boldsymbol{r}+i\varepsilon_n\tau} \bar{a}(\boldsymbol{k}\varepsilon_n) \qquad (\text{A.2.26})$$

を行って，Grassmann 数 $a(\boldsymbol{k}\varepsilon)$, $\bar{a}(\boldsymbol{k}\varepsilon)$ を使う方が便利なこともある．なお，(A.2.20) より，$\varepsilon_n = (2n+1)\pi/\beta$ (n は整数)である．とくに，相互作用のない電子系の作用は，スピンも入れて，

$$S_0 = \sum_{n\boldsymbol{k}\sigma} (i\varepsilon_n - \varepsilon_{\boldsymbol{k}} + \mu) \bar{a}_\sigma(\boldsymbol{k}\varepsilon_n) a_\sigma(\boldsymbol{k}\varepsilon_n) \qquad (\text{A.2.27})$$

と表せる．

経路積分法を用いると，分配関数ばかりでなく，温度 Green 関数も積分で表せ，(A.1.8) の $G_{\boldsymbol{k}\sigma}(i\varepsilon_n)$ は

$$G_{\boldsymbol{k}\sigma}(i\varepsilon_n) = \langle \bar{a}_\sigma(\boldsymbol{k}\varepsilon_n) a_\sigma(\boldsymbol{k}\varepsilon_n) \rangle \qquad (\text{A.2.28})$$

と表せる．右辺の平均は Grassmann 数についての平均

$$\langle\cdots\rangle = \frac{\int \cdots e^S [d\bar{\psi}d\psi]}{\int e^S [d\bar{\psi}d\psi]} \qquad (\text{A.2.29})$$

である．

具体的に，相互作用のない電子系の Green 関数は，(A.2.27) を (A.2.28) に用いて，Grassmann 数の積分を実行すると，

$$G^{(0)}_{\boldsymbol{k}\sigma}(i\varepsilon_n) = \frac{1}{i\varepsilon_n - \varepsilon_{\boldsymbol{k}} + \mu} \qquad (\text{A.2.30})$$

となる．これは前に得た結果 (A.1.18) と同じである．

A.2.3 摂動展開

相互作用のある系の場合には，しばしば，相互作用に関する摂動展開が用いられる．Hubbard モデルの場合には，(A.2.24) の作用 S を無摂動部分 (A.2.27) と相互作用の部分 S_I の和

$$S = S_0 + S_{\mathrm{I}} \tag{A.2.31}$$

$$\begin{aligned}
S_{\mathrm{I}} &= -\int_0^\beta d\tau \sum_i \mathcal{H}'(\bar{\psi}(\boldsymbol{r}_i\tau), \psi(\boldsymbol{r}_i\tau)) \\
&= -\frac{1}{2}\frac{1}{\beta N} \sum_{n_1 n_2 n_3 n_4} \sum_{\boldsymbol{k}_1 \boldsymbol{k}_2 \boldsymbol{k}_3 \boldsymbol{k}_4} \sum_{\alpha\beta} \delta_{n_1+n_2, n_3+n_4} \delta_{\boldsymbol{k}_1+\boldsymbol{k}_2, \boldsymbol{k}_3+\boldsymbol{k}_4} \\
&\quad \times U_{\alpha\beta\beta\alpha} \bar{a}_\alpha(\boldsymbol{k}_4 \varepsilon_{n_4}) \bar{a}_\beta(\boldsymbol{k}_3 \varepsilon_{n_3}) a_\beta(\boldsymbol{k}_2 \varepsilon_{n_2}) a_\alpha(\boldsymbol{k}_1 \varepsilon_{n_1})
\end{aligned} \tag{A.2.32}$$

と書き，$e^{S_0+S_{\mathrm{I}}} = e^{S_0} e^{S_{\mathrm{I}}}$ を (A.2.28) に代入すると，Green 関数は

$$G_{\boldsymbol{k}\sigma}(i\varepsilon_n) = \frac{\langle \bar{a}_\sigma(\boldsymbol{k}\varepsilon_n) a_\sigma(\boldsymbol{k}\varepsilon_n) e^{S_{\mathrm{I}}} \rangle_0}{\langle e^{S_{\mathrm{I}}} \rangle_0} \tag{A.2.33}$$

と表せる．ここで

$$\langle \cdots \rangle_0 = \frac{\int \cdots e^{S_0} [d\bar{\psi} d\psi]}{\int e^{S_0} [d\bar{\psi} d\psi]} \tag{A.2.34}$$

である．(A.2.33) を計算するには，$e^{S_{\mathrm{I}}}$ を肩から降ろし，Grassmann 数の積分をすればよい．

参考文献

電子相関については教科書がたくさんある．本書と相補的なものをいくつかあげる．総合報告と原著論文はそれぞれの章にあげてある．

- [1] P. Nozières: *Theory of Interacting Fermi Systems* (Benjamin, 1964)
  Fermi 流体論の名著．
- [2] D. Pines and P. Nozières: *The Theory of Quantum Liquids* I (Benjamin, 1966)
  Fermi 流体論と電子ガスにおける電子相関の良い教科書．
- [3] A. A. Abrikosov, L. P. Gorkov and I. E. Dzyaloshinskii: *Methods of Quantum Field Theory in Statistical Physics* (Dover, 1975)
  Green 関数法の技術にとどまらず，多体問題の物理の古典的名著．
- [4] 近藤淳：金属電子論(裳華房，1983)
  固体電子論への入門と近藤効果の厳密解のていねいな解説を兼ねる．
- [5] P. W. Anderson: *Basic Notions of Condensed Matter Physics* (Benjamin/Cummings, 1984)
  具体的な計算には役に立たないが，物性物理の考え方を教える本．断熱接続(繰り込み群)と対称性の破れが物性物理で重要であることを強調し，多くの研究者に深い影響を与えている．
- [6] T. Moriya: *Spin Fluctuations in Itinerant Electron Magnetism* (Springer, 1985)
  平均場近似からのずれ，スピンの揺らぎの重要さを詳しく解説．
- [7] A. A. Abrikosov: *Fundamentals of the Theory of Metals* (North-Holland, 1988)
  正常金属の輸送現象と超伝導の教科書．
- [8] 永長直人：物性論における場の量子論(岩波書店，1995)；電子相関における場の量子論(岩波書店，1998)

多体問題のモダンなスタイルの教科書.

[9] 芳田奎：磁性(岩波書店, 1991)；K. Yosida : *Theory of Magnetism* (Springer, 1996)
固体電子論の観点からの磁性理論の教科書で, がっちりと書かれている. とくに, 絶縁体の磁性, 近藤効果に関して詳しい.

[10] 山田耕作：電子相関(岩波書店, 2000)
一貫してFermi流体の観点から固体の電子相関の諸問題を解説.

[11] P. Fulde : *Electronic Correlations in Molecules and Solids*, 3rd enlarged edition (Springer, 1995).
電子相関に関わる多彩な話題が取り上げられている.

[12] 斯波弘行：固体の電子論(丸善, 1996)
本書と一部重なりがある. 内容は本書よりやさしい.

[13] 青木秀夫(監修)：多体電子論 [全3巻] I 強磁性, II 超伝導, III 分数量子ホール効果(東大出版会, 1998〜1999)
最近の数値計算の結果と文献について詳しい.

[14] 上田和夫, 大貫惇睦：重い電子系の物理(裳華房, 1998)
重い電子系を中心に, その磁性と超伝導について, 実験と理論をまとめる.

[15] P. Fazekas: *Lecture Notes on Electron Correlation and Magnetism* (World Scientific, 1999)
磁性を中心に初歩的なところからていねいに解説.

[16] 高田康民：多体問題(朝倉書店, 1999)
電子ガスを中心に話題をしぼり, 詳しく書かれている.

[17] Y. Kuramoto and Y. Kitaoka: *Dynamics of Heavy Electrons* (Oxford, 2000)
重い電子系を中心にした強相関電子系の総説.

[18] G. D. Mahan: *Many-Particle Physics*, 3rd ed. (Kluwer/Plenum, 2000)
多電子問題のあらゆる問題が書かれている百科辞典的教科書.

索　引

A

Anderson ハミルトニアン　*80*
Anderson モデル　*7,73,82*
圧縮率　*53,140,144*
圧縮されたスピン系　*143*

B

バーテックス部分　*94,96,112*
バンド計算　*2,118*
バンド絶縁体　*15*
Bethe 仮説　*84,86,121,144*
Bethe 格子　*110,115*
$Bi_2Sr_2CaCu_2O_8$　*148*
bipartite lattice　*117*
ボソン化法　*121,122*
分子場近似　*7,103*
分子軌道理論　*9*

C

$CeCu_2Ge_2$　*150*
$CeCu_2Si_2$　*150*
$CeIn_3$　*150*
$CePd_2Si_2$　*149,150*
Coulomb 積分　*25*
CuO_2 面　*36*

D

$d_{x^2-y^2}$ 型　*152*
$d_{x^2-y^2}$ 波　*177*
$d_{x^2-y^2}$ 波超伝導　*161*
d_{xy} 型　*152*
断熱近似　*1*
電荷移動型　*16*
電荷移動型絶縁体　*19*
電荷移動励起　*18*
電荷感受率　*85,92,152*

電荷密度演算子　*125*
電荷密度波　*171*
電荷揺らぎ　*158*
電気伝導度　*31,32,56*
電子ガス　*1*
電子-ホール対励起　*46,124*
d 波超伝導　*117,148,160,171,172*
銅酸化物高温超伝導　*165*
銅酸化物高温超伝導体　*35,36*
動的平均場近似　*103*
動的平均場理論　*108,109*
動的クラスター近似　*119*
Drude 部分　*30*
Drude の重み　*31,32,34,35,56,57,140*
Dyson 方程式　*185*

E

e_g 軌道　*29*
液体 ^{3}He　*150*

F

Fermi 流体　*45*
フェルミオン・コヒーレント表示　*189*
フェルミオン・コヒーレント状態　*188*
Feynman 図形　*179*
FLEX　*161–163*
Friedel の総和則　*83,89,92*

G

擬ギャップ　*164*
Grassmann 数　*59,187,188*
Gutzwiller の変分波動関数　*13*
Gutzwiller の射影演算子　*175*

索引

H

反結合軌道　9
反強磁性　171
反強磁性的スピンの揺らぎ　157
反強磁性的揺らぎ　173
Hartree-Fock 近似　7,81,82,84,104,118,162,185
8 重極演算子　27
非 Fermi 流体　50
平均場近似　7,103
Heitler-London 理論　12
変分モンテカルロ法　176
補助粒子　175
Hubbard モデル　6,60,119,151
Hubbard モデルの原子極限　183
Hund の規則　24,26

I

異方的 Fermi 流体　50,51,52,57
インコヒーレントな部分　32
イオン的状態　10
irrelevant な項　62,63
位相のずれ　83,92
1 電子 Green 関数　108,180
1 次元 Heisenberg モデル　143
1 次元 Hubbard モデル　137,139,140
1 次元量子 sine-Gordon モデル　131
1 体近似　7,8,104

J

自己エネルギー部分　81,88,93,94,107,163,185,186
上部 Hubbard バンド　20
準粒子　50,52
準粒子間の相互作用　51
準粒子の分布関数　50,56
準粒子のエネルギー　51
準粒子の状態密度　52

K

K_2CuF_4　29

下部 Hubbard バンド　20
角度分解逆光電子分光　20
角度分解光電子分光　20
カノニカル変換　37,38,141
カットオフ　61,132,167
$KCuF_3$　29
経路積分法　59,110,131,167,179,187
経路積分表示　189
結合軌道　9
軌道縮退　4,24
軌道秩序　29
希薄磁性合金　71,72
金属強磁性　117
金属・絶縁体転移　113
既約バーテックス部分　111
個別励起　50
コヒーレント表示　187
コヒーレント状態　188
コヒーレント・ポテンシャル近似　109
Kohn の判定条件　30
近藤効果　71,73,89
近藤温度　79
近藤ピーク　89,113
Kosterlitz-Thouless 転移　78
固定点　136
後方散乱項　123,126,130
交換積分　25
交換相互作用　21
Kramers-Kronig の関係式　185
久保公式　31
繰り込み群　59,75,131,136,164,165
繰り込み群理論の厳密な定式化　173
キャリヤーの注入　15
強磁性的スピンの揺らぎ　151,157
局所 Fermi 流体論　89
虚数時間 Green 関数　179
共鳴準位　73
共鳴散乱　83
共鳴 X 線散乱　29
協力的 Jahn-Teller 効果　30
キュムラント平均　64,105

キュムラント展開 *133*

L

La$_2$CuO$_4$ *148*
La$_{2-x}$Sr$_x$CuO$_4$ *148*
Luttingerの定理 *51*

M

Majoranaフェルミオン *129*
marginalな項 *62*
松原-Green関数 *179*
松原振動数 *181*
Meissnerの重み *34,35*
密度演算子 *124*
Mott-Hubbard型 *16*
Mott-Hubbard型絶縁体 *19*
Mott絶縁体 *5,15,16*
∞次元Hubbardモデル *104*
∞次元面心立方格子 *106*
∞次元超立方格子 *106*

N

Nd$_{2-x}$Ce$_x$CuO$_4$ *148*
ネスティング *115*
2電子Green関数 *111,180*
2電子系 *9*
2次元Hubbardモデル *165*
ノーマル積 *124*
non-bipartite lattice *117*

O

重い電子系 *147*
温度Green関数 *80,179,191*

P

パラマグノン機構 *157*
parquet diagram *169*
Pomeranchuk不安定性 *58*

R

乱雑位相近似 *87,155*
relevantな項 *62*
RPA *155,157*

量子ドット *73*
量子臨界点 *50*
粒子-ホールダイヤグラム *66*
粒子-粒子ダイヤグラム *66,156,164*

S

酸化物高温超伝導 *147,165*
酸化物高温超伝導体 *119,148,149*
散乱のT行列 *82*
Schwingerボソン *175*
遷移金属酸化物 *16,17*
s波超伝導 *171*
相互作用関数 *51*
相関関数 *145*
相関指数 *137*
Sr$_2$RuO$_4$ *148*
スケーリング理論 *75,167*
スケール変換 *61*
SU(2)対称性 *138*
スペクトル分解 *181*
スペクトル密度 *19,181*
スピン1重項超伝導 *177*
スピン密度演算子 *125*
スピン密度波 *171*
スピンの揺らぎ *158*
スピンレス・フェルミオン *141*
スピン3重項超伝導 *151*
スピン3重項超伝導体 *149*
スピン帯磁率 *54,85,92,144,151*
スピンと電荷の分離 *131*
スレイブ・ボソン *175*
スレイブ・フェルミオン *175*
集団励起 *50*

T

t_{2g}軌道 *29*
大域的拘束条件 *175*
帯磁率 *140*
抵抗極小現象 *71,72*
低温比熱 *53,87,93,140*
遅延Green関数 *179,182*
t-Jモデル *43*
飛び移り積分 *3,4*

朝永-Luttinger モデル　*126,137*
朝永-Luttinger 流体　*121,137*
Trotter 公式　*189*
強く束縛された電子の近似　*2*
超伝導　*68,69,147,149,150*
超伝導感受率　*152*
超伝導相関　*66,139*
超伝導中の磁気不純物　*97*
超伝導揺らぎ　*162,164*
超交換相互作用　*23*
超立方格子　*115*
中性状態　*10*

U

UBe_{13}　*150*
UGe_2　*147,149,150*
ウムクラップ項　*123,126,130*
運動量分布　*145*
運動量分布関数　*138*
UPd_2Al_3　*150*
UPt_3　*149,150*

V

van Hove 特異点　*153*

W

Ward-高橋の恒等式　*93*
Wilson 比　*47,96,97*
Wilson の数値繰り込み群理論　*79*

Y

$YBa_2Cu_3O_7$　*148*
4 重極演算子　*27*
寄せ木細工図形　*169*
揺らぎ交換近似　*161,163,164,169*
有効ハミルトニアン　*22,23,27,59,75, 140*

Z

Zaanen-Sawatzky-Allen の相図　*18,19*
前方散乱項　*123,126*
Zhang-Rice 1 重項　*35,36,40*

■岩波オンデマンドブックス■

新物理学選書
電子相関の物理

2001 年 6 月27日　第 1 刷発行
2004 年 4 月15日　第 2 刷発行
2016 年 2 月10日　オンデマンド版発行

著　者　斯波弘行（しば ひろゆき）

発行者　岡本　厚

発行所　株式会社　岩波書店
〒101-8002 東京都千代田区一ツ橋 2-5-5
電話案内 03-5210-4000
http://www.iwanami.co.jp/

印刷／製本・法令印刷

© Hiroyuki Shiba 2016
ISBN 978-4-00-730367-8　Printed in Japan